반도체 후공정 실습

김주현 저

B.C.Info

머리말

반도체는 현대 산업의 심장이라 불릴 만큼 다양한 분야에 핵심적으로 사용되는 기술입니다. 우리가 사용하는 스마트폰, 자율주행차, 인공지능 시스템 등 모든 첨단 기술의 근간에는 고도의 정밀 공정을 통해 제작된 반도체가 존재합니다.

이 책은 이러한 반도체의 핵심 공정 중 하나인 후면 연마(Back Frinding) 공정을 시작으로, 후(Back-end)공정 전반에 대한 흐름 이해, 실습 기반 교육, 안전관리 지침을 통합적으로 구성하여, 실무와 교육 현장에서 동시에 활용될 수 있도록 기획되었습니다.

본 교재는 특히 대학 및 공정 실습 교육 현장에서 직접 반도체 공정을 경험하고자 하는 학습자들을 대상으로 하며, 다음과 같은 구성 원칙을 따릅니다.

- **이론과 실습의 유기적 연결:** 공정의 물리적 · 화학적 원리를 충분히 설명하고, 실제 실습에서 만나는 장비와 공정 조건에 적용할 수 있도록 구성했습니다.
- **공정 중심의 직관적 흐름:** 후공정의 전체 흐름 속에서 각 단위 공정이 차지하는 위치와 역할을 명확히 이해할 수 있도록 공정 맵, 플로우차트, 비교 도표 등을 시각화했습니다.
- **안전과 윤리의 강조:** 반도체 FAB 환경은 고위험 화학물질과 가스를 다루는 만큼, MSDS 교육, 사고사례 분석, ESD 예방, Buddy System 등 안전 중심 교육 요소를 포함했습니다.
- **실용성과 확장성:** 실습 후 작성할 수 있는 공정일지, 전력효율 분석, 장비 체크리스트 등 학습자의 실무 활용 능력을 높이기 위한 연계성이 가능합니다.

이 책이 반도체를 처음 접하는 학생들에게는 후공정에 대한 기초 이해의 다리가 되고, 현업에 가까운 실습과 사고 예방 교육을 통해 기술자적 사고력과 안전의식을 기르는 데 도움이 되기를 바랍니다.

끝으로, 이 교재가 현장의 실습 교육에 조금이나마 이바지할 수 있기를 희망하며, 끊임없는 피드백과 개선을 통해 더 나은 교육 콘텐츠로 발전시켜 나가고자 합니다.

차례

차례

1. 반도체 패키지란 무엇인가?

1-1. 반도체 패키지란?

1-2. 반도체 패키지 종류

1-3. 반도체 패키지 개발 단계

1-4. 반도체 패키지 산업

1-5. 반도체 패키지 용어

1-1. 반도체 패키지란?

반도체 패키지(package)는 반도체 칩(chip)을 외부 환경으로부터 보호하고, 전기적 신호를 외부 회로(PCB 등)와 연결해주는 구조물 임. 즉, 반도체 칩을 감싸는 외장 case 이자 interface 역할을 하는 것 임

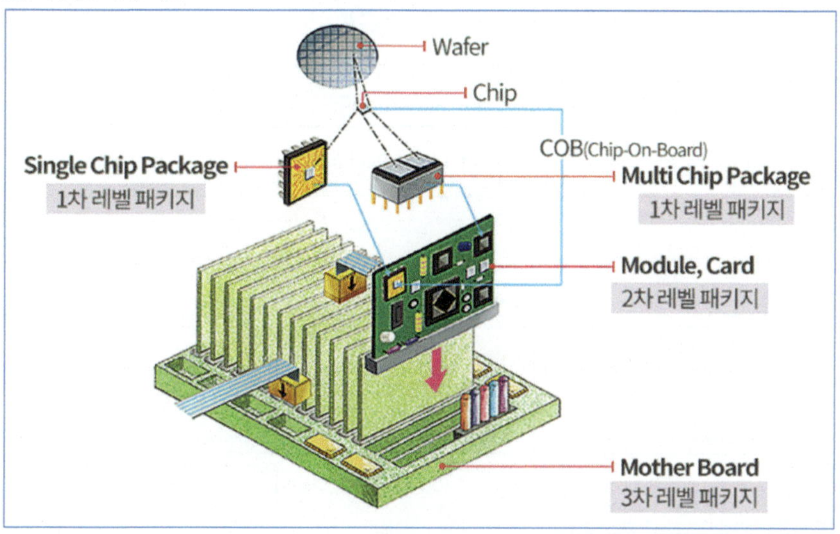

Chip을 단품화 하는 것을 1차 level package, 단품을 module 또는 card에 실장하는 것을 2차 level package, 단품과 module이 실장된 card를 system board에 장착하는 것을 3차 level package라 함.

자료출처-Skhynix뉴스룸

1-1. 반도체 패키지란?

주요기능

- 보호 : 외부 충격, 습기, 산화 등으로부터 반도체 chip을 보호
- 전기 연결 : chip과 외부 회로(PCB 등) 간의 신호, 전력 흐름을 전달
- 열 방출 : 동작 중 발생하는 열을 외부로 방출
- 기계적 지지 : 물리적으로 회로기판에 안정적으로 고정

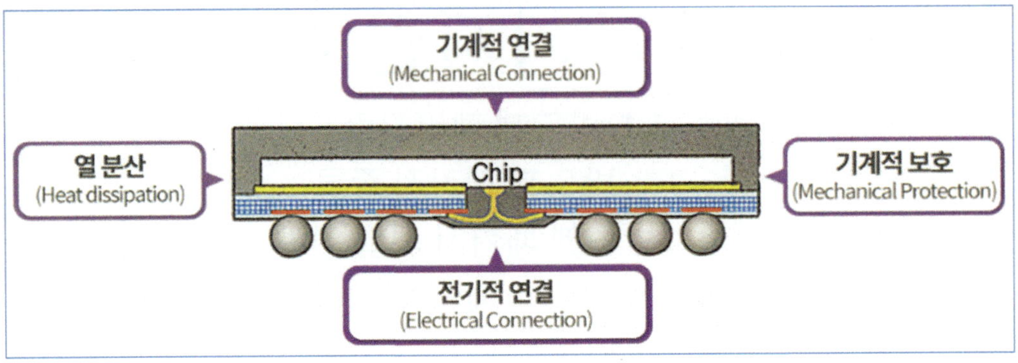

구성 요소

- Die(chip) : silicon으로 만든 핵심 회로
- Lead Frame or Substrate : chip과 PCB를 전기적으로 연결
- Bonding Wire or Bump : chip과 lead frame 사이를 연결
- Encapsulation : plastic, epoxy 수지 등으로 전체를 감싸는 보호막

자료출처-Skhynix뉴스룸

1-2. 반도체 패키지 종류

- Package 분류

PACKAGE

- Lead Frame Package
  - DIP (Dual In-line Package)
  - QFP (Quad Flat Package)
  - SOP (Small Out-line Package)
  - QFN (Quad Flat No-line Package)
- Substrate Package
  - BGA (Ball Grid array)
  - FBGA (Fine-pitch Ball Grid array)
  - TBGA (Tape Ball Grid array)
  - CSP (Chip Scale Package)
  - FCBGA (Flip Chip Ball Grid array)
- Wafer Level Package
  - WLCSP (Wafer Level Chip Scale Package)
  - Fan In WLP (Fan In Wafer Level Package)
  - Fan Out WLP (Fan-Out Wafer Level Package)
- Stack(3D) Package
  - PoP (Package on Package)
  - Sip (System in Package)
  - TSV (Through Silicon Via 기반 3D)
  - HBM (Hight Bandwidth Memory)
- 특수 Package
  - MCM (Multi Chip Module)
  - CoB (Chip on Board)
  - CIS Package (CMOS Image Sensor 용)
  - MEMS Package (MEMS 용)

1-2. 반도체 패키지 종류

● **Lead Frame Package**

QFN(Quad Flat No-lead)

DFN(Dual Flat No-lead)

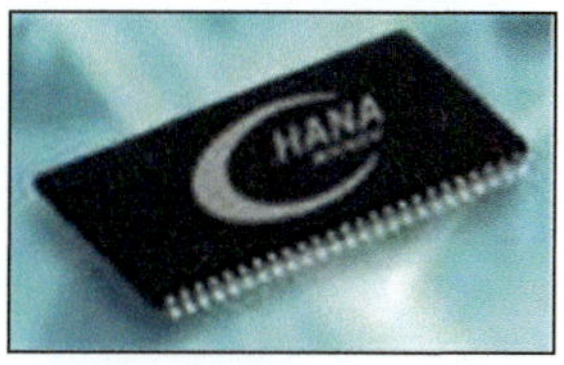

TSOP(Thin Small Outline PKG)

금속 lead frame에 반도체 chip을 부착하고, wire bonding을 통해 전기적 연결 후 molding 처리하는 package 구조

- 장점 : 저비용, 대량생산 용이, 제조 공정 간단
- 단점 : pin 수 제한, 고집적 회로에 한계, 열 방출 성능 낮음
- 용도 : analog IC, sensor, power device, 자동차 전자부품 등

이 외에도, DIP(Dual In-line Package), SOP(Small Outline Package), PLCC(Plastic Leaded Chip Carrier) 등이 있음

자료출처-HANA Micron, SFA

1-2. 반도체 패키지 종류

● **Flip Chip Package**

FCBGA(Flip Chip Ball Grid Array)

FCCSP(Flip Chip Chip Scale PKG)

반도체 chip을 뒤집어 기판 위에 직접 접속(bump 접합)하는 방식의 package로, 고속 · 고집적 회로에서 우수한 전기 · 열 성능을 제공하는 첨단 package 기술 임

- 장점 : wire bonding 보다 신호 경로가 짧아 고속 동작에 유리, chip과 기판 간 열 전달 효율이 높음, 고밀도 설계 가능, underfill 적용으로 진동 · 열충격 등에 강함
- 단점 : 공정이 복잡 함, 높은 비용 발생
- 용도 : 스마트폰, 고성능 컴퓨터, AI, 네트워크 장비 등

자료출처-HANA Micron, SFA

1-2. 반도체 패키지 종류

- **Laminate Package**

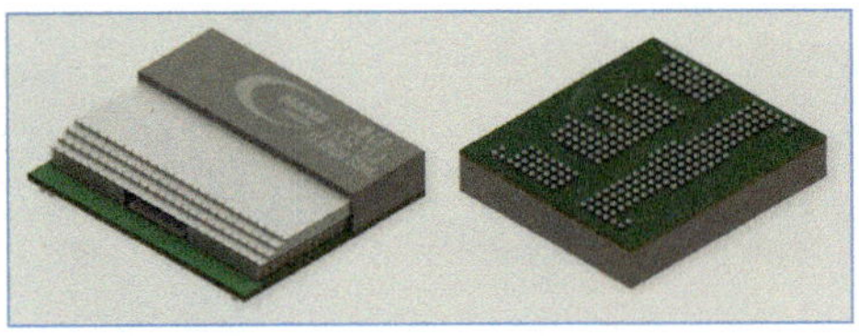

FBGA(Fine-pitch Ball Grid Array)

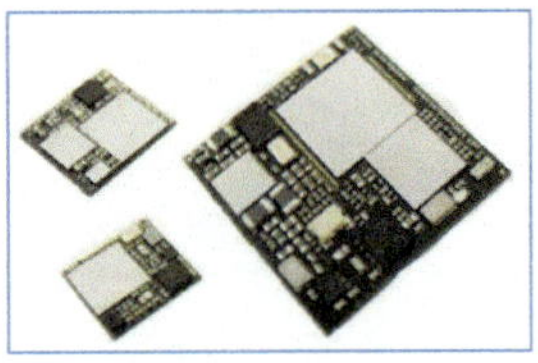

SiP(System in PKG)

PCB와 유사한 유기 절연재를 적층(laminate)하여 만든 패키지 기판(substrate)을 사용하는 반도체 package 구조

- **장점 : 미세 배선 pattern 구현이 가능, I/O pin 수가 많고 고밀도 구조에 유리**
- **단점 : 세라믹보다 열 전도율은 낮음**
- **용도 : 모바일, 컴퓨터, 통신 등**

이 외에도, BGA(Ball Grid Array), FCBGA, FCCSP 등이 있고 특히, 2.5D/3D package에 사용

자료출처-HANA Micron, SFA, ASE

1-2. 반도체 패키지 종류

- **WLP (Wafer Level Package)**

FO-WLP(Fan Out WLP)

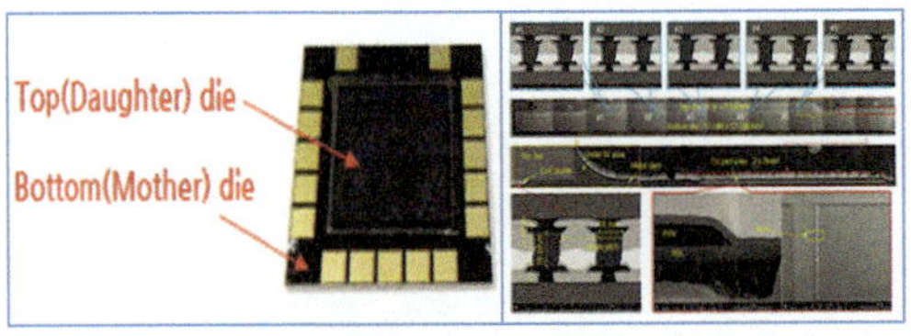

CoC(Chip on Chip)

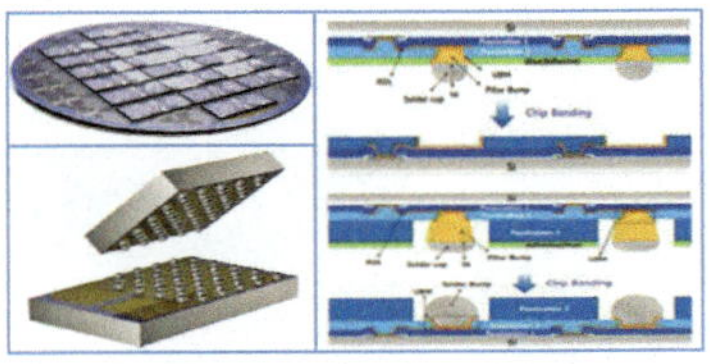

CoW(Chip on Wafer)

Wafer 상태에서 chip packaging 공정을 진행한 후, chip을 개별로 분리하는 방식 즉, 일반적인 package 공정이 chip을 자른 후 packaging하는 것과 달리, WLP는 chip을 자르기 전에 packaging을 완료

- **장점 : package 크기를 die 크기에 맞출 수 있음, I/O 거리가 짧고 기생 요소가 적어 고속 신호에 유리, 공정 시간·단가 절감, 납땜 연결부가 적고 구조가 단순해 신뢰성 향상**
- **단점 : 방열 설계가 제한됨, 고 I/O 수용이 어려워 대형 chip에는 부적합, 기판 연결이 어려울 수 있어 PoP나 Sip와 병행하여 사용됨**
- **용도 : 모바일, IoT 등 경량 기기에 적합**

이 외에도, BGA(Ball Grid Array), FCBGA, FCCSP 등이 있고 특히, 2.5D/3D패키지에 사용

자료출처-HANA Micron, SFA, ASE

1-2. 반도체 패키지 종류

- 기타 PKG

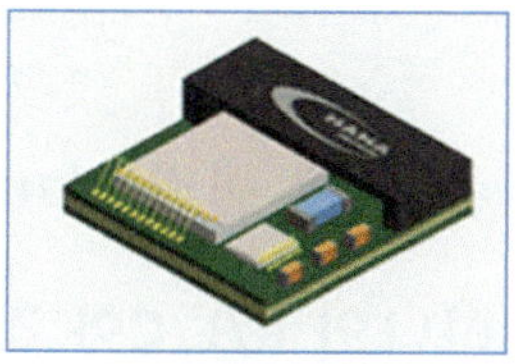

Sensor

LED

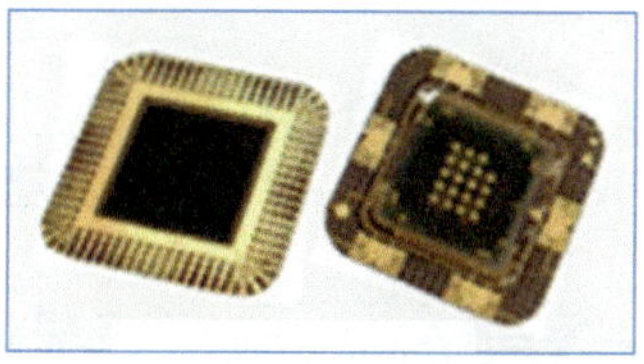

Embedded

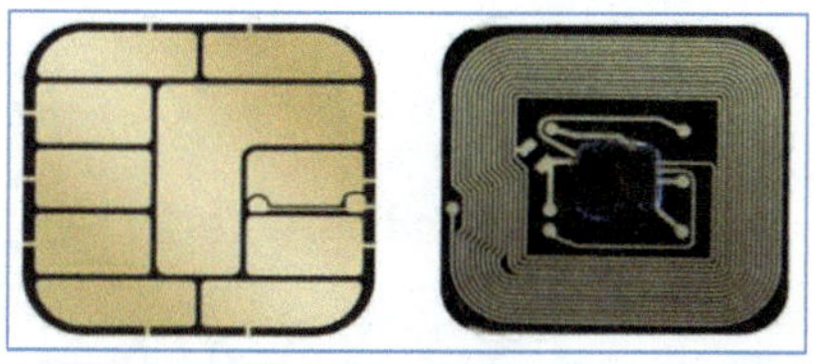

Smart Card

Micro SD Card

SSD

자료출처-HANA Micron, SFA, ASE

1-3. 반도체 패키지 개발 단계

① 요구사항 분석(Requirement Definition) : 제품의 용도 및 사양 확인, 고객 요구사항

② 패키지 구조 선정(Package Concept Selection) : 모바일(WLCSP), AI(2.5D/3D), 자동차(QFN)

③ 설계 & 시뮬레이션(Design & Simulation) : 기계적(2D/3D layout) 설계, 전기적(신호, 전력, EMI) 해석, 열적(열저항, 방열 구조) 해석, 기계적(응력, 외력) 해석, 기생 요소(R·L·C) 분석

④ 재료 선정(Material Selection) : substrate, mold, underfill, wire, solder ball 등

⑤ 시제품 제작(Prototyping) : 조립성, 공정성, 양산성 검토

⑥ 신뢰성 평가(Reliability Test) : 열 사이클, 고온 · 고습, 기계적 충격 · 낙하, 전기적 수명 시험

1-3. 반도체 패키지 개발 단계

- **Package Design**

- 기생성분 분석 및 최적화

PCB 기판 자체는 각각의 회로소자들을 연결하는 선로와, 전원공급을 위한 평면(plane)들의 조합 임
모두 수동적(passive) 구조물이지만, 신호의 주파수가 올라가면서 하나의 R/L/C와 같은 소자처럼 동작하기 시작하고, VDD · GND plane은 고주파 공진판으로 동작하기 시작하여 PCB의 물리적인 형상과 구조 자체가 본래의 신호 특성에 점점 더 큰 영향을 주게 되고, 그 기생성분(parasitic)으로 인해 발생하는 coupling도 기하급수적으로 증가함

- 전도체의 기생성분

주로 package의 wire bonding에 의해 발생하며, wire의 등가회로에서 가지는 값
R_pkg는 wire에 직렬로 발생하는 저항으로 통상 수십 mOhm 대의 값을 가짐
L_pkg는 wire 자체가 가진 직렬 inductance로 통상 수 nH 대의 값을 가짐
C_pkg는 wire와 바닥의 GND 사이에 발생하는 capacitance로 통상 pF 대의 값을 가짐

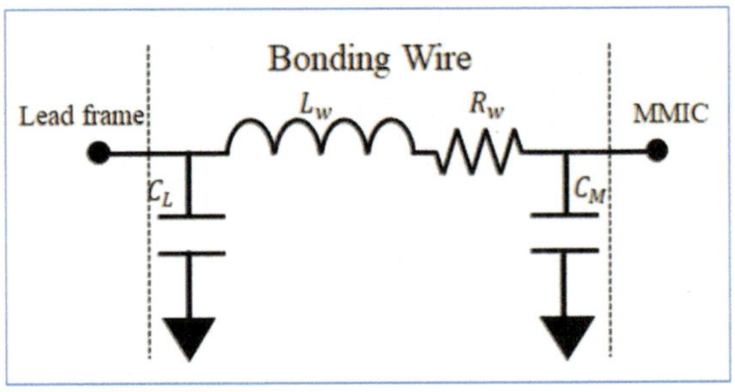

자료출처-Ka-대역 QFN 패키지의 본딩 와이어 분석 및 설계_왕문걸, 강원실, 구현철

1-3. 반도체 패키지 개발 단계

- 선로간 간섭(cross talk)

전기 신호 시스템에서 한 신호 경로의 신호가 인접한 다른 신호 경로에 의도치 않게 영향을 미치는 간섭 현상 즉, 어떤 회선에 흐르는 신호가 근처 회선에 새어 들어가서, 원래 없어야 할 noise(잡음)로 작용하는 것

- 정전 커플링(capacitive coupling) : 신호 간의 전압 차로 인해 전기장이 형성되어 인접 회선에 영향을 줌
- 유도 커플링(inductive coupling) : 흐르는 전류에 의해 자기장이 형성되고, 이 자기장이 인접 회선에 전류를 유도함

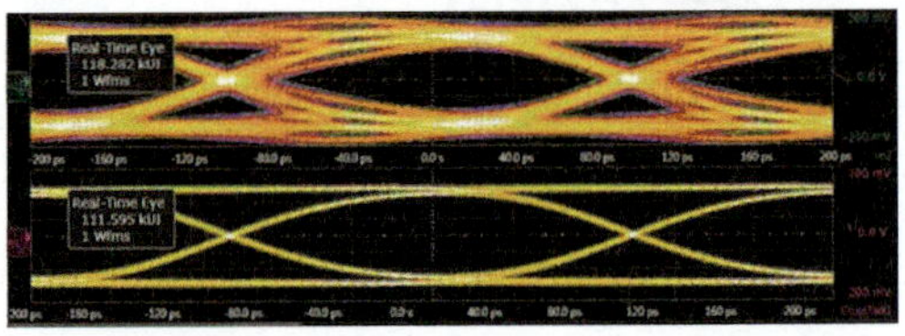

- EMI/EMC

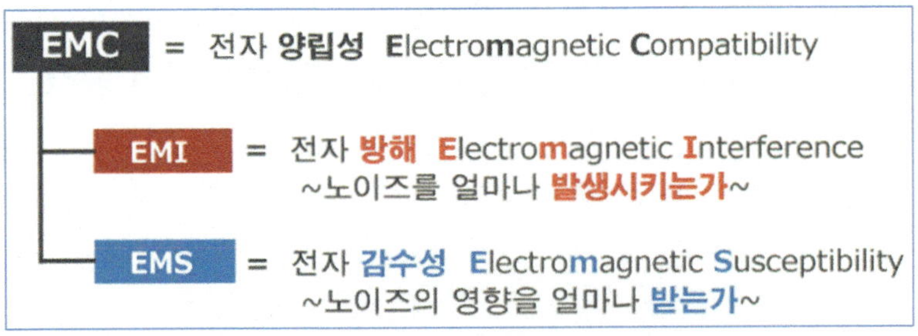

EMC는 EMI가 잘 제어되고, EMS가 잘 되어 전파 환경이 쾌적한 상태를 고려한 설계

자료출처-ROHM

1-3. 반도체 패키지 개발 단계

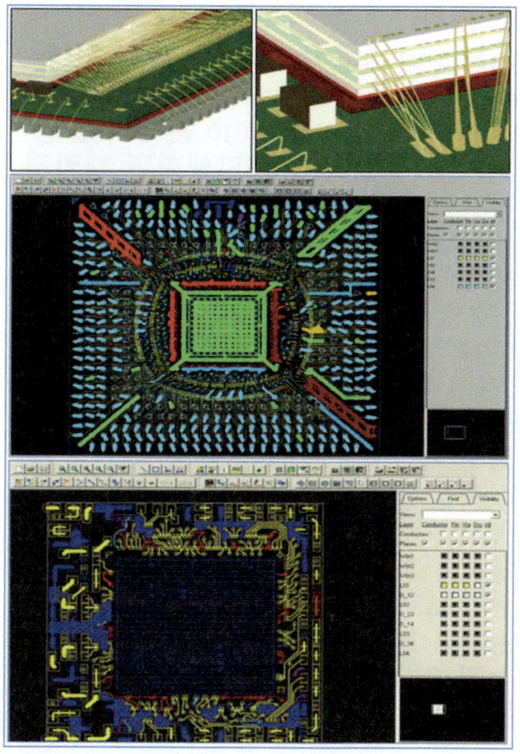

• 전기적 특성

Package 내에서 신호를 전달하는 과정에서 발생하는 기생 성분 RLC를 최소화하는 기판 설계, 선로간 간섭현상을 최소화하여 신호가 제대로 전달될 수 있도록 하는 것이 중요

• 기계적 특성

Package에 발생할 수 있는 기계 응력에 의한 계면의 박리 현상, 균열 현상을 방지하기 위해서는 package를 구성하는 재료의 물성치를 최적화해서 적용할 필요가 있음

• 열적 특성

반도체는 80℃ 이상의 고온에서는 제대로 동작을 하지 않거나 고장이 발생할 수 있으므로 반도체 chip의 clock 속도가 올라가고 집적도가 향상될수록 소모되는 전력 소모량이 커지게 되어 chip에서 많은 열이 발생, 이러한 반도체를 설계할 때는 열 발산이 원활하게 이루어질 수 있도록 설계를 해주어야 함

자료출처-반도체 산업과 기술의 이해_김주현

1-3. 반도체 패키지 개발 단계

● Package Simulation

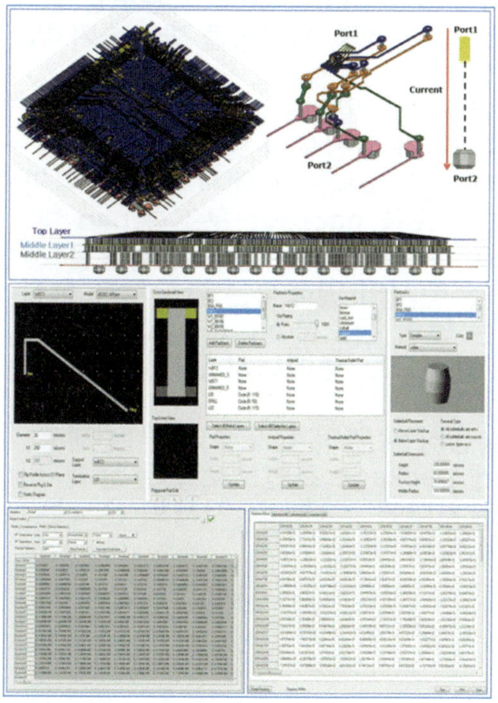

• Electrical Simulation

- 신호 무결성(SI : Signal Integrity) simulation : 실제 신호를 인가하고 그 전달과 왜곡 과정을 관찰할 수 있는 SPICE (Simulation Program with Integrated Circuit Emphasis) 등가회로 모델이며, 이를 기반으로 신호의 왜곡과 변형의 정도를 가늠하는 것
- 회로 simulation : 공진(resonance) 해석을 통해 공진주파수와 그 발생 위치를 찾아도, 모든 공진 문제를 동시에 해결하는 것은 어려우므로 PCB 기판의 동작에 영향을 주는 주파수의 공진들만 잡아내면 됨
- 전자장 simulation : 공진 해석을 통하여 PCB 기판에서 공진이 크게 발생하는 지점을 찾은 후에는 그 위치에 측정용 port를 추가한 후 전자장 해석을 수행하여 각 위치에서의 주파수 별 impedance 변화를 그래프로 확인할 필요가 있음

자료출처-반도체 산업과 기술의 이해_김주현

1-3. 반도체 패키지 개발 단계

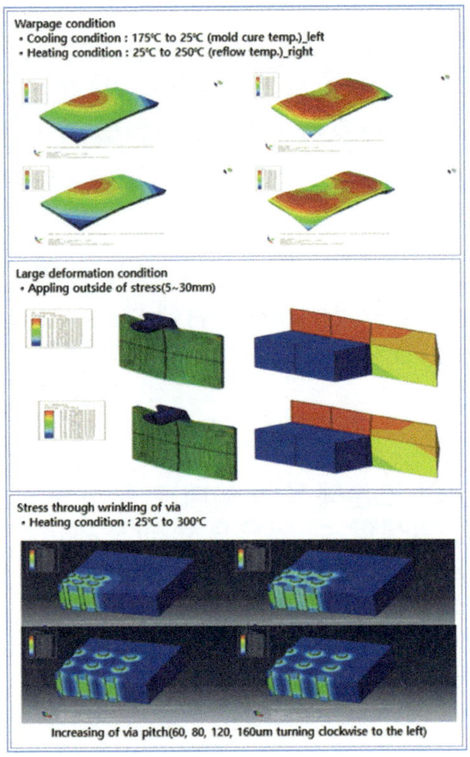

자료출처-반도체 산업과 기술의 이해_김주현

- Mechanical Simulation

- 패키지 휨(warpage) simulation : package를 구성하는 chip과 PCB 기판의 크기와 두께, EMC의 특성에 따라 package가 휘어지는 warpage 문제가 발생할 수 있는데, warpage가 과도하게 발생하면 패키지에 있는 solder joint의 일부 부분이 PCB 기판과 접합되지 않는 현상이 발생할 수 있으므로 주의해야 함. 최근에는 package끼리 적층하는 POP(Package On Package) 구조를 채택하는 경우가 많이 있는데, package의 warpage가 과도하게 발생할 때 두 개 package의 신호 연결 부분이 서로 접합되지 않아 문제가 될 수 있으므로 package 조립 전에 warpage특성을 simulation해 보는 것이 매우 중요
- Solder joint 피로 특성 simulation : PCB 기판을 사용하는 package에서 기계적 응력에 가장 취약한 부분이 chip과 PCB를 연결하는 부분인 solder joint임. 반도체를 구성하는 재료의 열팽창 계수 차이에 의해 열응력이 발생하는데, chip은 열팽창 계수가 작고, PCB는 열팽창계수가 커서 chip과 PCB를 연결하는 solder joint에 큰 응력이 걸리게 되므로 이를 감안한 설계가 필요

1-3. 반도체 패키지 개발 단계

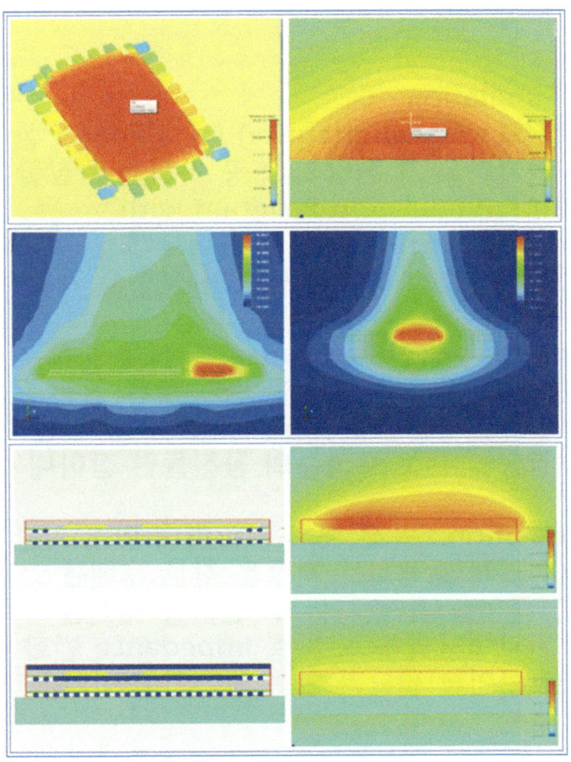

자료출처-반도체 산업과 기술의 이해_김주현

- Thermal Simulation

반도체의 열적 simulation은 chip의 온도를 방열 설계로 감소시켜 열적 신뢰성을 확보하기 위한 목적으로 실시 됨

방열 설계를 위해서는 열전도성이 좋은 재료를 열 발생 부위에 두어 열전도가 잘 되도록 하고, package 외부에서는 package에서 발생한 열이 외부로 잘 발산되도록 package 구조를 pan 형태로 만들어 표면적을 넓히는 방법이 적용됨

반도체 package에서의 열해석은 반도체가 동작할 때 발생하는 열이 전도(conduction)와 대류(convection) 방식으로 열에너지 얼마나 전달되는지 계산하게 됨

반도체에서 발생하는 열이 전도성이 좋은 재료를 통해 빠르게 package 표면으로 전달된 후 바로 외부로 전달된다면 package 자체의 온도는 많이 올라가지 않을 것 임

1-4. 반도체 패키지 산업

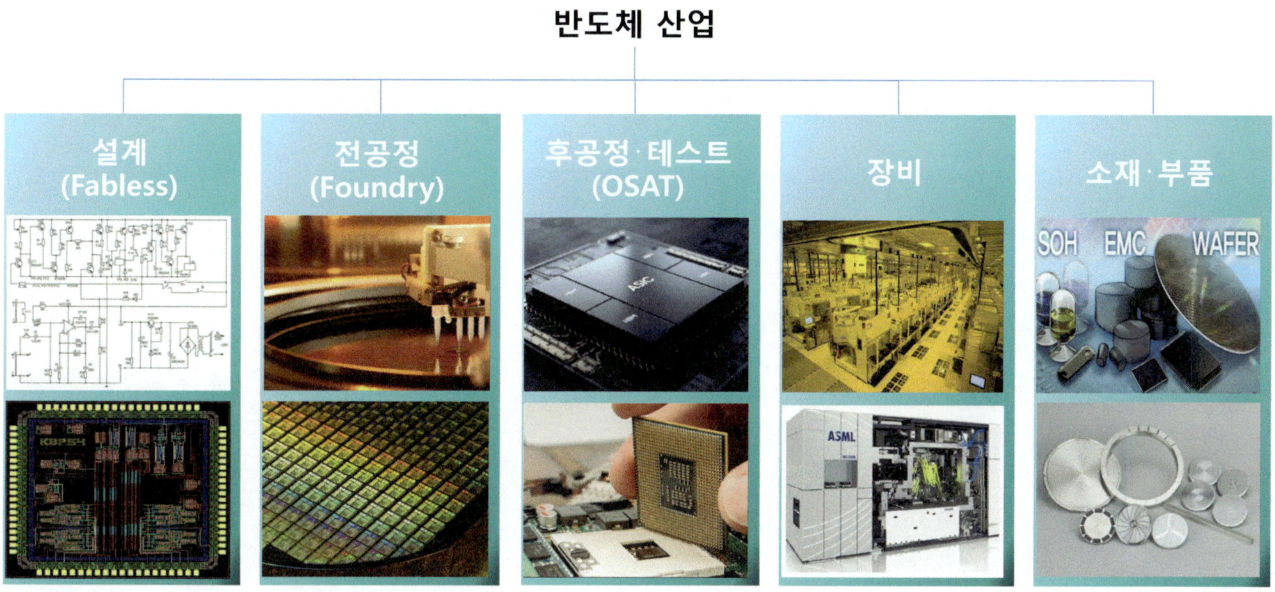

자료출처-반도체 산업과 기술의 이해_김주현

1-4. 반도체 패키지 산업

➤ **IDM(Integrated Device Manufacturer) : 종합 반도체 업체/회사**

	메모리	Foundry
고객에게 전달하는 것	완성 제품 (DRAM & Flash chip, SSD)	설계에 필요한 tool : **PDK/DK** 가공된 Wafer, Chip
제품 설계	내부	**고객**
WAFER 소유권	메모리 회사	**고객** (예: Lot 투입, hold, fabout 물량 의사결정 주체)
전기적 TEST (EDS)	내부	일부 내부, **주로 외주(대만)** (* EDS PGM 고객이 제공)
불량 분석 (FA)	내부 FA팀	**고객 & 파운드리** (* EDS 후 불량분석 약 2~4주)
패키징 (PKG)	내부	고객 외주 파트너 (예: SPIL)
공정 순서도 (Process flow)	외부 기밀	**고객에게 PA* 형태로 제공** (* Photo step, DR, Vertical Dimension, Process flow (RCP 제외))

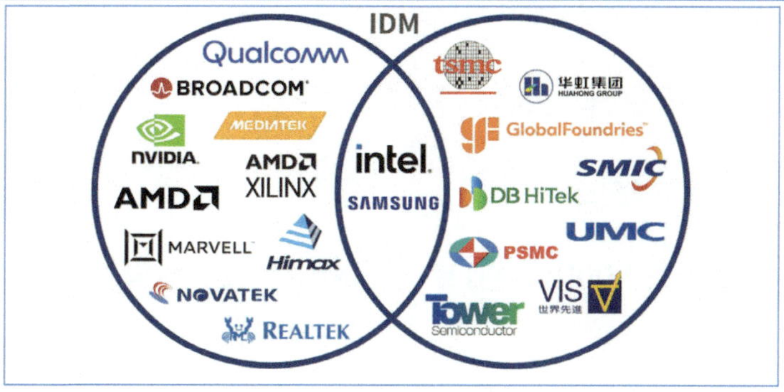

자료출처-https://semi-journal.jp/market/fabless-foundry.html

1-4. 반도체 패키지 산업_OSAT

반도체 후공정

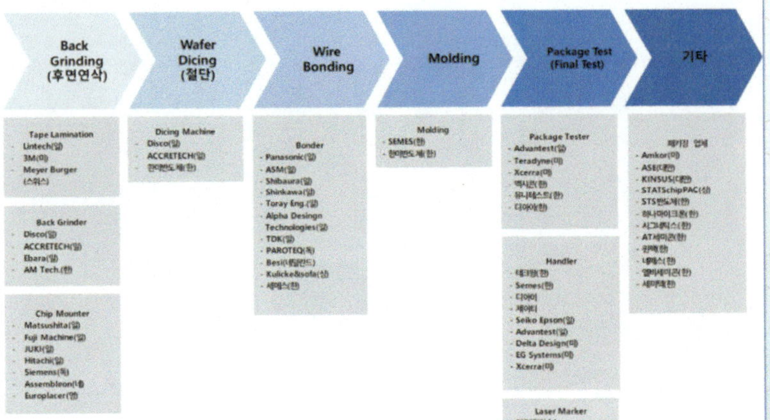

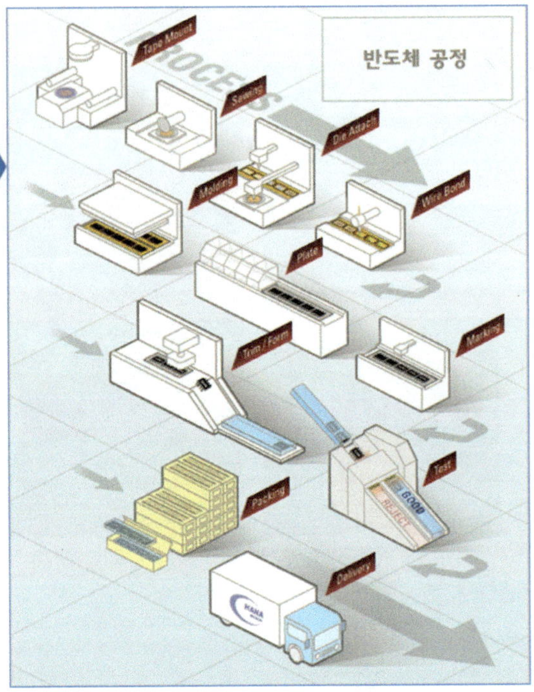

자료출처-SK증권 리포트, HANA Micron

1-4. 반도체 패키지 산업_OSAT

2021년 2분기 전 세계 상위 10대 반도체 OSAT 기업의 매출 규모는 지난해 같은 기간보다 26.4% 증가한 78억8,000만 달러(약 9조2,500억 원) 였음. OSAT 시장은 대만이 장악하고 있음. 시장점유율 1위 ASE(23.7%)를 비롯해 세계 10대 기업 중 6개를 차지하고 있음.

애플 의존도가 높은 2위 미국의 암코를 제외한 나머지 10위권엔 중국 업체 들이 포진해 있음.

3위 JCET(14%)를 비롯해 3개를 차지하고 있는데, 주로 SMIC를 비롯한 자국회사의 물량이 많음.

2018년 기준 상위 25대 OSAT 기업에 한국은 하나마이크론, SFA반도체, 네패스 세 곳만 포함.

- OSAT 시장 점유율과 한국 기업 수 및 시장 규모 -

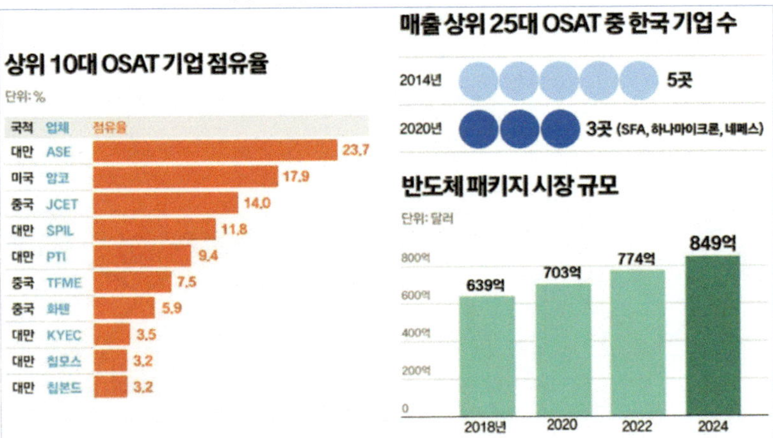

OSAT 시장규모는 2019년 575억 달러(약 67조6,000억 원)에서 2026년 823억 달러(약 96조7,000억 원)로 성장할 것으로 전망함.

자료출처-트렌드포스, KISTEP

1-5. 반도체 패키지 용어

➢ **Back Grinding(백그라인딩/후면 연마 공정)** : 제작된 웨이퍼를 패키지 특성에 적합한 두께로 만들기 위해 웨이퍼의 뒷면을 가공하는 공정

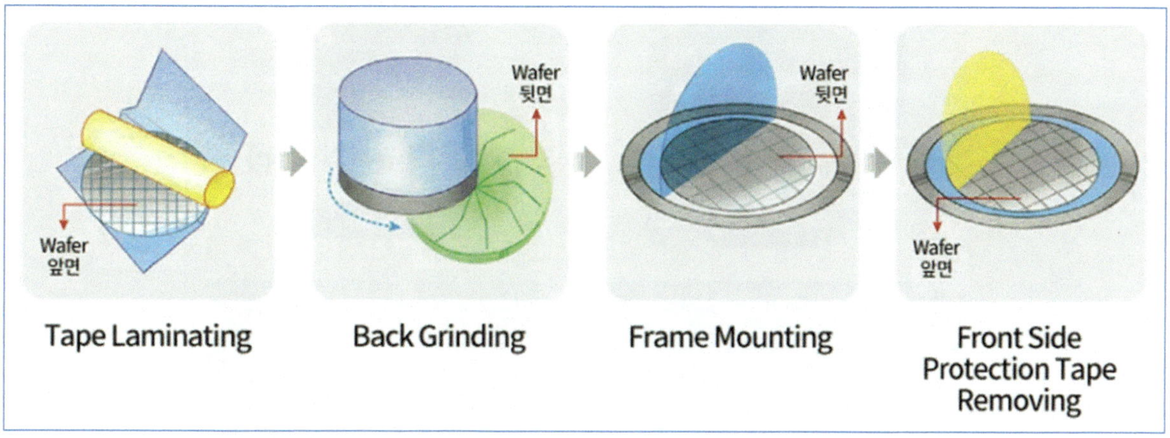

자료출처-skhynix newsroom

1-5. 반도체 패키지 용어

➢ **Wafer Sawing(or Dicing/쏘잉 or 다이싱 공정)** : wafer 윗면에 배열된 수백~수천 개의 chip을 초정밀 톱 · 레이저를 이용하여 개별 단위(net die)로 잘라내는 공정

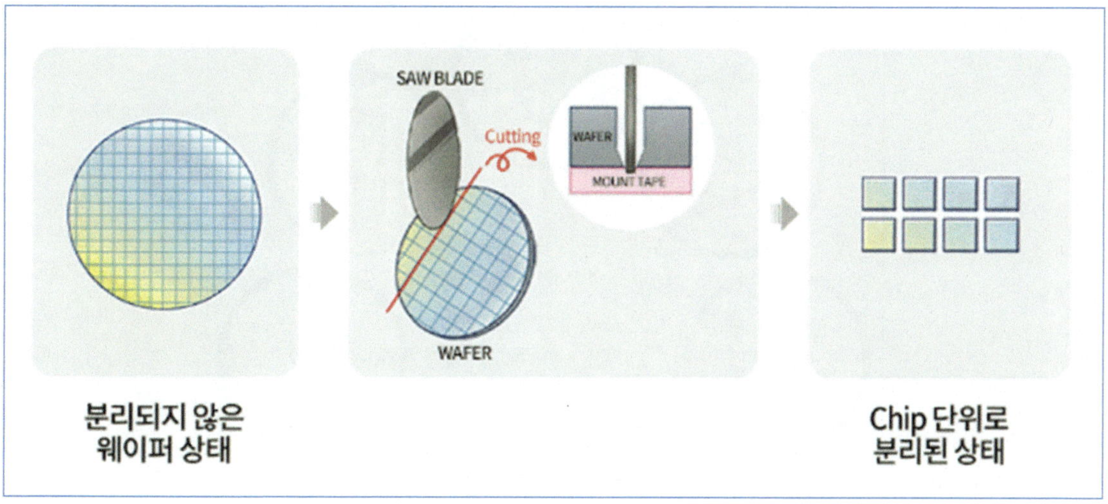

자료출처-skhynix newsroom

1-5. 반도체 패키지 용어

➢ **Die Attach(다이 어태치 공정)** : 절단된 칩을 접착제(adhesive)가 도포된 서브스트레이트(substrate)나 리드프레임(leadframe)에 붙이는(attach) 공정

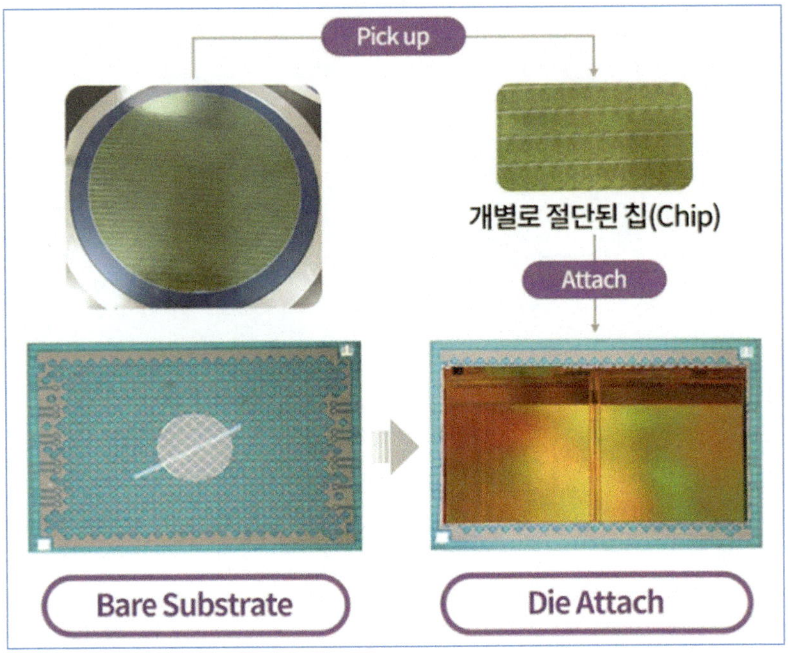

자료출처-skhynix newsroom

1-5. 반도체 패키지 용어

➢ **Bonding(본딩 공정)** : 열·압력·진동을 이용해 금속 와이어(wire) · 볼(ball)로 칩과 서브스트레이트(substrate) · 리드프레임(leadframe)을 전기적으로 연결하는 공정

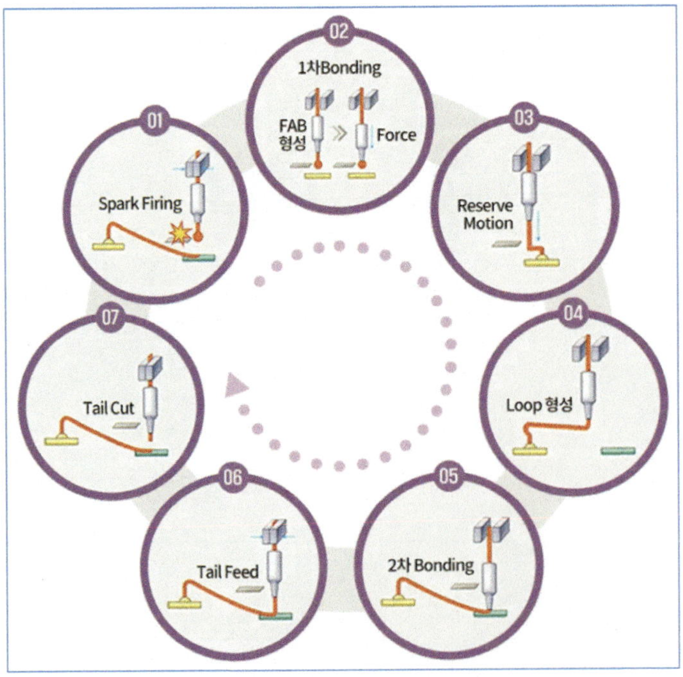

자료출처-skhynix newsroom

1-5. 반도체 패키지 용어

➢ **Molding(몰딩 공정)** : 반도체 소자의 외형을 형성하고, 외부 환경으로부터 제품을 보호하는 공정

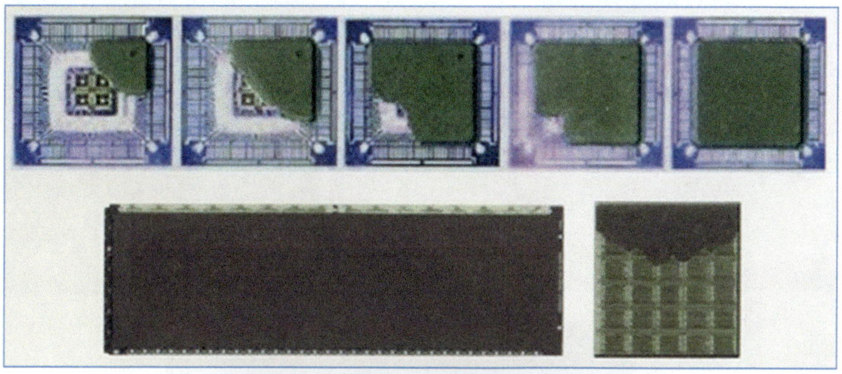

자료출처-slideplayer.com, corp.i-pex.com

1-5. 반도체 패키지 용어

➢ **Trimming(트리밍 공정)** : lead와 lead 사이를 잘라주는 공정

자료출처-slideplayer.com, corp.i-pex.com

1-5. 반도체 패키지 용어

➢ Forming(폼 공정) : 리드선을 PCB에 결선하기 쉽도록 구부려 형태를 만드는 공정

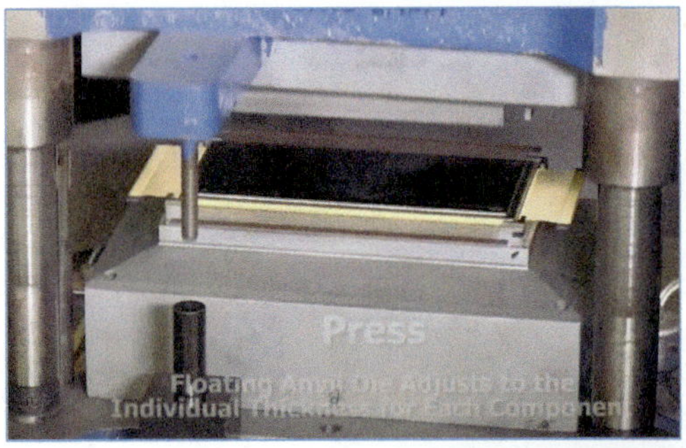

자료출처-Micross

1-5. 반도체 패키지 용어

➢ Plating(도금 공정) : 리드선의 저항을 줄이기 위해 전도성 금속을 입히는 공정

자료출처-Micross

1-5. 반도체 패키지 용어

➢ **Solder Ball Mount(솔더 볼 마운트 공정)** : 회로기판에 solder ball을 붙여 아웃단자를 만드는 공정

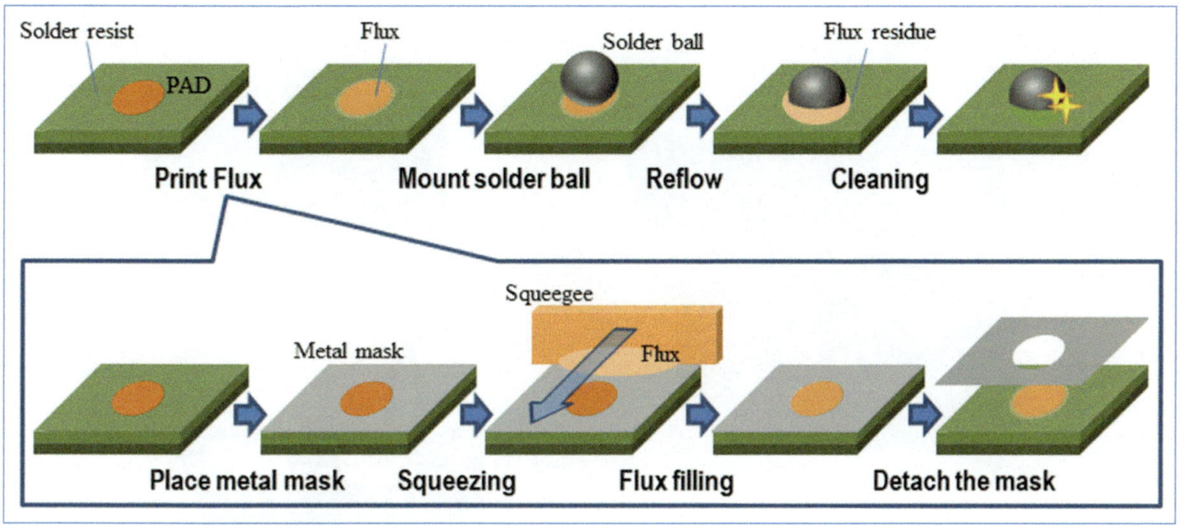

자료출처-ARATTE

1-5. 반도체 패키지 용어

➢ **Marking(마킹 공정)** : test 공정에서 양품 판정을 받은 제품에 회사명, 품명, LOT No, 제조사 등 제품의 이력을 laser 또는 ink를 이용하여 각인하는 공정

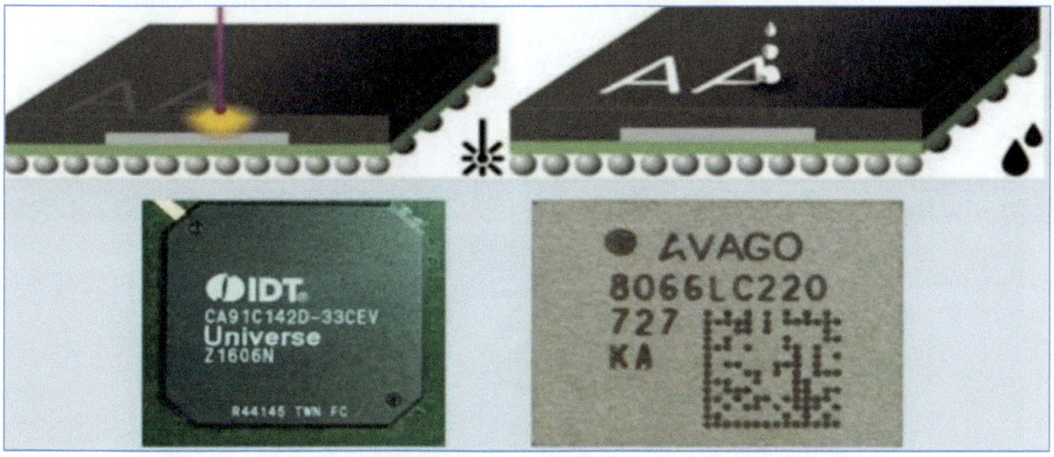

자료출처-semicon talk

1-5. 반도체 패키지 용어

➢ **Singulation(or Package Sawing/싱귤레이션 or 패키지 쏘잉 공정) : module · board · card에 실장 하도록 개별 반도체로 잘라내는 공정**

자료출처-Nepes, Moresuperhard

1-5. 반도체 패키지 용어

➢ **Test(테스트 공정) : 단위 공정 또는 패키지 공정이 완료된 제품의 양품을 선별하는 공정**

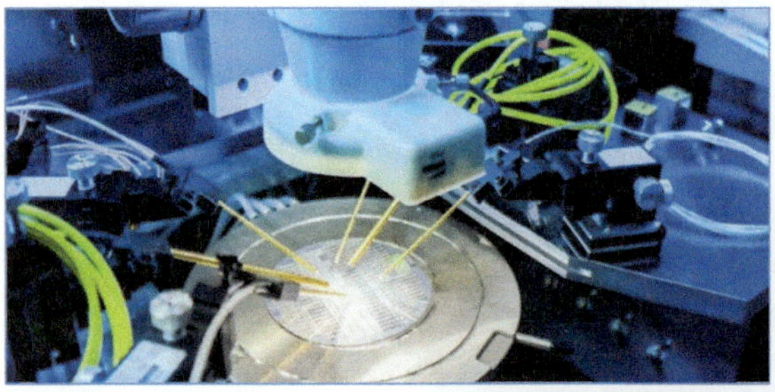

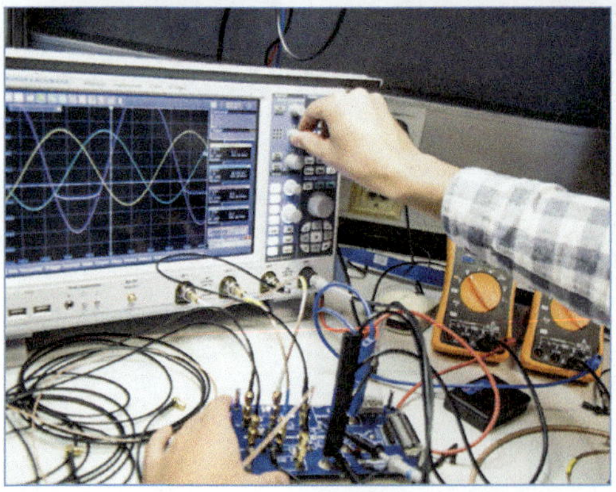

자료출처-FACET

1-5. 반도체 패키지 용어

- Back grinding(백그라인딩/후면 연마 공정) : 제작된 wafer를 package 특성에 적합한 두께로 만들기 위해 wafer의 뒷면을 가공하는 공정
- Wafer sawing(or Dicing/쏘잉 or 다이싱 공정) : wafer를 개별 단위(net die)로 잘라내는 공정
- Die attach(다이 어태치 공정) : 절단된 chip을 접착제(adhesive)가 도포된 서브스트레이트(substrate)나 리드프레임(leadframe)에 붙이는(attach) 공정
- Bonding(본딩 공정) : 열 · 압력 · 진동을 이용해 금속 와이어(wire) · 볼(ball)을 칩과 서브스트레이트(substrate)·리드프레임(leadframe)을 전기적으로 연결하는 공정
- Molding(몰딩 공정) : 반도체 소자의 외형을 형성하고, 외부 환경으로부터 제품을 보호하는 공정
- Trimming(트리밍 공정) : lead와 lead 사이를 잘라주는 공정
- Forming(폼 공정) : 리드선을 PCB에 결선하기 쉽도록 구부려 형태를 만드는 공정
- Plating(도금 공정) : 리드선의 저항을 줄이기 위해 전도성 금속을 입히는 공정
- Solder ball mount(솔더 볼 마운트 공정) : 회로기판에 solder ball을 붙여 아웃단자를 만드는 공정
- Marking(마킹 공정) : test 공정에서 양품 판정을 받은 제품에 회사명, 품명, LOT No, 제조사 등 제품의 이력을 laser 또는 ink를 이용하여 각인하는 공정
- Singulation(or Package sawing/싱귤레이션 or 패키지 쏘잉 공정) : module · board · card에 실장하도록 개별 반도체로 잘라내는 공정
- Test(테스트 공정) : 단위 공정 또는 package 공정이 완료된 제품의 양품을 선별하는 공정

2. 반도체 안전교육

2-1. 공정실 일반 안전 수칙
2-2. 공정실 비상시 조치 요령
2-3. 공정 가스 및 약품
2-4. 공정실 사고 사례

36

2-1. 공정실 일반 안전 수칙

- **Cleanroom 기본 안전 수칙**

- **컨디션이 좋지 않을 경우(아픈 상태, 피로나 약물 복용 등) 클린룸 출입 금지**
- **화장품, 보석류, 핸드폰, 음식류 등은 반입 금지**
- **접촉렌즈 사용 금지 및 보호안경 또는 고글 착용 필수**
- **신발은 앞뒤가 완전히 덮이는 클린룸 전용화 착용 (샌들 불가)**
- **기본복장 준수 : 반바지, 민소매, 노출된 복장 금지**

금지 항목	이유
휴대폰, 이어폰, 노트북 등 개인 전자기기	외부 오염원 유입, 정전기 및 입자 생성
지갑, 열쇠, 반지, 팔찌, 시계 등 금속/장신구	금속 입자 탈락, 정전기 발생, 이물 유입 가능성
음식, 음료, 껌, 담배 등	입자, 미생물 및 오염원 발생, 위생 관리 불가
일반 종이, 골판지, 펜슬, 종이 테이프 등	미세먼지 및 섬유 입자 발생, 전용 클린룸 용품만 허용
화장품, 향수, 섬유계 복장	입자 · 화학물질 배출, 오염 유발 가능성

37

2-1. 공정실 일반 안전 수칙

● **Buddy System(동료 안전제도)**

- 2인 1조 이상이 항상 함께 공정·작업·출입을 수행하도록 하는 안전 시스템
- 응급 상황 발생 시 즉각 도움 요청, 구조, 비상조치 가능하도록 하기 위함
- 근무 중 동료가 반드시 옆에 있어야 함
- 비표준 시간(야간, 주말) 작업 시 필수

Buddy System 점검 체크리스트

[ ] 2인 1조 이상 동시 입실 여부

[ ] 동료가 위험 물질 · 장비 사용 중 주변에 있었는가?

[ ] 응급 키트 · 세척기 위치 인지하고 있는가?

[ ] 사고 발생 시 대피 · 보고 체계 알고 있는가?

[ ] 작업 종료 시까지 동료 상태 확인을 지속했는가?

38

2-1. 공정실 일반 안전 수칙

● **Gowning 절차(클린복 착용 방법)**

- 복장 착용 순서:
  마스크 → 헤어넷 → 수트 → 부츠 → 장갑
- 글러브·부츠는 반드시 내부로 넣어 밀착되게 착용
- 에어샤워 후 클린룸 입실

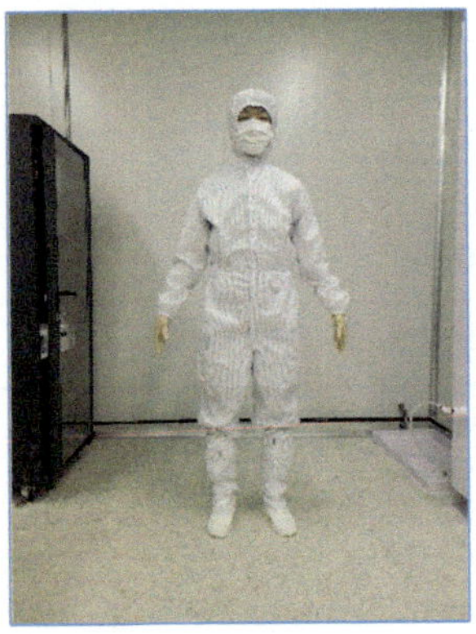

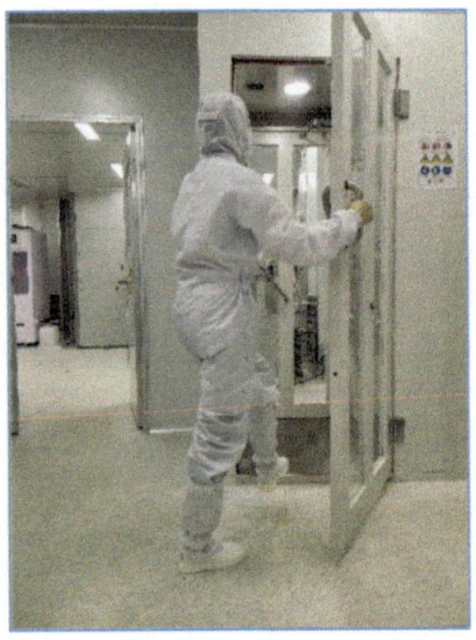

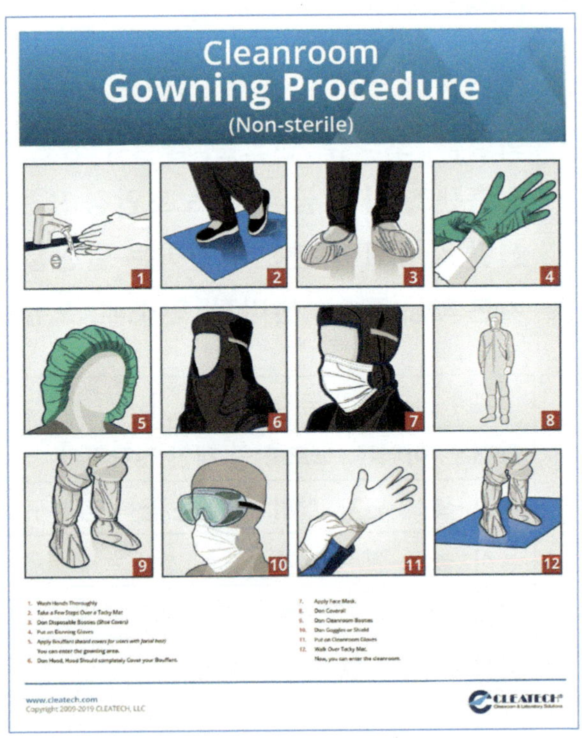

39

2-1. 공정실 일반 안전 수칙

● 화학약품 안전취급

- MSDS(Material Safety Data Sheet) 사전 숙지 필수
  (https://msds.kosha.or.kr/)
- 산 · 염기, 산화제 · 용제 혼합 등 금지
- Wet bench 또는 후드 내에서만 사용 가능
- 용기 라벨링, 폐액 태그 작성 및 지정 장소 폐기

항목	설명
화학약품명	아세톤, IPA, 불산, 황산, TMAH, SU-8, AZ 300 MIF, GXR-60 등
주요 사용 용도	세정, 식각, 포토공정 등
주요 유해성	인화성, 독성, 자극성, 부식성 등
안전 취급 방법	후드 작업, 보호구 착용, 폐액 처리 등

40

2-1. 공정실 일반 안전 수칙

● 장비 및 공정 운영 안전

- 교육 및 승인 없는 상태에서 장비 사용 금지
- 전원, 가스, 진공 등 위험 장비는 사전 점검 필수
- 경고음 발생 시 즉시 사용 중지 및 보고
- 볼트·배관·부품 해체 시 LOTO(잠금·표식 절차) 적용

● 장비 사용 전 사전 점검

항목	설명
장비 사용 전 점검표 확인	제조사 매뉴얼 및 일일 점검리스트 활용
전원, 냉각수, 가스 상태 확인	누설, 과전류, 역전류 차단기 동작 여부
이상 경고등, 알람 점검	디스플레이 및 센서 오류 확인

41

2-1. 공정실 일반 안전 수칙

● 장비 사용 중 주의사항

항목	설명
장비 조작은 교육 이수자만 가능	장비 로그 기록 의무화
동작 중 내부 접근 금지	식각기, 산화로 등 고온 · 고전압 주의
작업 중 이탈 금지	공정 중 외부 이탈 시 동료에게 인계

● 전기·가스·진공 등 위험 에너지 취급

항목	설명
가스 라인 체크	유해가스, 독성 · 인화성 가스는 매 사용 전 체크
전원 차단 절차 준수	고전압 장비는 LOTO (Lockout-Tagout) 절차 적용
진공 누설 확인	챔버 내 잔류가스, 압력 불안정성 사전 확인 필요

42

2-1. 공정실 일반 안전 수칙

● 비정상 작동 시 대처

항목	설명
경고음 발생 시 즉시 사용 중지	관리자 또는 담당 교원에게 보고
가스·냄새 이상 감지 시	즉시 후드 종료 및 전원 차단, 대피 가능성 고려
공정 파라미터 비정상	자동·수동 모드 오동작 시 수동 중단

● 작업 종료 후 정리

항목	설명
장비 상태 복원	온도, 압력, 진공 상태 초기화
로그 기록	사용자, 공정조건, 이상 유무 기록
주변 청소	폐시약, 웨이퍼 조각, 장갑 등 정리

43

2-1. 공정실 일반 안전 수칙

● ESD(정전기) 예방

- ESD 스트랩 착용 의무화
- 정전기 유발 소재 반입 금지 (면 옷, 플라스틱 샤시 등)
- ESD 매트 위에서만 웨이퍼 취급

구분	수칙
ESD 스트랩 착용	손목 스트랩을 접지(Ground) 에 연결하고 착용 상태 확인
ESD 매트 위에서 작업	기판 · 소자 취급은 반드시 접지된 매트 위에서 수행
정전기 유발 소재 금지	울, 나일론, 플라스틱 재질 복장·도구 사용 금지
전도성 신발 및 바닥재 사용	클린룸용 ESD 신발 착용 필수
장갑 착용	정전기 방지용 장갑 착용, PVC, 비닐장갑은 금지
ESD 보관 용기 사용	웨이퍼, 칩은 도전성 트레이 · 캐리어에 보관
ESD 테스터 사용	정기적으로 스트랩과 매트의 연결 상태 점검

44

2-1. 공정실 일반 안전 수칙

● 비상 상황 대응

- 비상벨, 아이워시 위치 숙지
- 화재, 감전, 약품 누출 발생 시 긴급차단 시스템 및 담당자 호출
- 밀폐된 가스 누출 시 대피
- Incident 발생 시 보고 체계 및 조치 프로토콜 운영

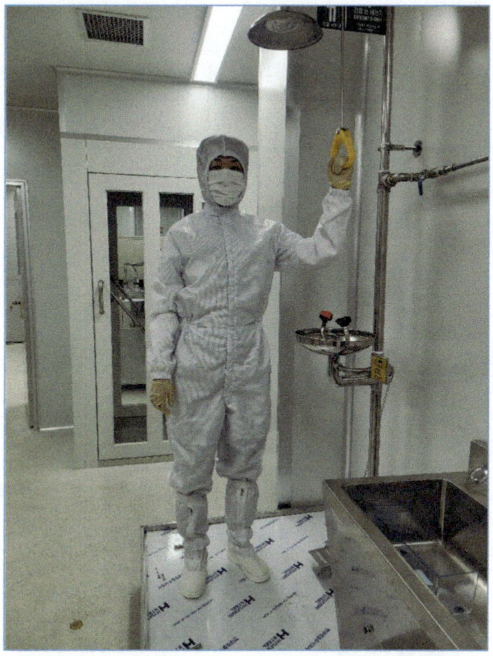

45

2-1. 공정실 일반 안전 수칙

● 작업 후 정리 및 폐기절차

- Wet bench 및 장비 상부 청소 유지
- 사용했던 유해 폐액은 반드시 라벨 부착 후 지정 용기에 폐기
- Glassware, PPE 등 반납 정리 및 로그 기록

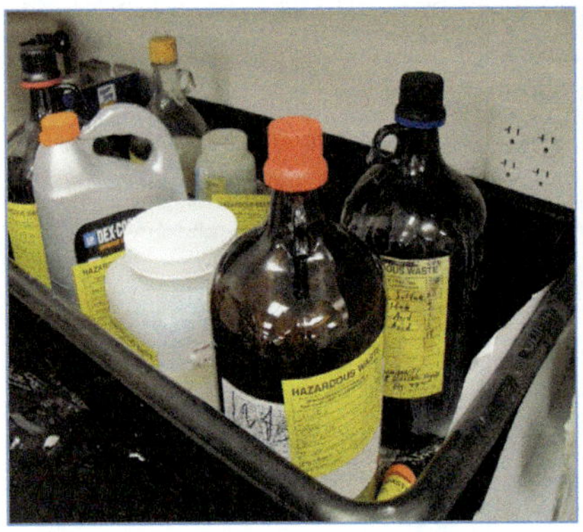

46

2-2. 공정실 비상시 조치 요령

● 화재 발생 시

내용	대응 방법
경고음, 연기, 불꽃 발견	즉시 "비상버튼" 또는 경보벨 작동
인명 확인	주변 인원 대피 유도, 호명 확인
초동 진화	가능한 경우 CO_2 소화기 또는 분말 소화기 사용
보고	담당 교수 또는 관리실에 즉시 연락
대피	비상구, 피난경로 확인 후 질서 있게 이동

● 화학약품 누출 시 (산 · 염기, 유기용제 등)

내용	대응 방법
소량 누출	후드 내 흡수패드로 제거, MSDS에 따른 조치
다량 누출 또는 유증기 발생	즉시 후드 전원 차단, 공간 이탈, 안전 담당자 호출
피부 접촉	세안기(Eye Wash) 또는 안전 샤워기로 즉시 15분 이상 세척
호흡기 자극	즉시 해당 공간 탈출 후 신고, 필요 시 119 요청

47

2-2. 공정실 비상시 조치 요령

● 가스 누출 또는 질식 우려 상황

내용	대응 방법
무취 · 무색 질소, 아르곤 등 누출 감지	즉시 공기 호흡 곤란 여부 확인 후 탈출
독성 · 가연성 가스 누출 경보	모든 장비 전원 OFF, 대피, 가스 차단 밸브 차단은 관리자만 수행
구조 요청	절대 단독 재입장 금지, 구조대 또는 소방 요청

● 감전 사고

내용	대응 방법
전기 쇼크 또는 쓰러짐 목격	즉시 전원 차단, 맨손 접촉 금지
의식 확인 후 119 신고	심폐소생술 훈련자일 경우 시행
고장 장비는 사용 중지 후 "고장" 표기 및 보고	

48

2-2. 공정실 비상시 조치 요령

● 쓰러짐·기절·출혈 등 인명 사고

내용	대응 방법
학생 · 동료 쓰러짐 발견	즉시 주변 작업 정지, 119 또는 보건실 연락
출혈 · 골절 · 의식 불명	응급처치 가능한 경우 시행, 신고와 기록 필수
상황 기록	사고 발생 경위, 대응 내용 즉시 로그 기록

49

2-3. 공정실 가스 및 약품

- 화학물질의 분류(GHS)

심볼	의미
폭발 (Explosive)	폭발성 물질
부식 (Corrosive)	피부 · 금속 부식
인체위해 (Health Hazard)	발암성 · 생식독성 · 기관독
환경유해 (Environmental Hazard)	수생환경 유해
산소병 (Oxidizer)	산화성 물질
해골 (Toxic)	급성 독성
불꽃 (Flammable)	인화성 물질
감탄부호 (Irritant)	자극성 · 알레르기
압력용기 (Gas under Pressure)	고압가스

50

2-3. 공정실 가스 및 약품

- 공정실에서 사용되는 대표적 화학 약품

화학약품명	주요 유해성	취급 시 주의사항
아세톤 (Acetone)	인화성, 눈 · 호흡기 자극	밀폐 보관, 국소배기 필수, 화기 엄금
IPA (Isopropyl Alcohol)	인화성, 피부·눈 자극	환기 필수, 정전기 주의, 보호장갑 착용
불산 (HF)	부식성, 신경계 손상 가능	후드 내 작업, 고무장갑+고글 착용
황산 (H_2SO_4)	강산, 피부·안구 손상	고무장갑 · 고글 필수, 금속 혼합 금지
TMAH(Tetramethylammonium Hydroxide)	신경 독성, 고농도 치명적	전용 후드, PPE 착용, 폐기물 분리
SU-8	피부 자극, 용제 휘발성	PEB 후 증기 주의, 폐액 폐기 철저
과산화수소 (H_2O_2)	산화제, 화재 위험	혼합 금지, 저온 보관, 밀폐 용기 사용
염산 (HCl)	부식성, 흡입 자극	기체 흡입 주의, 후드 내 작업
메탄올 (Methanol)	신경계 영향, 흡입 유해	환기 필수, 보호안경 착용, 밀폐 보관
포토레지스트 제거제 (Remover)	독성, 피부 자극, 인화성	후드 내 작업, 보호장비 착용, 폐기 분리

51

2-3. 공정실 가스 및 약품

- 공정실에서 사용되는 대표적 가스

가스명	주요 용도	주요 유해성	취급 시 주의사항
질소 (N_2)	퍼지, 챔버 세정, 분위기 가스	질식 위험 (무취, 무색)	환기 필수, 산소 센서 설치, 단독 작업 금지
산소 (O_2)	산화 공정, 연소 보조	고농도 흡입 시 산화 스트레스	산소 농도 모니터링, 점화원 주의
수소 (H_2)	환원 공정, 열처리 분위기	가연성, 폭발 위험	화기 엄금, 누출 감지 센서 필요
아르곤 (Ar)	퍼지, 스퍼터링용 캐리어 가스	고압, 질식 위험	고압가스 법규 준수, 밀폐공간 금지
불소 (F_2)	식각용 반응가스	극독성, 피부·눈 손상	후드 내 작업, 보호장비 착용 필수
탄소 사불화물 (CF_4)	드라이 식각, 플라즈마 공정, 챔버 클리닝	질식, 고압, 반응성 부산물 생성	배기장치, 보호장구 착용 필수
염소 (Cl_2)	플라즈마 식각	흡입 시 독성, 부식성	흡입 금지, 누출 시 즉시 대피
삼불화질소 (NF_3)	CVD 챔버 클리닝	산화성, 고농도 노출 시 유해	공정 후 잔류 가스 제거 철저
육불화황 (SF_6)	드라이 식각, 플라즈마 공정	고압, 플라즈마 시 유해 분해물 발생	플라즈마 발생 시 배기 강화 필요
이산화탄소 (CO_2)	세정, 분위기 제어	질식 위험, 고농도 노출 시 호흡 저하	밀폐공간 사용 금지, 이산화탄소 센서 필요
실란 (SiH_4)	CVD 전구체, 증착 가스	인화성, 폭발성, 독성	점화원 차단, 후드 내 사용, 누출 감지기 필수

52

2-4. 공정실 사고 사례

- 반도체 제조 공정실 및 클린룸에서 보고된 폭발, 화재, 가스 누출 관련 사고 사례

사고유형	지역 / 시기	주요 원인	결과	예방 조치 요약
CO_2 누출 질식 사고	한국, 2018년 수원	밀폐 공간, 산소 부족, 단독 작업	1명 사망, 2명 부상	산소 센서 설치, 단독 작업 금지, 비상 훈련
화학물질 폭발	미국 Intel, 2011년	저장실 내 인화성 솔벤트 조작 중 폭발	7명 부상, 건물 대피	저장실 구조 개선, SOP 및 자동 소화 시스템 구축
공급 가스 오염 사고	대만 TSMC, 2021년	외부 공급 가스의 불순물 포함	생산라인 일부 중단	입고 가스 품질 검사, 공급 업체 모니터링 체계 마련

53

2-4. 공정실 사고 사례

● 반도체 제조 및 관련 공정과정에서 보도된 산업 안전 사고 사례

지역 / 시기	사고 유형	주요 원인	결과	예방 조치 요약
애리조나 공사 (2024)	탱크 폭발 사망	폐산 탱크 과압, 누출 밸브 실패	트럭 운전사 사망	압력 감지 시스템, 교육, 밸브 관리 강화
Chiayi Fab (2025)	크레인 전복·변압기 낙하	장비 부실, 현장 안전미비	2명 사망, 2명 중상	장비 점검 체계화, 안전교육, 비상 대응 체계 구축
애리조나 현장 (2025)	포크리프트 사고	작업 중 주변 인력 통제 미흡	건설 노동자 중상	중장비 안전거리 확보, 운영 승인 절차 도입
Intel Fab22 (2011)	솔벤트 폭발 사고	화학물질 환기 미흡, SOP 부재	7명 부상	화학물질 저장소 제도화, 자동 소화시스템 도입
애리조나 전체 공사	전반적 안전위반 지적	과압관리, 유해물질, 낙하물 등	벌금 부과, 개선 요구	체계적 안전관리 시스템 도입, 정기 감사 및 벌점제 도입

54

3. Back Grinding

1. 이론
2. 장비
3. 실습

3-1. 이론

Back Grinding은 wafer의 두께를 줄이는 후공정 단계로, 반도체 chip을 더 얇게 만들어 packaging을 용이하게 하거나 모바일 · 3D IC 등에 적합하도록 wafer의 뒷면(backside)을 연마(grinding)하여 두께를 줄이는 공정

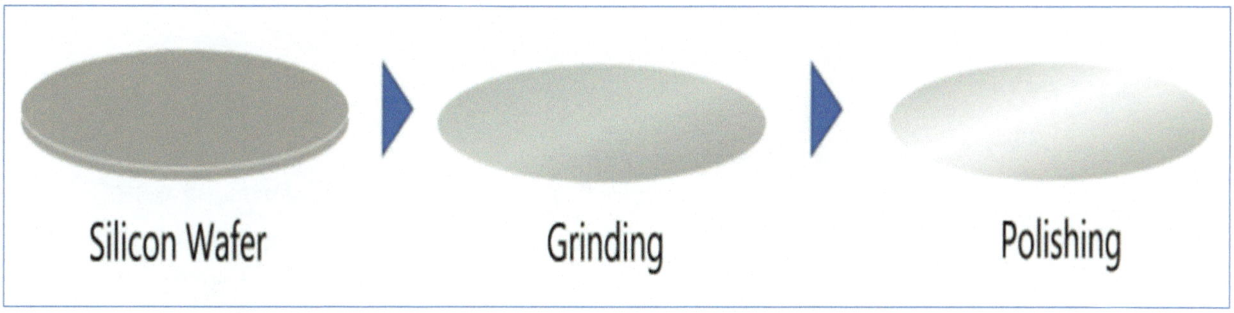

- **목적**

- **Package 높이 감소 : 모바일, 웨어러블 등 공간 제약이 있는 제품에 적합**
- **열 방출 개선 : 얇은 chip은 열 확산 특성이 좋아짐**
- **3D IC · TSV : chip을 수직으로 적층하려면 매우 얇은 두께가 필요**
- **성능 향상 및 경량화 : 고속 신호 처리, 경량 소자 구현 가능**

3-1. 이론

1. 웨이퍼 보호(Wafer Mounting & Taping) : 회로면을 UV 보호 tape로 보호
2. 거친 연삭(Rough Grinding) : 다이아몬드 휠(wheel)로 뒷면을 빠르게 연삭
3. 정밀 연삭(Fine Grinding) : 더 미세한 연락 wheel로 마무리 및 표면 거칠기 줄임
4. 연마(Polishing) : 연삭으로 발생한 미세한 손상 층 제거
5. 세정(Cleaning) : 미세 입자, 연마 slurry 등 제거
6. 테이프 제거(Tape Removal) : UV 빛으로 tape 접착력 약화 → 제거
7. 링 부착(Ring Mount) : 다이싱(dicing) 공정을 위한 ring에 wafer 부착
8. 보호 테이프 제거(Lamination Tape Remove)

3-1. 이론

1. 웨이퍼 보호 (Wafer Mounting & Taping)

Lamination Tape는 회로 면을 기계적 손상이나 오염으로부터 보호하기 위해 부착하는 특수 테이프

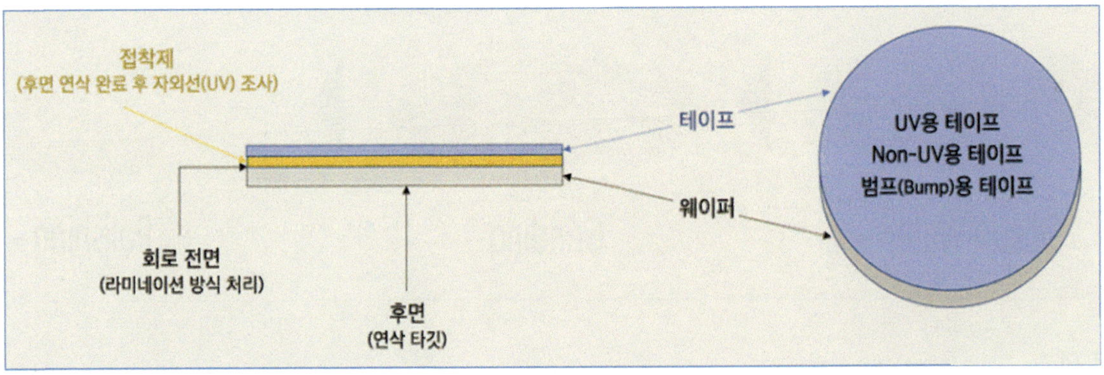

- 역할
- 회로 보호 : wafer 전면(회로가 새겨진 면)의 물리적 소장 및 scratch 방지
- 파편 방지 : 얇아진 wafer의 crack 및 파편화 방지
- 정전기 차단 : ESD(정전기 방전) 방지 기능이 포함된 tape 사용
- 유지력 확보 : grinding 중 wafer 고정 및 평탄도 유지

자료출처-skhynix newsroom

3-1. 이론

- 종류
- UV용 tape(UV-Curable) : back grinding 후, UV 노출로 접착력 약화 → 제거 용이
- Non-UV용 tape : 접착력이 강하며, 일반적으로 수동 · 화학적으로 제거 가능
- Anti-Static용 tape : 정전기 방지 기능 포함 → 민감한 회로 보호

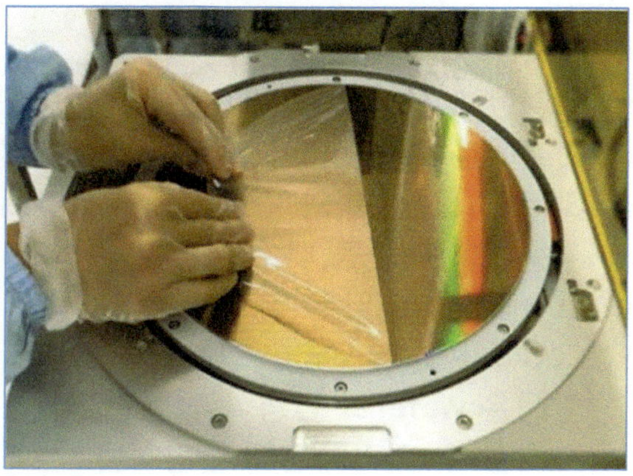

- 순서
- Wafer 전면에 lamination tape 부착 → wafer를 back grinding 장비에 장착 → wafer 뒷면 연마 → UV 노광(tape 접착력 약화) → tape 제거

자료출처-덴카코리아, Yole Development, 삼성증권

3-1. 이론

2. 거친 연삭(Rough Grinding)

Wafer의 두께를 줄이는 초기 단계에서 사용하는 공정
Wafer는 일반적으로 두께가 600~800um 정도인데, 여기서 절반 이하로 줄일 때(필요한 두께 만큼 연삭) 사용

- 특징
- 고속 제거 : rough grinding은 diamond wheel을 사용하여 wafer의 두께를 대폭 줄임
- 표면 정밀도 : 초기 공정이기 때문에 표면의 정밀도는 상대적으로 낮음
- 열 발생 : grinding 중에 많은 열이 발생할 수 있어, 이를 방지하기 위해 cooling이 필요

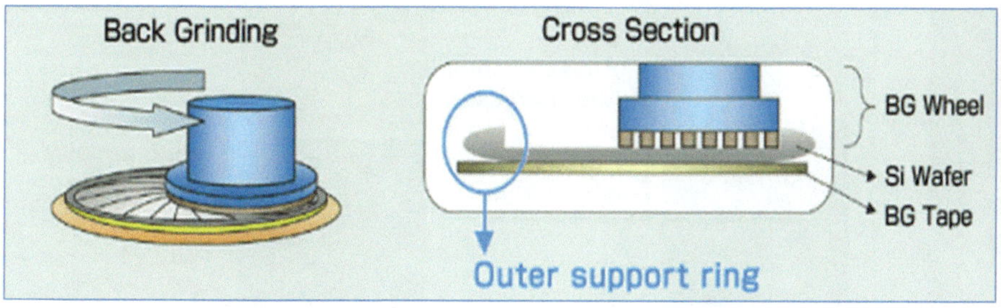

자료출처-TAIKO, Struers

3-1. 이론

3. 정밀 연삭(Find Grinding)

Wafer의 두께를 더욱 세밀하게 조정하고 표면을 매끄럽게 만드는 공정
Rough grinding에서 발생한 결함이나 고르지 않은 부분을 더욱 평탄하고 매끄럽게 다듬는 단계, 일반적으로 20um 이하 두께 연삭

● 특징

- 세밀한 두께 조정 : 원하는 두께를 정확하게 맞추는 단계
- 매끄러운 표면 : 미세한 scratch나 결함을 제거하고, 표면의 거칠기를 낮추는 작업
- Grinding wheel의 변화 : diamond grinding wheel이나 금속 결합 grinding wheel을 사용하여 표면을 더욱 세밀하게
- 고속 회전 및 낮은 압력 : 고속 회전으로 진행되며, 낮은 압력으로 wafer를 grinding
- Cooling 및 열 관리 : 과도한 열 발생은 wafer의 변형이나 결함을 초래할 수 있기때문에 쿨링액을 사용하여 wafer가 과열되는 것을 방지하고 표면의 품질을 유지

자료출처-Struers, DIASCO

3-1. 이론

4. 연마(Polishing)

Chip의 소형화, 경량화, 첨단 packaging(flip chip, TSV_Through Silicon Via, 3D package)을 위한 단계, 일반적으로 1~2um 두께 연마

● 두께 예시

- 일반 package : 200~300um
- Mobile chip : 100~150um
- TSV · Flip chip : 50~100um
- 초슬림 : 30um 이하

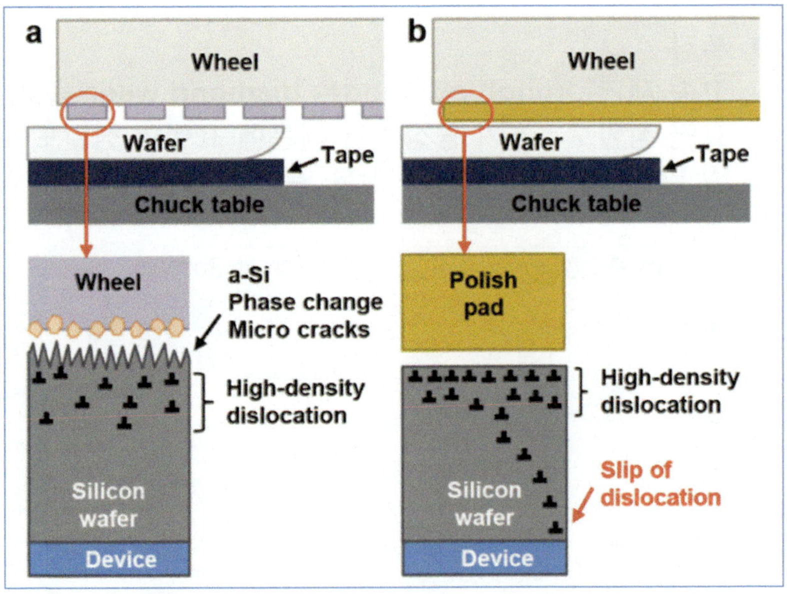

자료출처-Struers, Advertisement

3-1. 이론

5. 세정(Cleaning)

Wafer 제조 및 patterning 과정 중 발생하는 오염물(particle_이물질, organics_유기물, native oxide_자연 산화막, 금속 등)을 제거하는 단계

● **종류**

- **Wet cleaning : particle 제거 효율 우수, 화학약품 속에서 진행, 환경 문제 유발**
- **Dry cleaning : particle 제거 효율 나쁨, gas · plasma 사용, wet clean 대비 안전함**

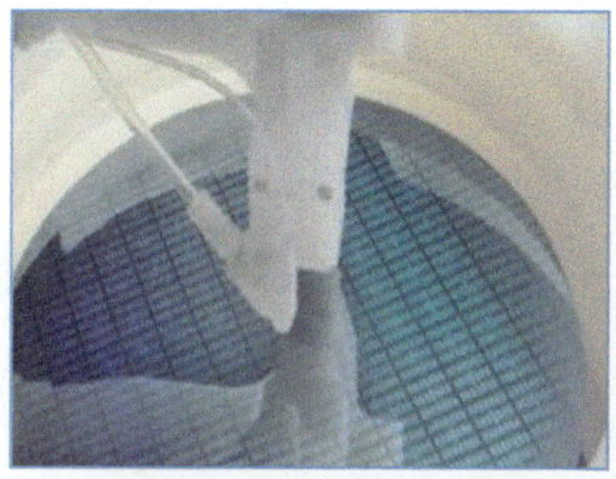

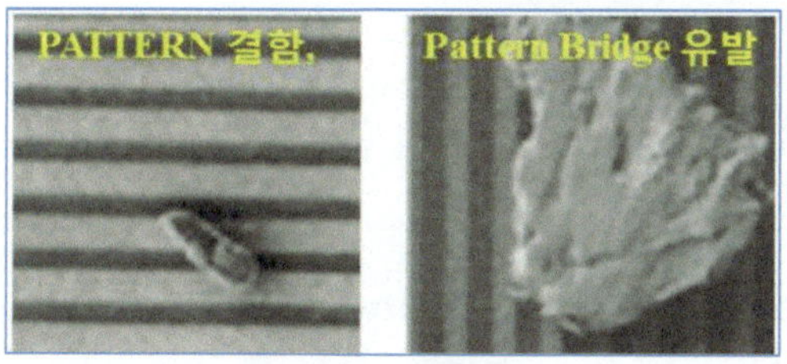

Particle

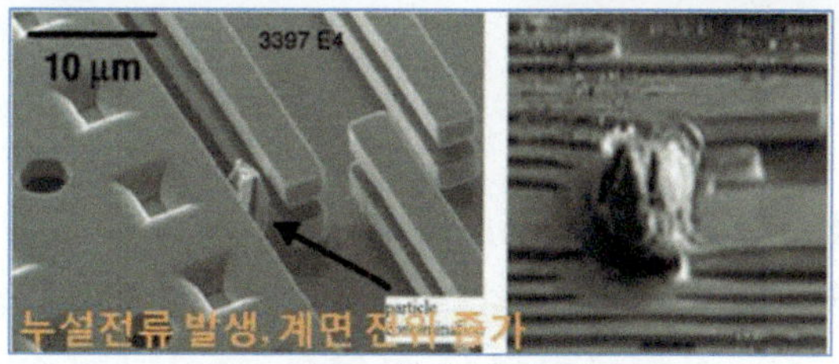

Metal 찌꺼기

자료출처-NINT

3-1. 이론

● **Wafer breakage**

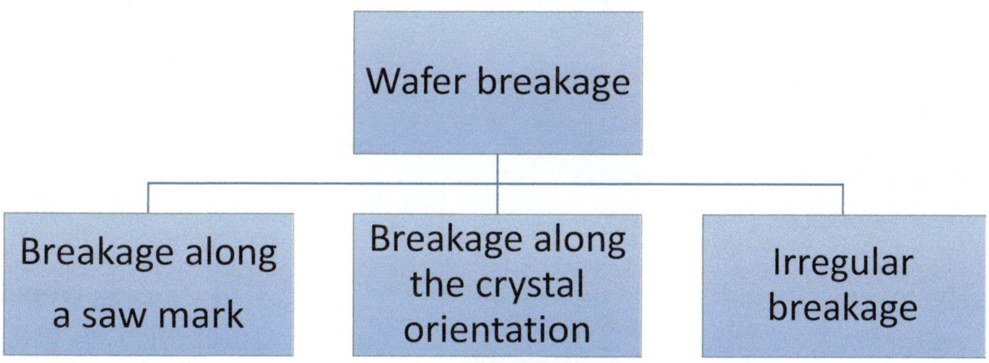

- **기계적 stress : loading · unloading 중 부주의한 취급, robot handling 오류**
- **Back grinding 공정 중 : 얇게 갈리는 과정에서 뒤틀림, 진동, 열 등으로 인한 파손**
- **Wafer 얇아짐 : wafer가 얇아질수록(100um 이하) 취약 해짐**
- **보호 tape 미흡 : tape 부착 불량이나 제거 시 과도한 힘**
- **Particle : 표면 오염물로 인한 국부 압력 집중으로 균열 유발**

3-1. 이론

- **Breakage Along a Saw Mark**

Back grinding 공정에서 발생하는 절단 자국(saw mark)을 따라 wafer가 깨지는 현상

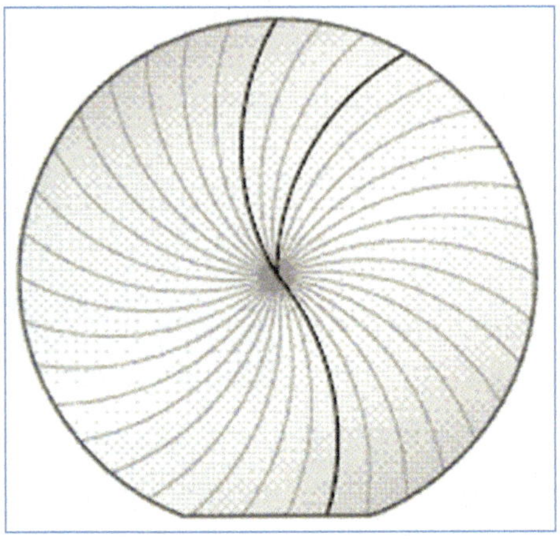

- **Z1축 wheel의 grinding 능력 부족**
- **Wheel과 wheel 장착대 사이의 water leakage로 인한 grinding 결함**
- **Wafer 가장자리에서 균열을 끌어당겨 발생한 grinding 결함**

3-1. 이론

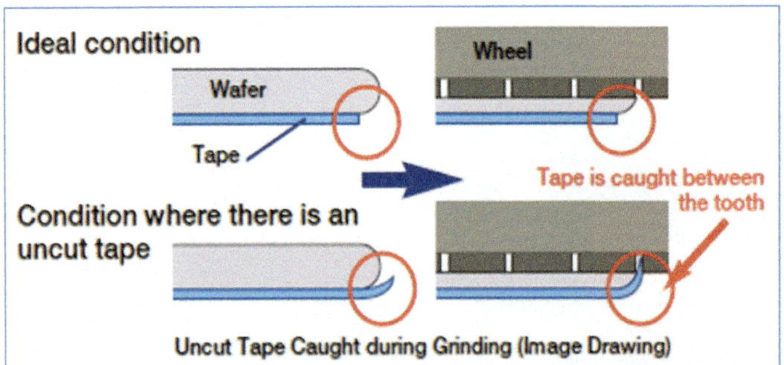

Uncut Tape Caught during Grinding (Image Drawing)

- **얇은 두께로 grinding 중, tape가 잘리지 않거나 잘린 조작이 wheel에 접촉하여 wheel의 톱니 사이에 끼게 되면 chip pocket이 막히는 원인이 될 수 있음**

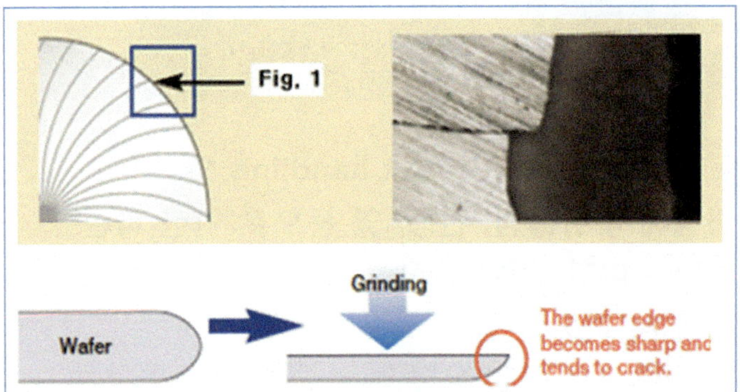

Wafer Edge Cracking (Image Drawing)

- **깨진 조각이 가공 중 wheel과 wafer 사이에 끼일 수 있음**

3-1. 이론

● **Breakage Along the Crystal Orientation**

Back grinding 공정에서 발생하는 결정 방향(crystal orientation)을 따라 wafer가 깨지는 현상

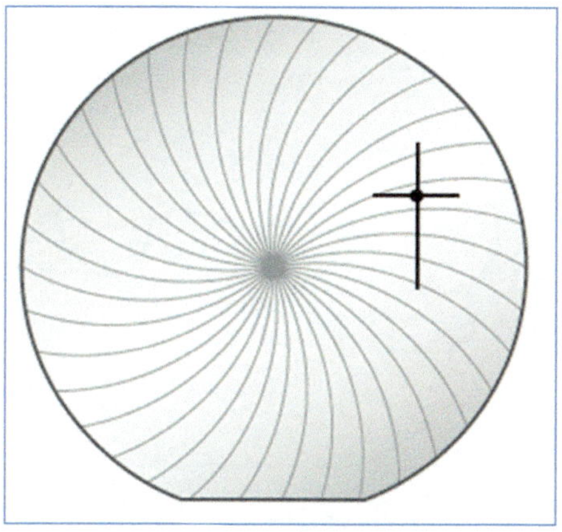

- **Chuck table 위의 particle**
- **Chuck table과 wafer 사이의 particle**
- **이송 pad에 부착된 이물질(grinding 중에 생성된 미세 입자)**

3-1. 이론

Chuck table 위의 이물질과 결정 방향을 따른 wafer 파손

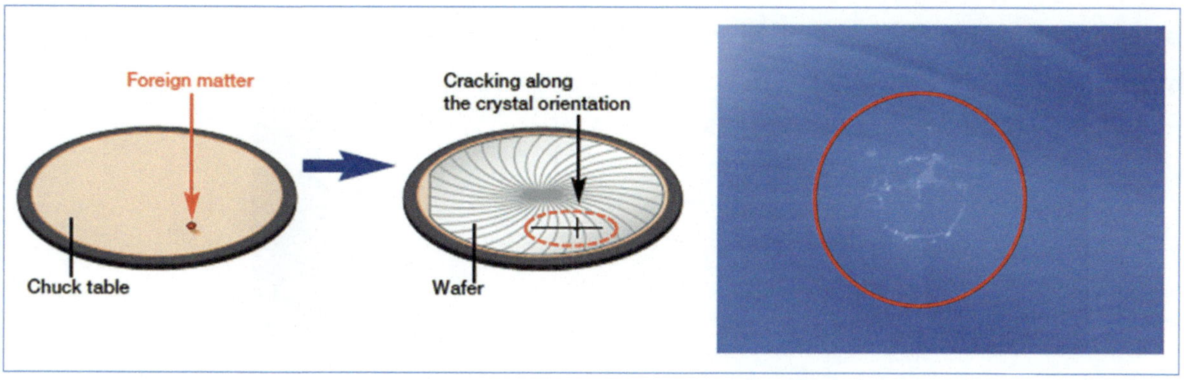

3-1. 이론

- Irregular Breakage

Wafer가 고르게 깨지지 않고, 불규칙한 모양이나 pattern으로 파손되는 현상

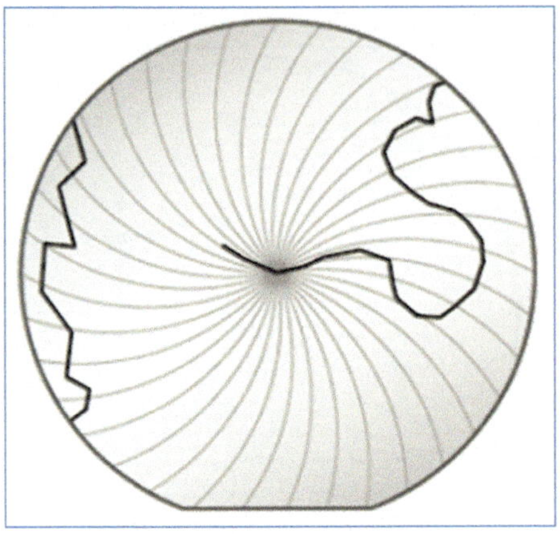

- Grinding, sawing 등 다른 공정에서 불균형한 힘이 가해진 불규칙한 응력 분포
- 결정 방향에 따라 발생할 수 있는 결정 구조의 불균일성
- 공정 중 진도이나 불규칙한 압력 등 장비 오류
- Wafer나 각종 재료의 표면에 이물질이 존재할 경우

3-1. 이론

- Edge Chipping

Backside grinding 공정으로 인해 wafer 가장자리에서 발생하는 small cracking을 edge chipping 이라 함

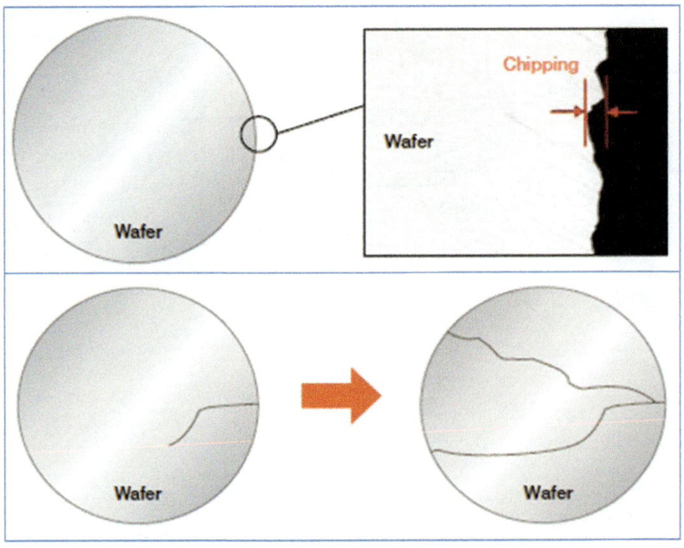

- 박막화 과정에서 wafer 가장자리 chipping으로 인해 파손이 발생할 수 있음

3-1. 이론

- **Wafer Warpage**

Wafer가 평평하지 않고 휘는 현상 즉, 웨이퍼 표면이 굴곡지거나 휘어지는 현상

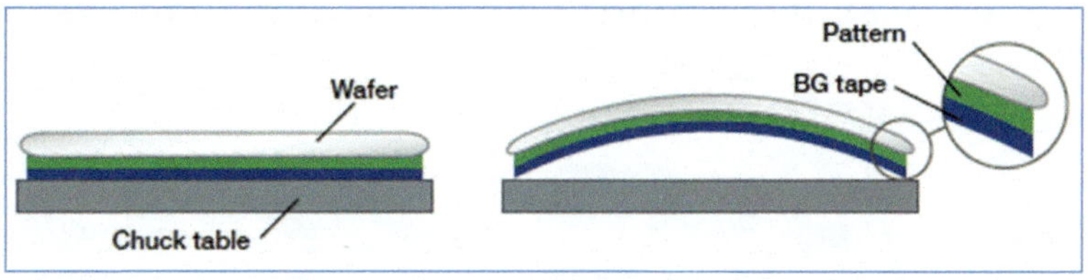

- **Wafer 이송 중 이송 pad나 로봇 pick의 불충분한 진공 흡입으로 인한 기계 오류**

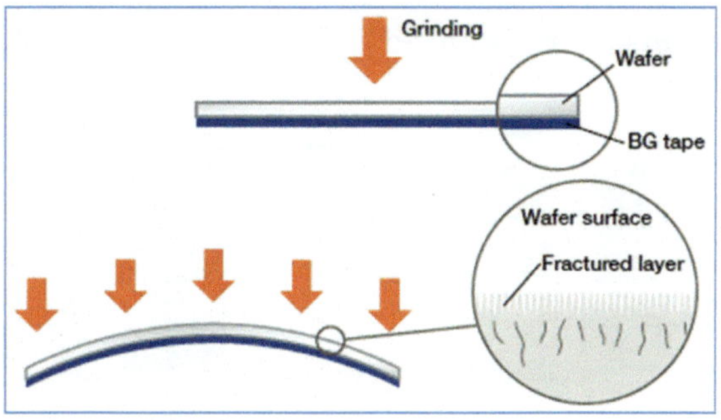

- **Wafer warpage로 인해 표면 손상이 발생**

3-1. 이론

- **Crying Warpage**
Wafer grinding 손상과 back grinding tape stress에 따라 발생

- **Smile Warpage**
Wafer grinding 손상보다 back grinding tape stress가 더 클 경우 방향이 바뀜

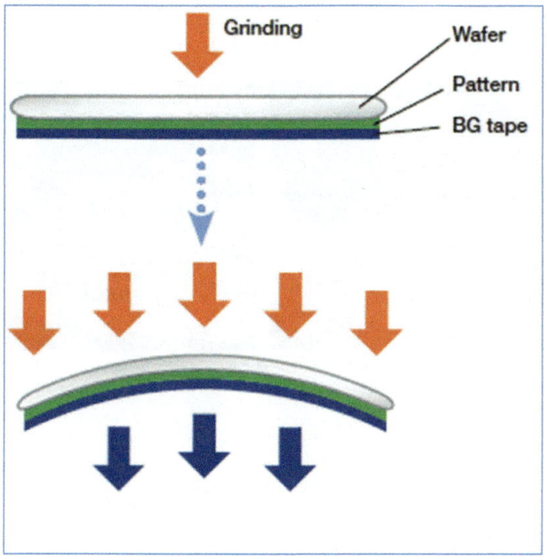

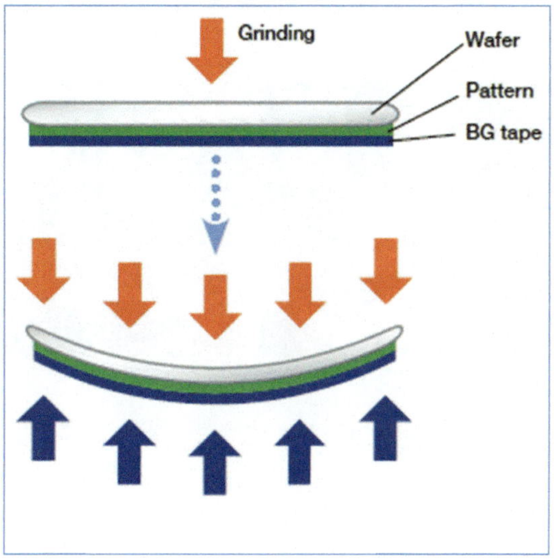

3-2. 장비

- **Back Grinding 공정 장비**

• Tape laminator, back grinder, cleaner, DAF(Die Attach Film) mount, UV curing, lamination tape remover, inspection tools, wafer handling system 등

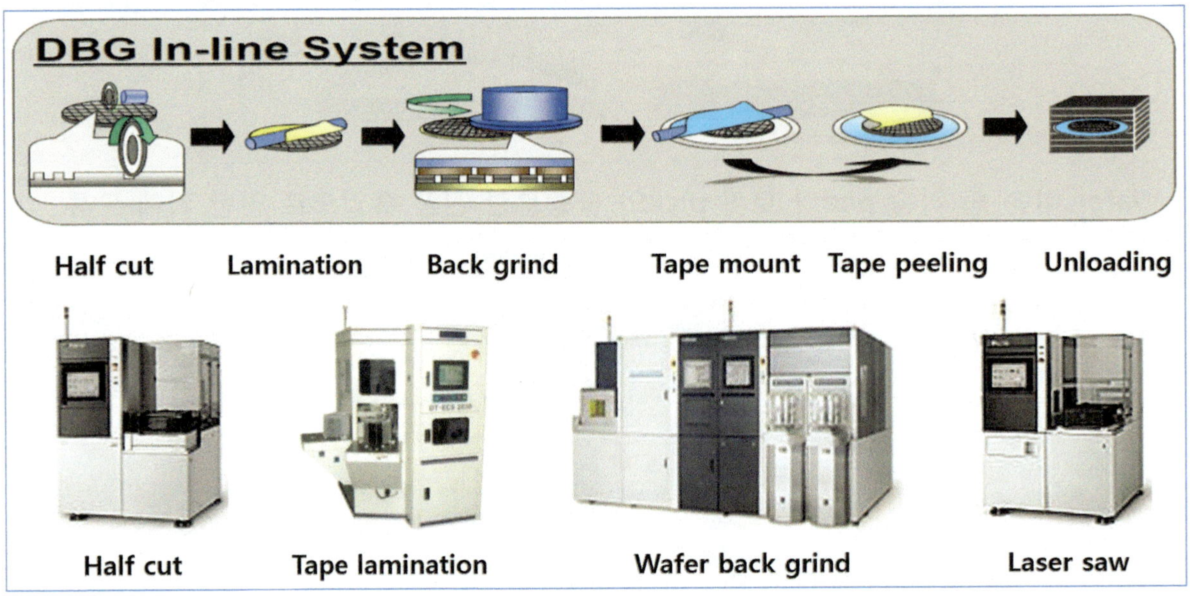

자료출처-HANAMicron

3-2. 장비

- **Tape Laminator**

Wafer pattern 표면의 보호 tape를 적층 시키는 것뿐만 아니라 back grinding process 중 wafer 파손으로 부터 보호하기 위해 설계됨

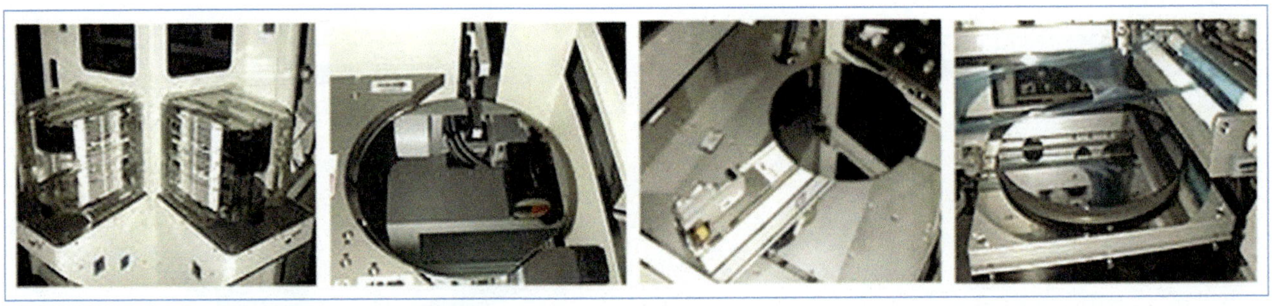

자료출처-DYNATECH

3-2. 장비

- **Back Grinder**

Wafer cassette에서 Positioning table로 이동 → Spinner table로 이동 → Z1 spindle (rough grinding) → Z2 spindle (find grinding) → Z3 spindle (polishing) → Tape-side washer → Wafer cassette stage

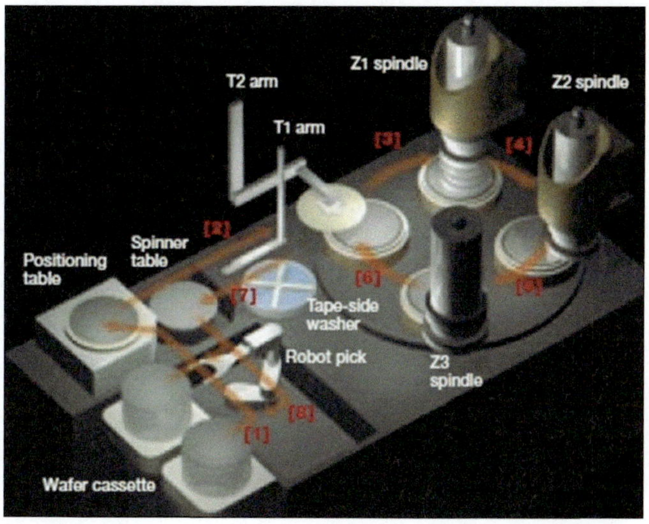

자료출처-DISCO, 나노종합기술원

3-2. 장비

- **Wafer Mounter**

Wafer loading → UV irradiation → inspection → alignment → dicing tape mount → lamination tape removal → unloading

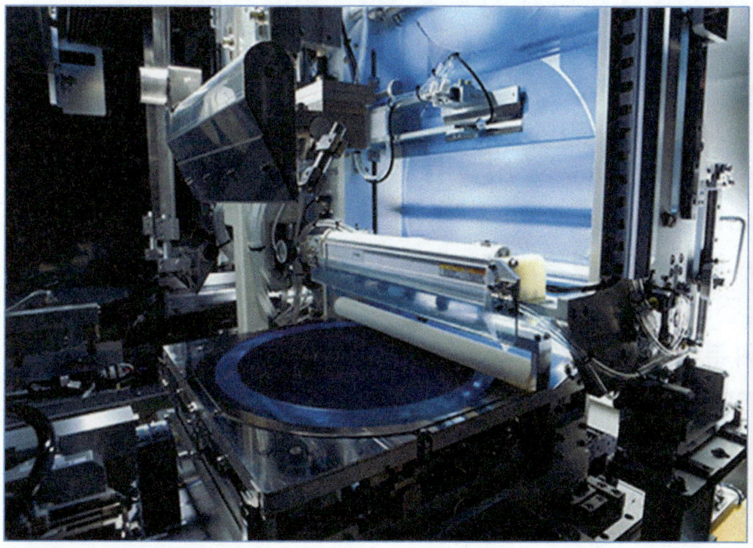

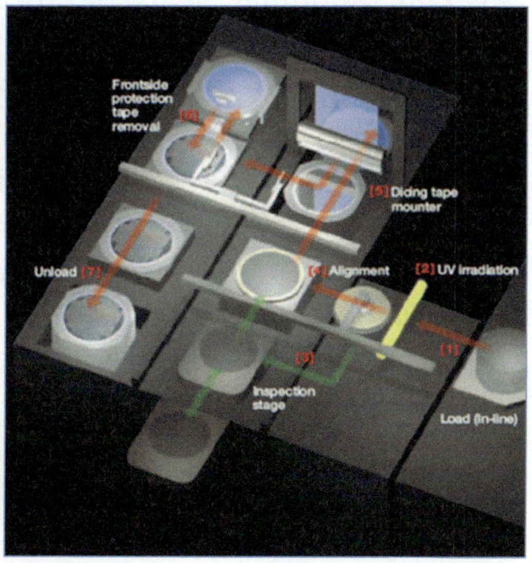

자료출처-DISCO

3-3. 실습

- Tape Laminator

(1) Cassette Loading : wafer를 cassette에서 자동 또는 수동으로 장비에 loading
(2) Wafer Centering : wafer의 중심을 자동으로 인식하여 위치 보정
(3) Frame Mounting : ring frame을 wager 하단에 장착
(4) Tape Feeding : roll 형태의 tape(BG tape, UV tape 등)를 일정 길이로 공급
(5) Lamination : wafer 위에 tape를 정밀하게 눌러 붙이는 공정, roller나 압판 방식 사용
(6) Cutting : frame 및 wafer 크기에 맞춰 tape를 절단
(7) Edge Trimming : 과도하게 빠져나온 tape를 frame 경계에 맞춰 정리
(8) Pressing · De-bubbling : press roller 혹은 hitting roller로 남은 기포를 제거
(9) Wafer Unloading : tape가 부착된 wafer+frame을 다음 공정으로 배출

3-3. 실습

- Back Grinder

(1) Cassette Loading : wafer가 탑재된 cassette를 장비에 loading
(2) Wafer Alignment · Centering : wafer 위치를 정확히 인식하여 중심을 맞추고 정렬
(3) Tape Mounting : wafer 후면이 가공 중 손상되지 않도록 보호 tape 부착
(4) Chuck Table Transfer : wafer가 진공 척에 고정되어 연마 준비
(5) Grinding Process : 두꺼운 wafer를 설정된 두께까지 연삭
  - rough grinding (1차 가공) : 빠르게 두께 제거
  - fine grinding (2차 가공) : 미세한 두께 조정 및 표면 평탄화
  - 3차 polishing
(6) Cleaning : 연삭 후 발생한 slurry나 파편을 제거, DIW · brush · 초음파 방식 사용
(7) Drying : 세정된 wafer를 완전히 건조, hot air · spin 방식 사용
(8) Inspection : 두께 및 외관 이상 여부를 검사, 카메라 또는 측정 sensor 사용
(9) Unloading : 연삭 및 세정된 wafer를 cassette로 되돌려 배출

3-3. 실습

- Wafer Mounter

(1) Place the wafer frame
(2) Place the wafer onboard
(3) Push the vacuum button
(4) Pull the film to edge
(5) Push the roller button
(6) Rolls the roller back and forth
until air bubble is disappear
(7) Cut the film around wafer frame
(8) Cut the excess film
(9) Remove the excess film
(10) Switch off the vacuum

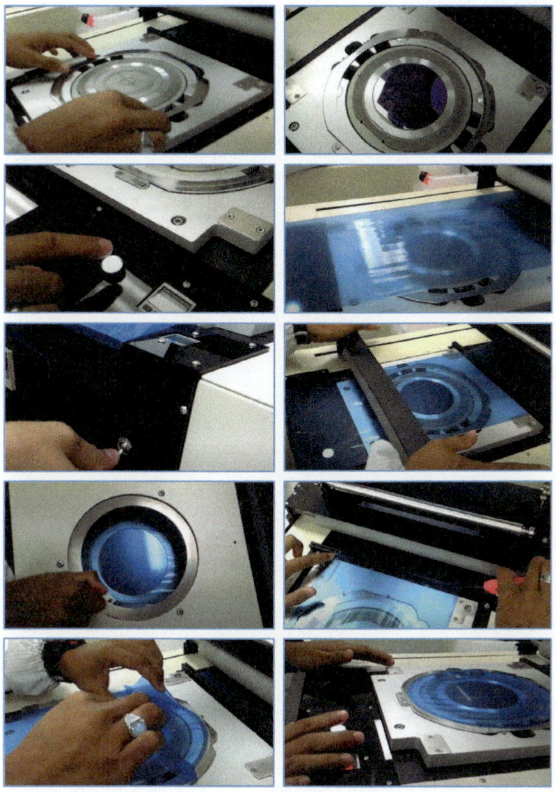

4. Wafer Sawing

1. 이론
2. 장비
3. 실습

4-1. 이론

Wafer Sawing(or Wafer Dicing)은 wafer에 배열된 수백~수천개의 chip을 초정밀 톱 or 레이저를 사용하여 자르거나 절단하여 각각의 chip으로 나누는 공정

- **목적**

- **Wafer를 개별 chip으로 분리**
- **손상 없이 정확한 위치에서 절단**
- **입자 발생 최소화, 미세 결함 방지**
- **이후 공정(attach, bonding)에 적합한 상태로 준비**

자료출처-INFICON

4-1. 이론

Scribe and break · blade dicing 공정 → DBG(Dicing Before Grinding) → laser dicing 공정 → plasma dicing 공정으로 고도화 하고 있음

DBG 공정 (half dicing → grinding → dicing)

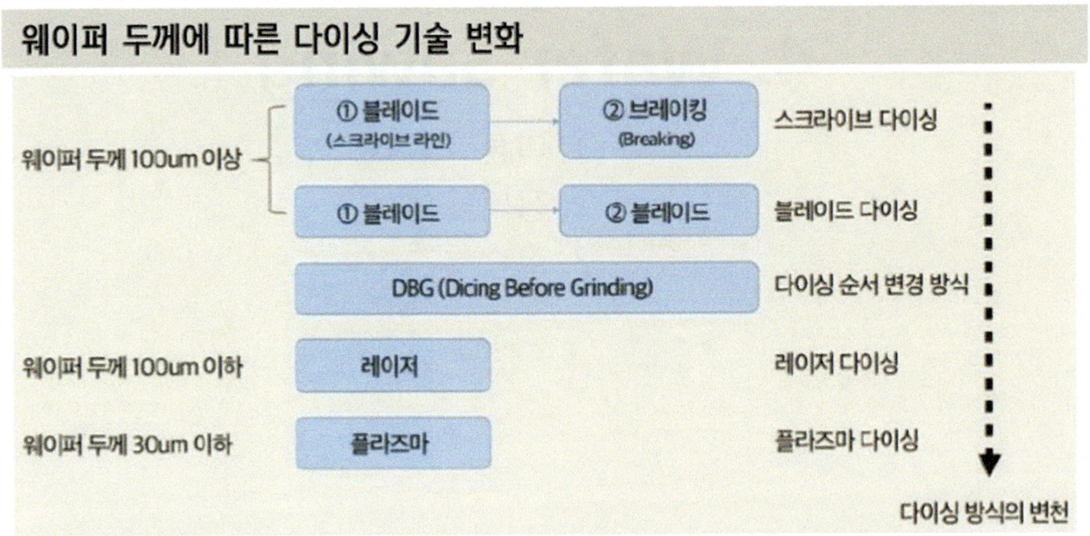

자료출처-SK하이닉스, 신한투자증권

4-1. 이론

- Scribe and Break
- Handling이 어렵다
- Die crack의 위험이 있음
- 수율이 낮다

- Blade Dicing
- 가장 보편화된 공정
- 수율이 높고 생산성이 좋음
- 다이아몬드 톱을 사용함

4-1. 이론

- Dicing Method
- Thin blade : 좁은 폭 절단이 가능하나 쉽게 파손됨
- Thick blade : 단단하지만 절달 폭(kerf width)이 넓음

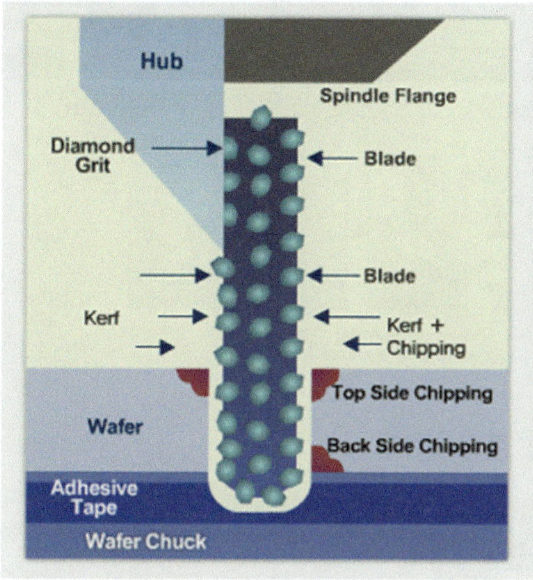

자료출처-DISCO, semipark

4-1. 이론

- Kerf Width(cut line의 평균 폭 + chipping으로 인한 오차)

Wafer sawing에서 고려해야 할 주요 parameter
- 절단 방식 (방향 및 방법)
- 이송 속도 (wafer가 blade로 공급되는 속도)
- Spindle 회전 수 (회전 속도)
- Blade 높이 및 절단수의 유량

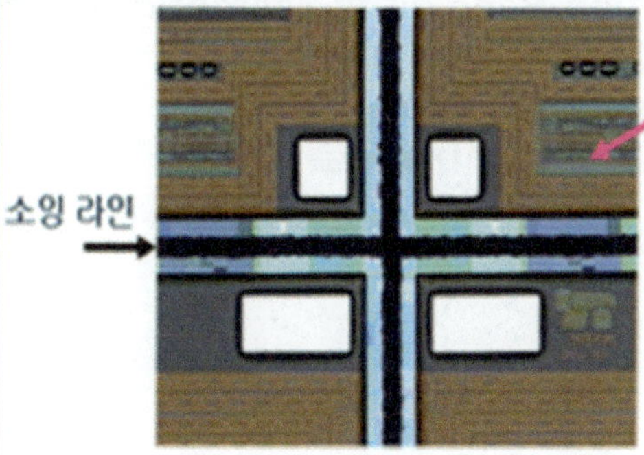

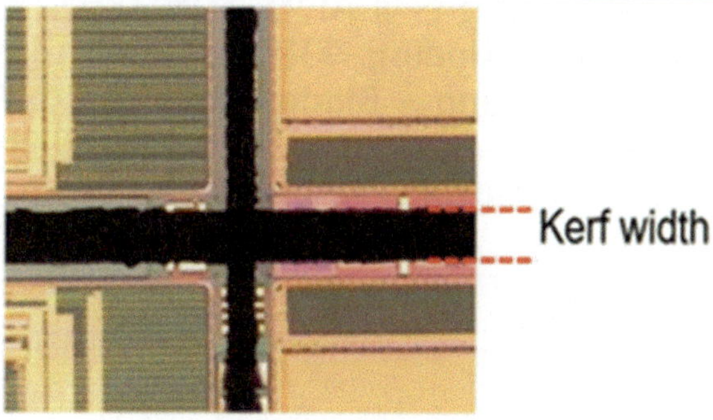

자료출처-반도체 산업과 기술의 이해_김주현

4-1. 이론

- **Full Cut, Half Cut, Dual Cut, Step Cut, Bevel Cut**

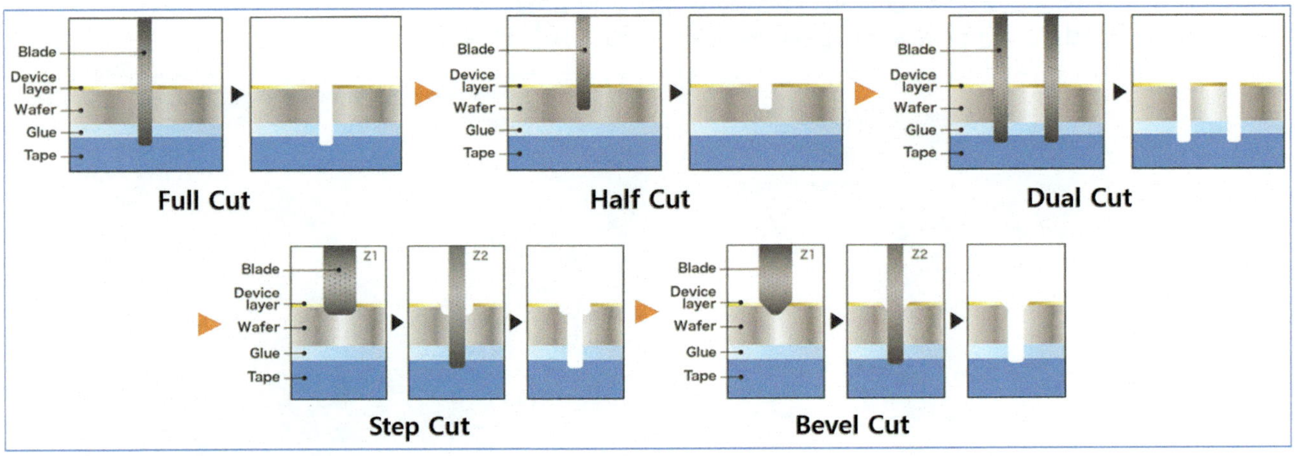

- **Step Cut or Half Cut + Full Cut**
- **100um 이하의 박막 wafer의 휘어짐과 깨짐 현상 방지**
- **고가 chip의 수율 손실 최소화**
- **두 종류의 서로 다른 blade 사용**
- **Z1 blade는 wafer 표면을 절반 깊이까지 절단**
- **Z2 blade는 나머지 부분과 mount tape 일부를 절단**

자료출처-반도체 후공정 기초, 허주희

4-1. 이론

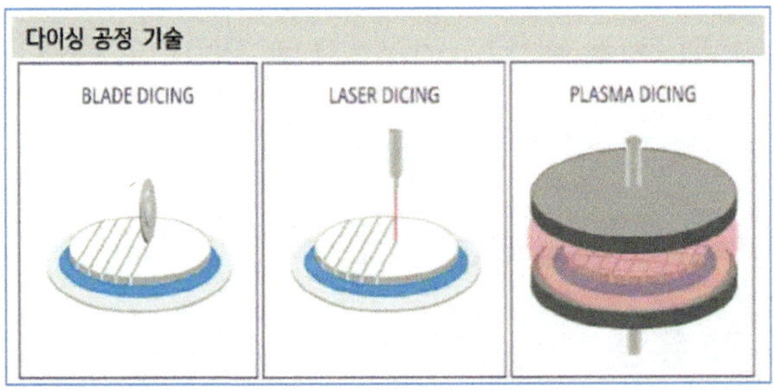

- **Laser Dicing : 현재 AI반도체에 사용되는 HBM(High Bandwidth Memory)의 wafer 두께(back grinding 후)는 60~80um 정도이고 앞으로는 25~30um로**
- **Laser grooving + Blade : laser로 홈을 만들고 blade로 dicing**
- **Laser stealth dicing : laser로 내부 균열을 만들고 늘여서 blade로 dicing**
- **Laser full cutting : laser 만으로 dicing**

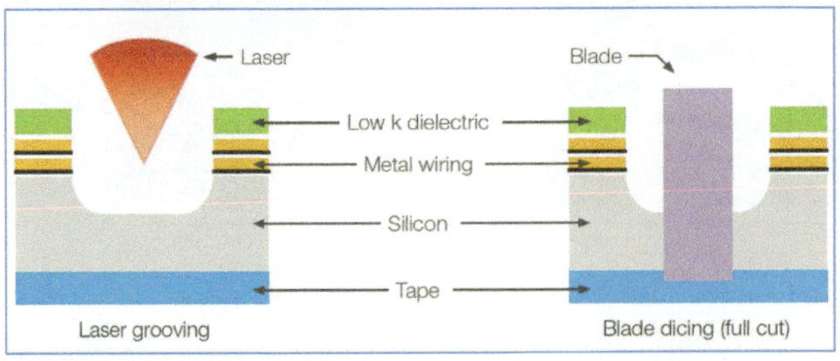

- **Plasma Dicing : plasma를 활용한 화학적 etching 방식임**

자료출처-KLA, 신한투자증권mipark

4-1. 이론

- **Process**

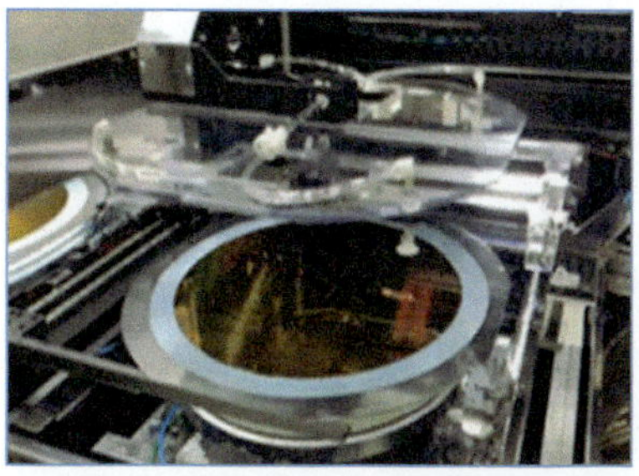

Wafer Loading

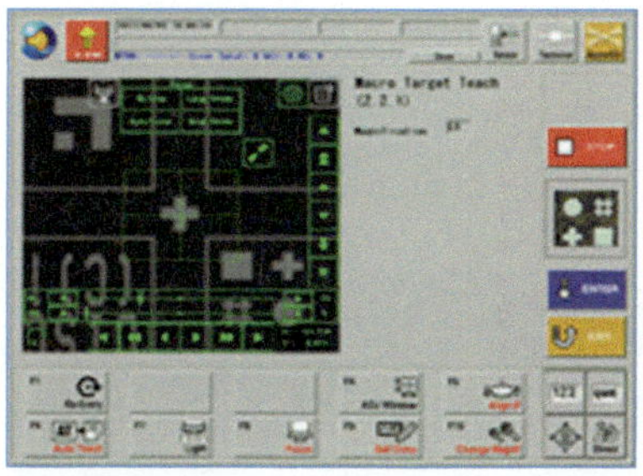

Wafer Align

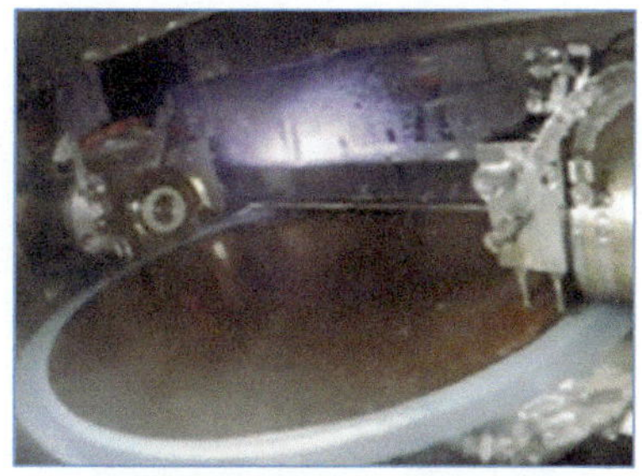

Wafer Sawing

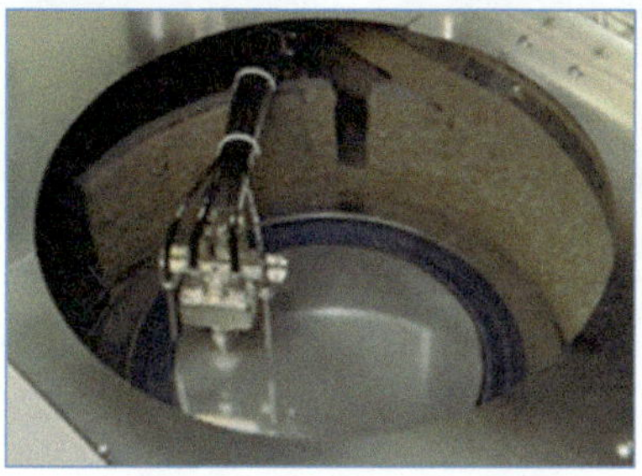

Wafer Cleaning & Dry

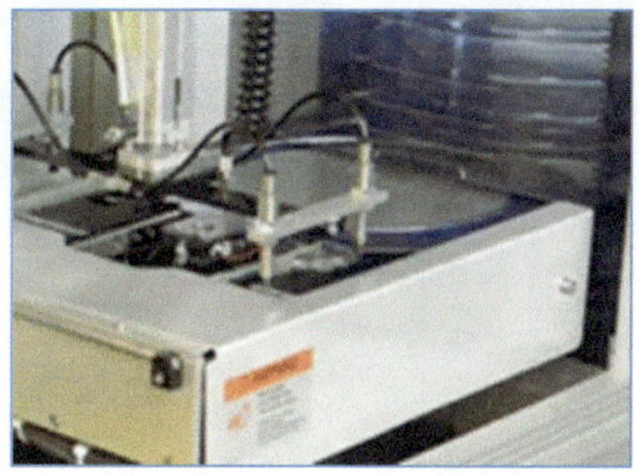

Wafer Unloading

자료출처-반도체 후공정 기초, 허주희

4-1. 이론

- **Errors**

- **Die Crack**

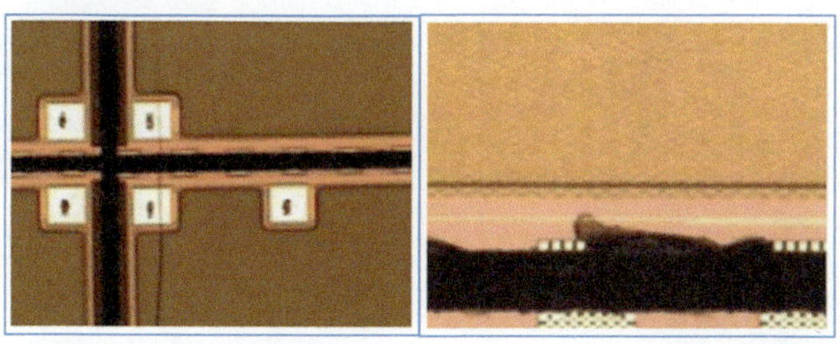

- **Die Scratch**

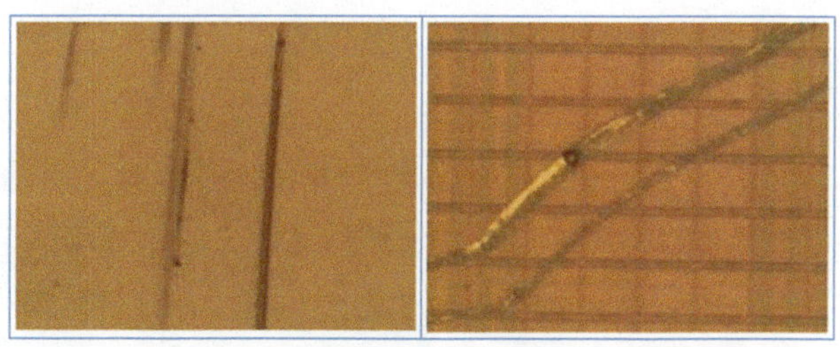

- **Miss Alignment**

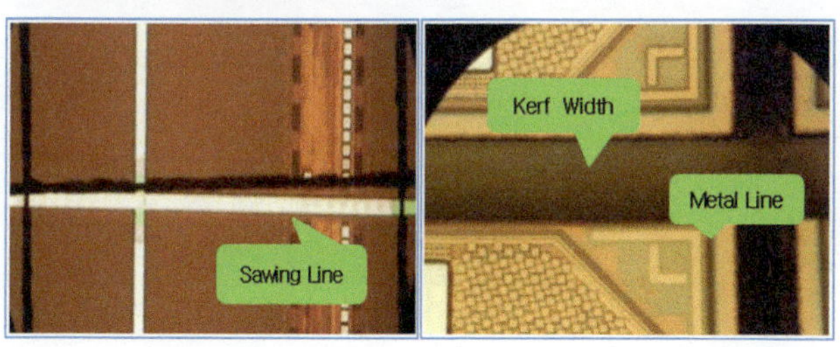

- **Coating Error · Tape Burr**

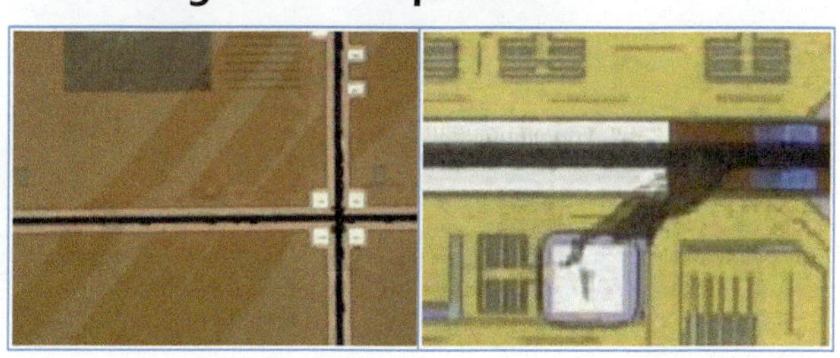

4-2. 장비

- **Wafer Dicing System (blade)**

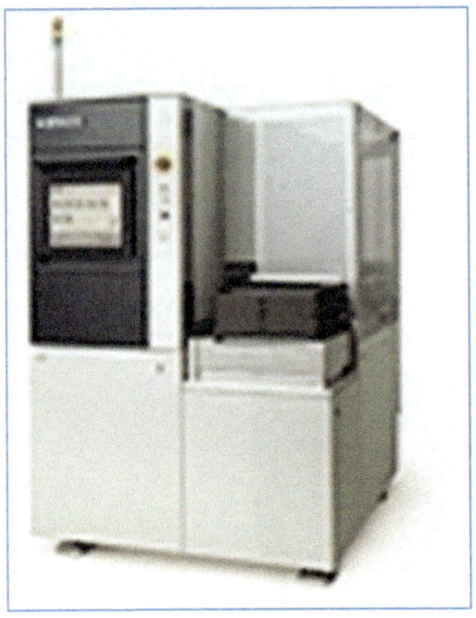

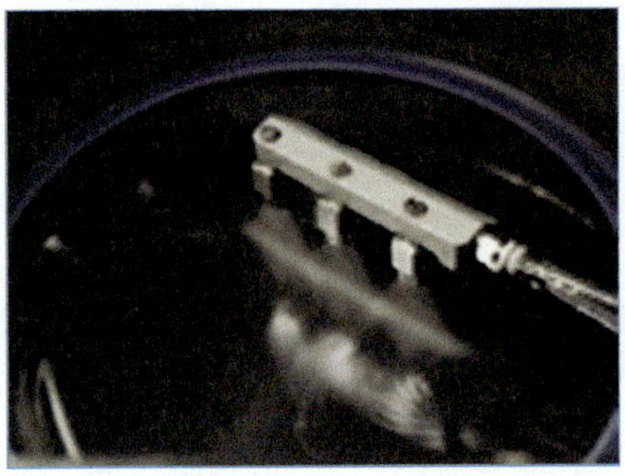

자료출처-microDICE

4-2. 장비

- **Wafer Dicing System (laser)**

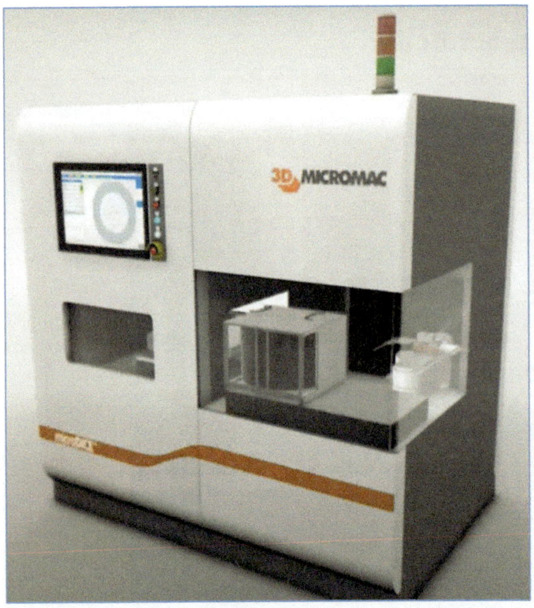

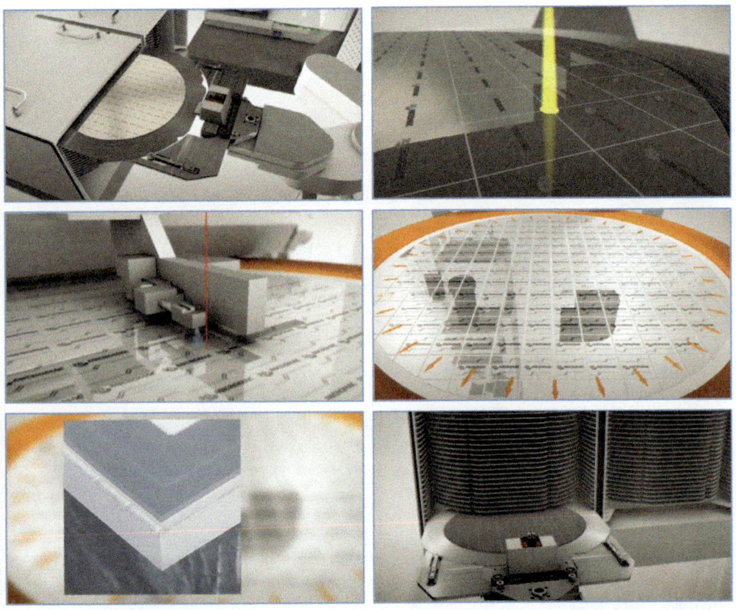

자료출처-microDICE

4-2. 장비

- **Die Separator**

프레임 정렬 스테이지로 → 정렬된 후 중간 stage로 → cooler 확장 stage로 이송되어 냉각 확장 공정 → heater 확장 stage로 이송되어 재확장 및 열 수축 공정 → spinner stage로 이송되어 세정 및 건조 → UV 조사 stage로 이송되어 UV 조사 → cassette로

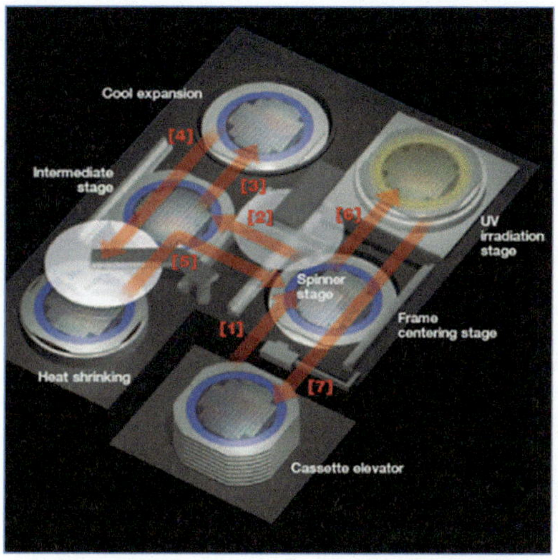

자료출처-DISCO

4-3. 실습

- **Wafer Dicing System - Laser**

(1) Cassette Loading : 절단할 wafer가 탑재된 cassette를 장비에 적재
(2) Wafer Alignment · Orientation : wafer의 flat · notch를 기준으로 방향을 정렬
(3) Pre-Inspection : wafer 상태, 위치, chip 배치, scribe line을 카메라로 확인
(4) Mounting Check : dicing tape에 wafer가 잘 부착되어 있는지 확인
(5) Blade Dressing : cutting 성능을 유지하기 위해 연마석으로 blade 날을 다듬기
(6) Dicing : - Z1 blade(wafer 상부 약 절반까지 cutting)
- Z2 blade(나머지 절단 및 tape 일부 절개)
(7) Cleaning : cutting 중 발생한 미세한 파편 제거, DIW · spin brush · jet 방식 사용
(8) Drying : spin 방식으로 수분 제거
(9) UV Exposure : UV tape 사용 시 접착력 약화를 위해 UV 조사
(10) Unloading : 절단이 완료된 wafer를 cassette 또는 다음 공정으로 이송

5. Die Attach

1. 이론
2. 장비
3. 실습

5-1. 이론

Die Attach(or Die Bonding)는 절단된 반도체 chip(die)을 기판(substrate) 또는 리드 프레임(lead frame) 등에 정밀하게 위치시키고 부착하는 공정

반도체 소자의 전기적 · 열적 연결을 위함

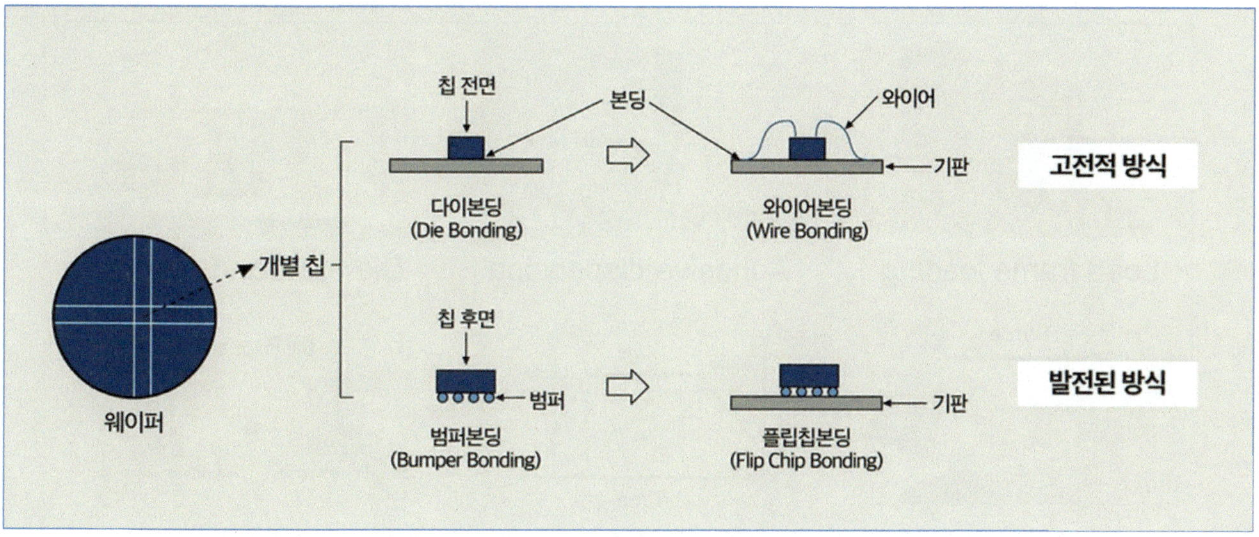

자료출처-SK하이닉스

5-1. 이론

- **Die Bonding**

Die bonding을 할 때는 먼저 package 기판 위에 접착제(adhesive)를 눌러 짠(dispensing) 후, 그 위에 chip을 pattern이 새겨진 면을 위로 향하게 하여 올려놓음(placement)

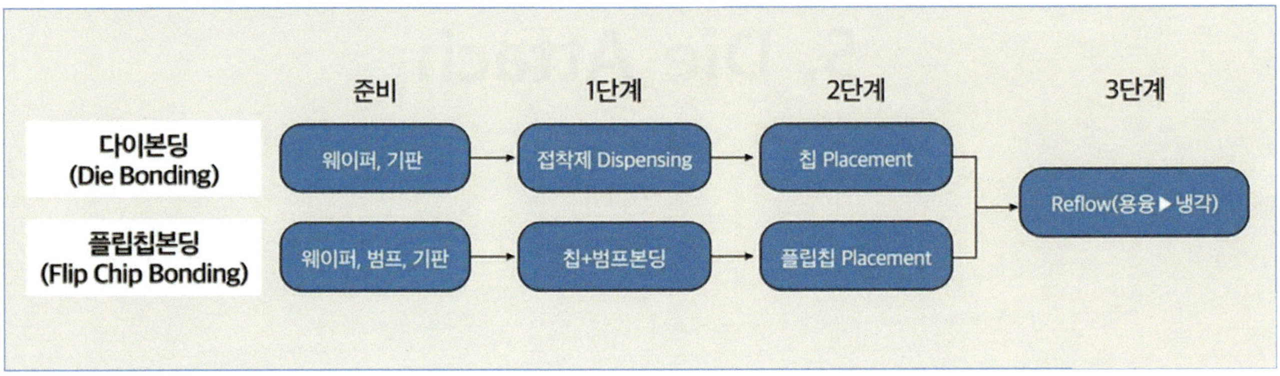

- **Flip Chip Bonding**

Flip chip bonding의 경우는 먼저 chip의 pad(pattern이 새겨진 면)에 형성되어 있는 솔더범프(solder bump)라는 작은 납땜 돌기가 아래로 향하도록 하여 올려놓음

자료출처-SK하이닉스

5-1. 이론

- **Process**

공정은 접착제(adhesive) 방식과 융해(eutectic, 같이 녹이는) 방식 으로 분류
접착제는 polyimide, epoxy 같은 접착 물질을, 융해는 Au-Si 같은 합금을 많이 사용

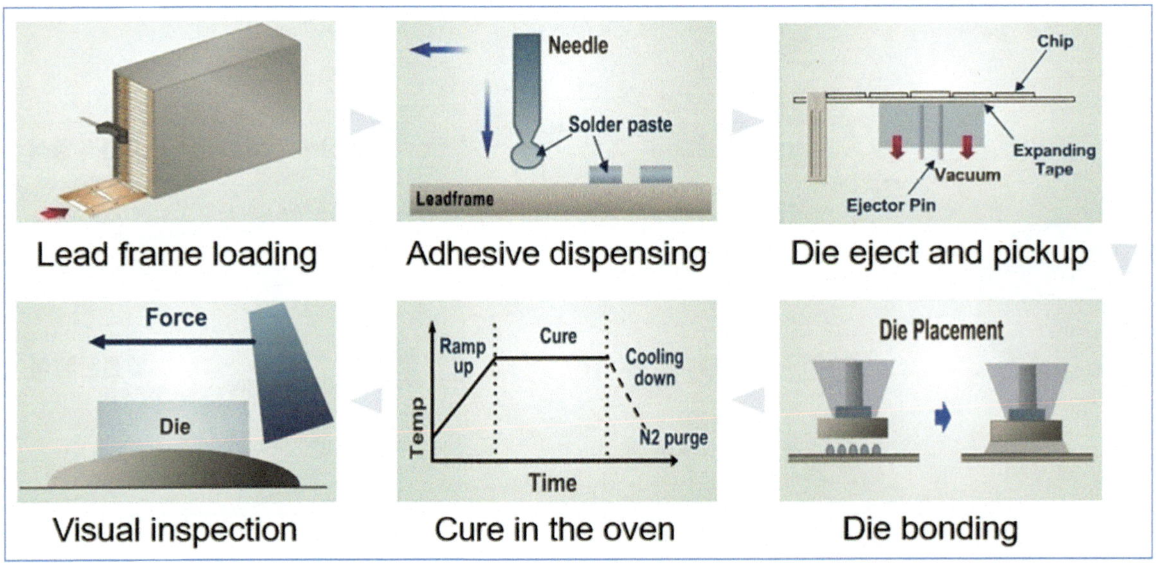

자료출처-반도체 산업과 기술의 이해_김주현

5-1. 이론

- Lead Frame & Substrate

- Lead Frame

Lead frame은 반도체 chip과 PCB(Printed Circuit Board) 기판과의 전기 신호를 전달하고, 외부 습기 및 충격 등으로부터 chip을 보호하며, 지지해 주는 골격 역할을 함

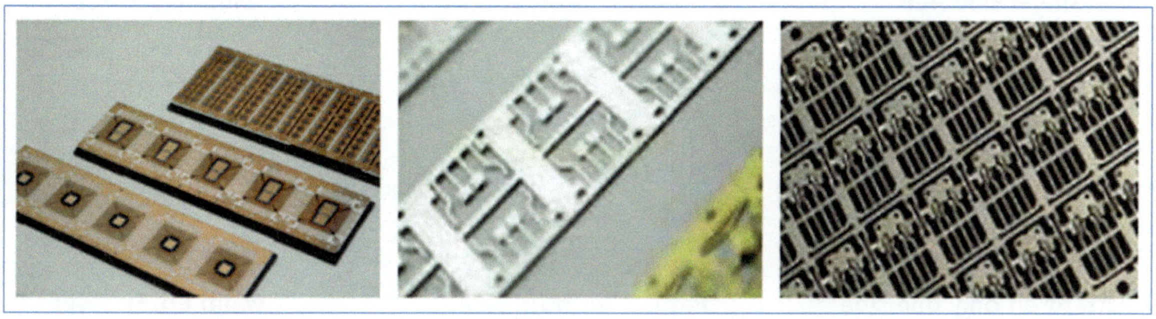

Lead frame은 철(Fe)과 동(Cu)으로 구분됨
발열량이 큰 IC에는 열전도율이 좋은 동을 주성분으로 한 lead frame을 사용
특성이 중요시되는 경우는 silicon과 열팽창율이 비슷한 Fe-Ni 합금 계열인 alloy lead frame을 사용
예) Alloy42(Fe_57.7%) + (Ni_41) + (Mn_0.8%) + (Co_0.5%)

자료출처-반도체 산업과 기술의 이해_김주현

5-1. 이론

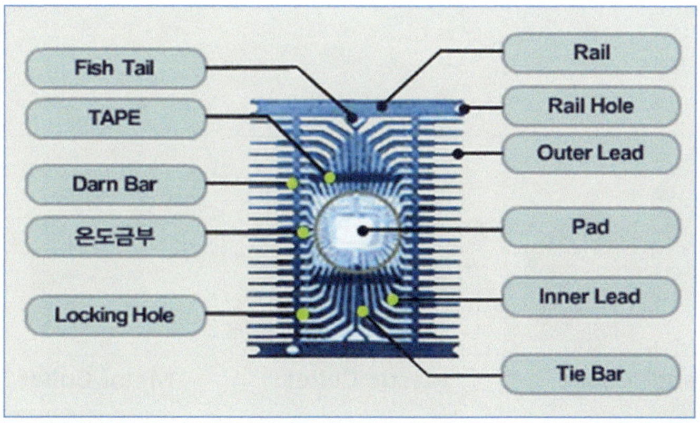

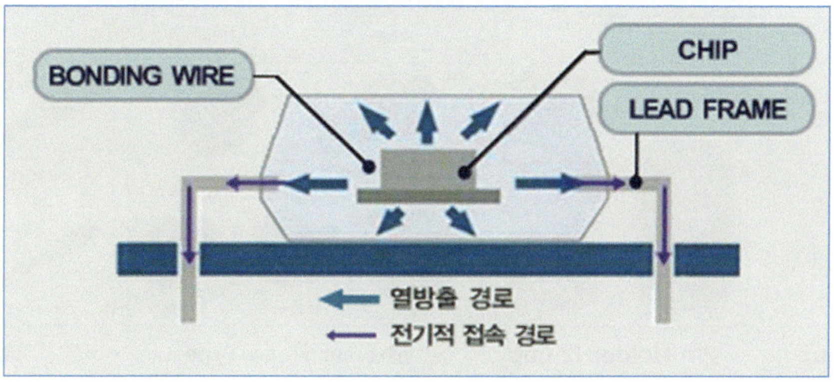

5-1. 이론

- **Substrate**

Substrate는 lead frame과 마찬가지로, 반도체 chip과 PCB 기판과의 전기적 신호의 연결 통로 역할을 함

Single side PCB

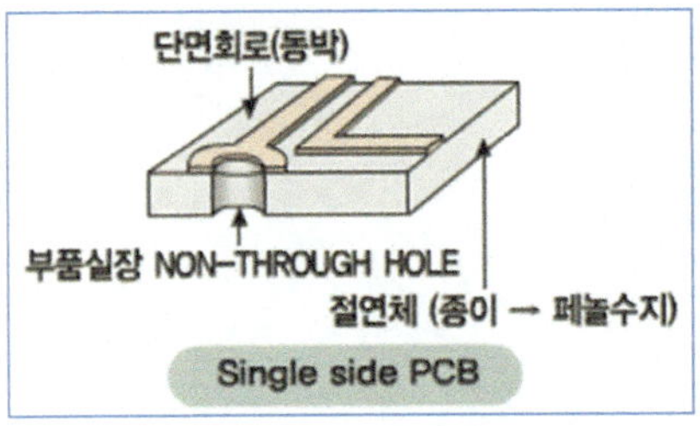

Pattern on only one side

Double side PCB

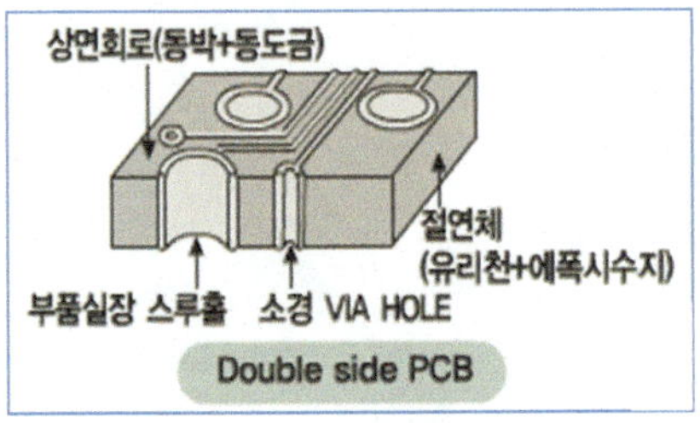

Pattern on both side (top/bottom)

Multi layer PCB

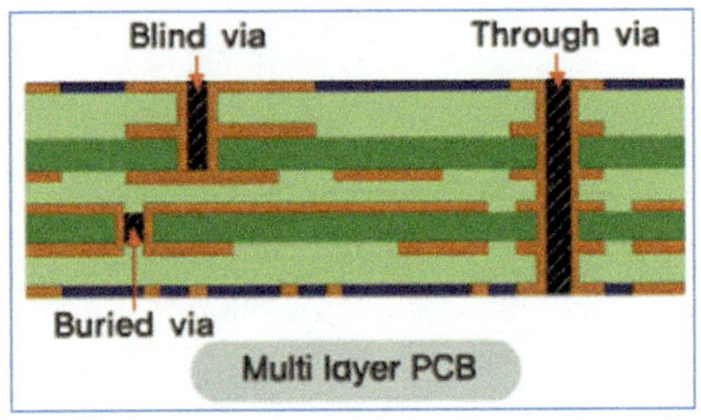

Multi Cu/SR layer complex pattern

고발열 소자의 열을 아래로 전도해주는 방열 경로를 제공 함
Chip의 미세한 배선을 메인 PCB의 스케일로 변환시켜 줌

5-1. 이론

- **Collet & Pin**
- **Collet**

Magnetic Collet

Rubber Collet

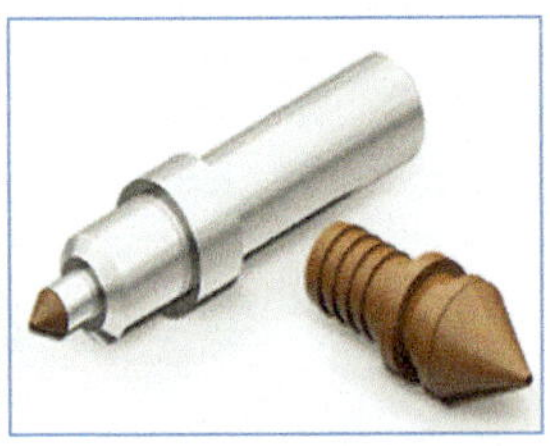

Plastic Collet

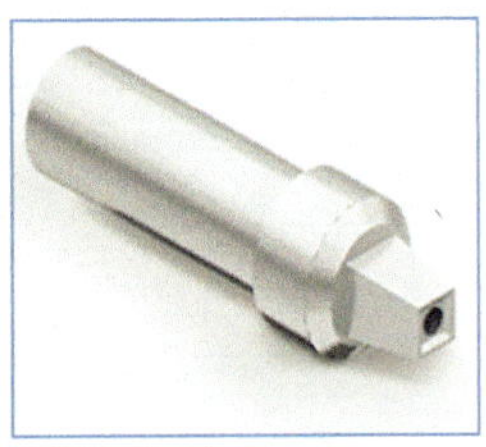

Metal Collet

Ceramic Pick up Tool

- **Pin**

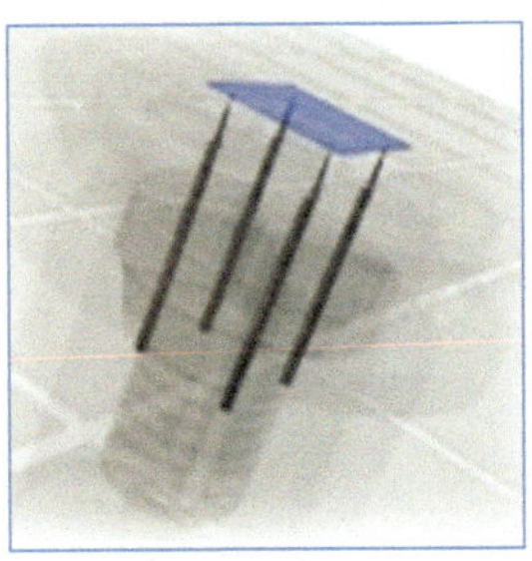

Plunger Pin

Pin Holder & Cap

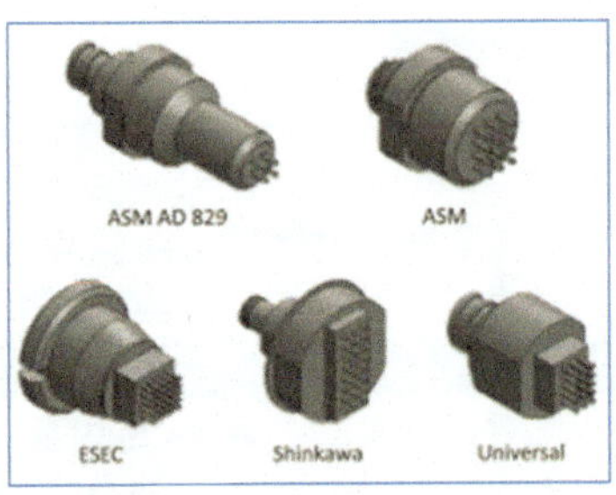

Shower Head Type

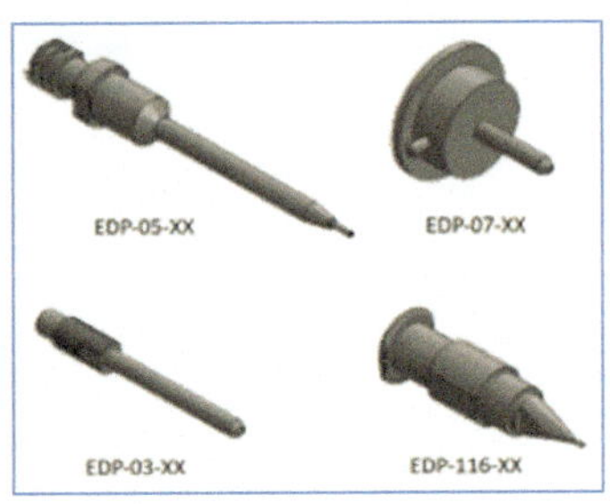

Writing Type

자료출처-반도체 후공정 기초, 허주희

5-1. 이론

- **Epoxy & Film**

\- **Epoxy**

범용성이 좋고 저렴하며 다루기가 쉬워 일반 패키지용(BGA, QFN, LQFP 등) 으로 사용

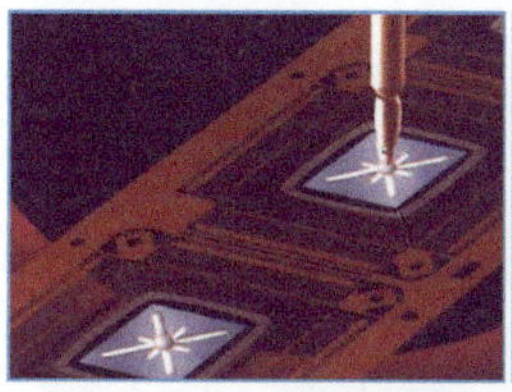

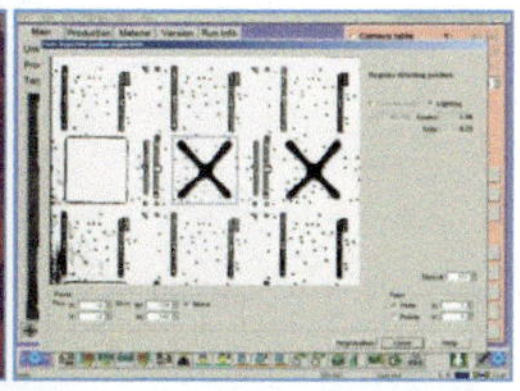

Epoxy는 액상(또는 반고체) 형태의 열경화성 접착제 사용

주사기나 dispenser로 도포 후, 열(150~250℃)을 가하는 curing(굳히는) 방식을 사용

Dispensing Tool

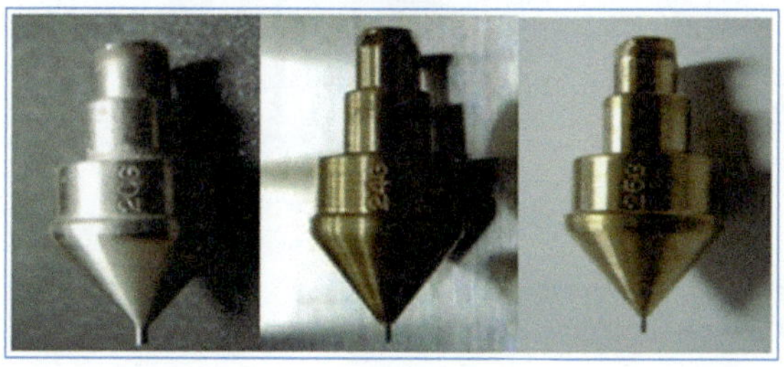

Epoxy Dispensing Pattern

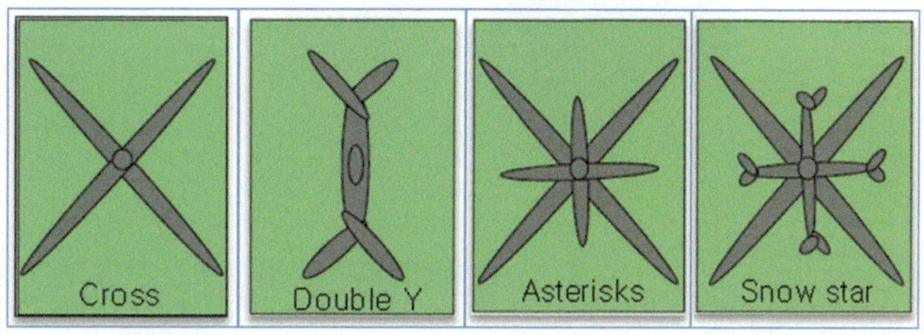

Small Die < < Large Die

5-1. 이론

\- **Film**

정밀도 · 균일도 · 청정도가 높아 고성능 · 고밀도 · 초박형 패키지용(Flip chip, CIS, HBM 등)으로 사용

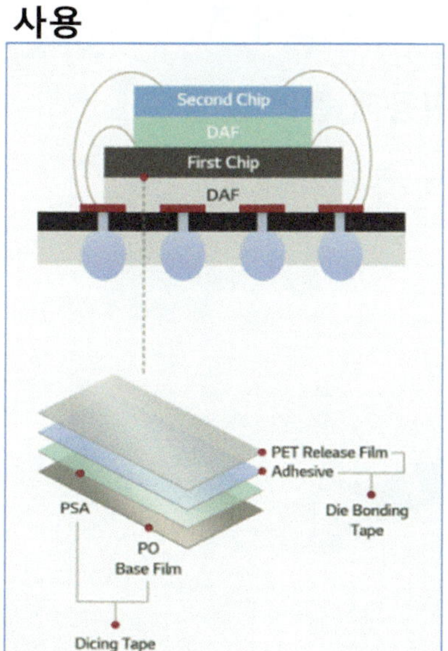

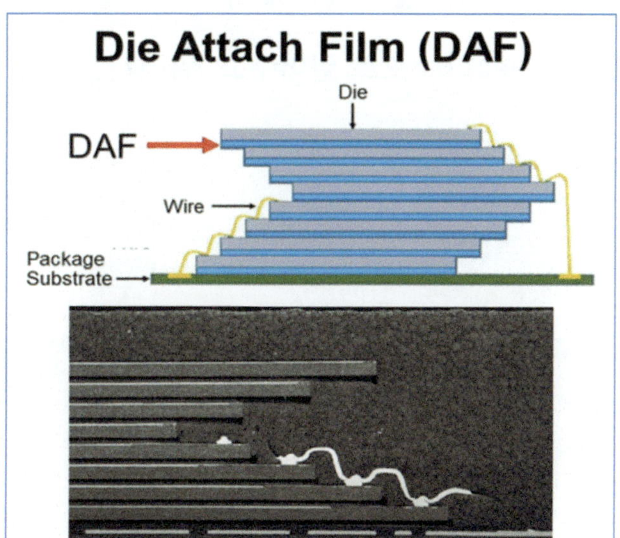

얇은 고체 형태(수 ~ 수십 um)의 접착 film
Die와 substrate 사이에 끼워서 열+압력으로 접착

자료출처-LG Chem

5-1. 이론

- Pick and Place

Dicing tape에 붙은 수백~수천 개의 chip을 개별적으로 떼어내는 작업을 pick up이라고 하며, wafer에서 양품 chip을 플런저(plunger)로 pick up한 뒤 이를 package 기판 표면에 놓는 것을 place라고 함

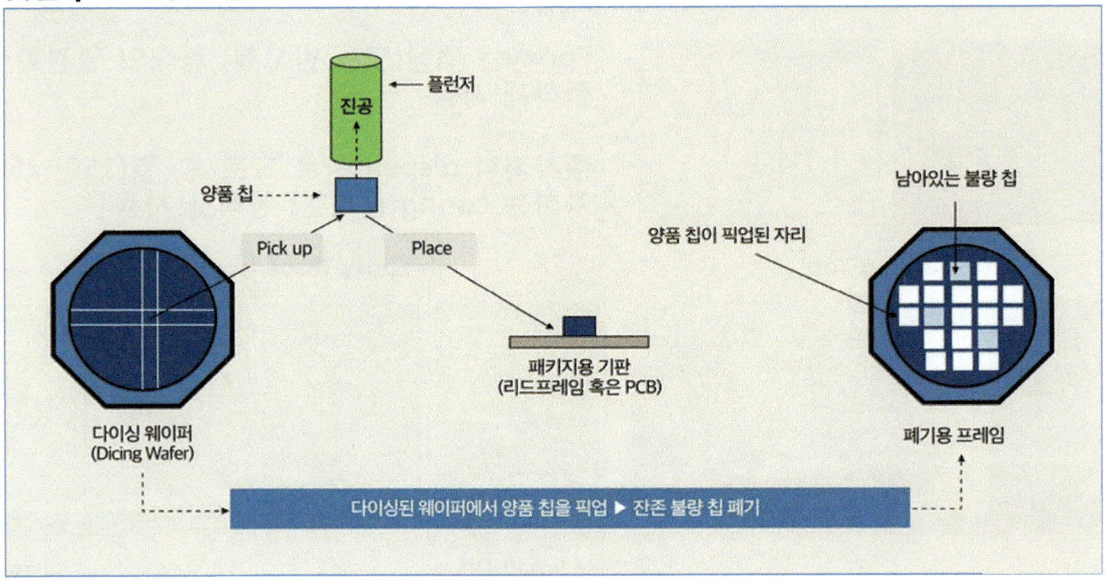

자료출처-SK하이닉스

5-1. 이론

- Ejection

Dicing 공정을 마친 각 chip은 개별적으로 분리되어 dicing tape에 붙어 있는 상태여서 쉽게 pic up 하기 어렵기 때문에 eject pin을 이용하여 chip을 밀어 줌

아래에서는 eject pin으로 밀어주고, 위에서는 진공을 이용해 뽑아 올림

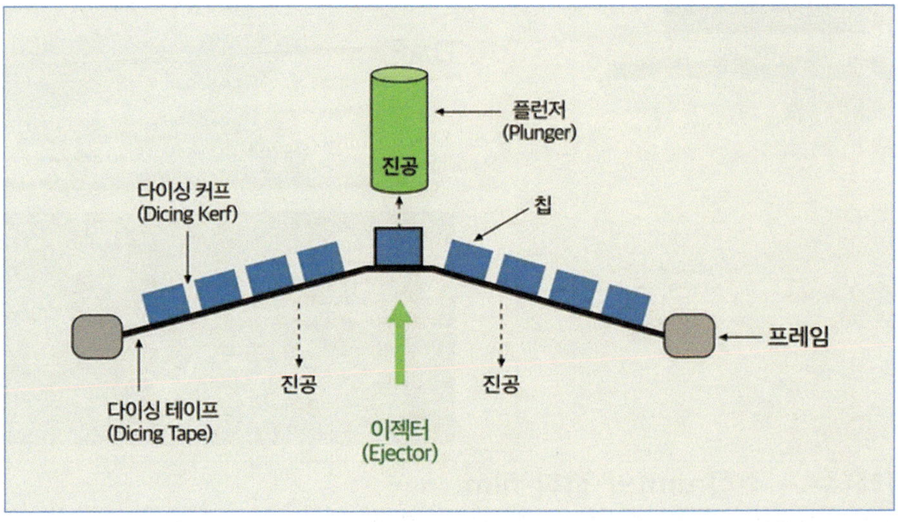

자료출처-SK하이닉스

5-1. 이론

- Placement

Placement란 반도체 die를 정해진 위치에 정확하게 올려놓는 단계 즉, epoxy나 film 등 접착제가 도포된 기판 위에 die를 정밀한 위치와 방향으로 align하고, 고정하는 공정

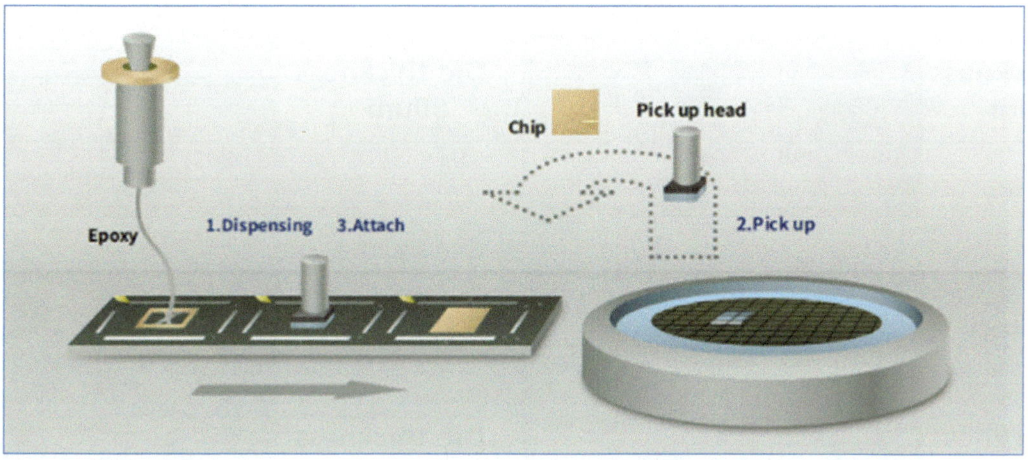

- 정확한 위치 정렬(alignment) : chip이 회로나 pattern과 어긋나지 않도록 정밀한 위치
- 수직 평면 정렬(planarity) : chip이 substrate에 평평하게 안착 되어야 함
- 기포나 틈 방지 : 접착제와 chip 사이에 void 없이 완전 밀착

자료출처-bonotec

5-1. 이론

- Curing

접착제로 사용된 epoxy나 film을 열이나 자외선(UV) 등을 이용해 단단하게 굳히는 공정

- UV curing

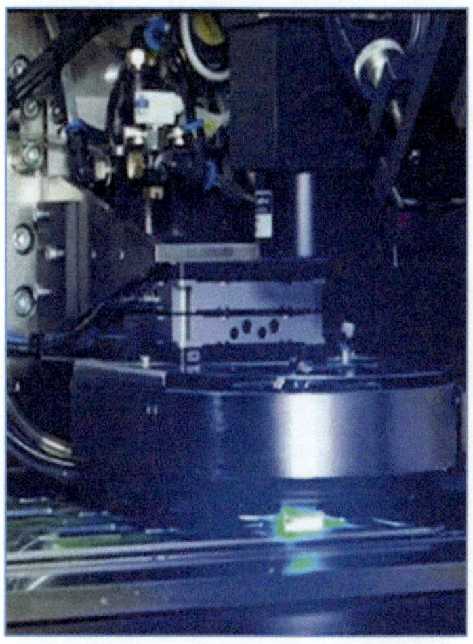

- Thermal curing (ex, Ag paste to SiC · GaN power device)

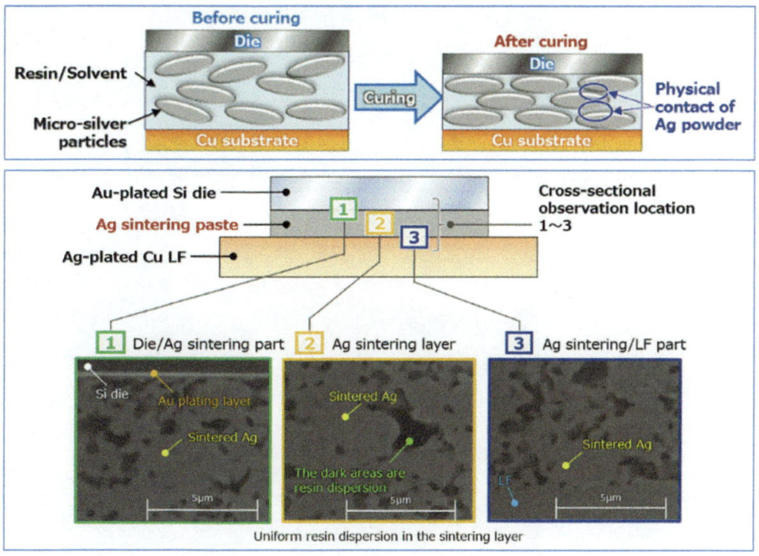

자료출처-Oricus, KYOCERA

5-1. 이론

- Multi Stacking

4 Die stack

Die thickness
~ 100um

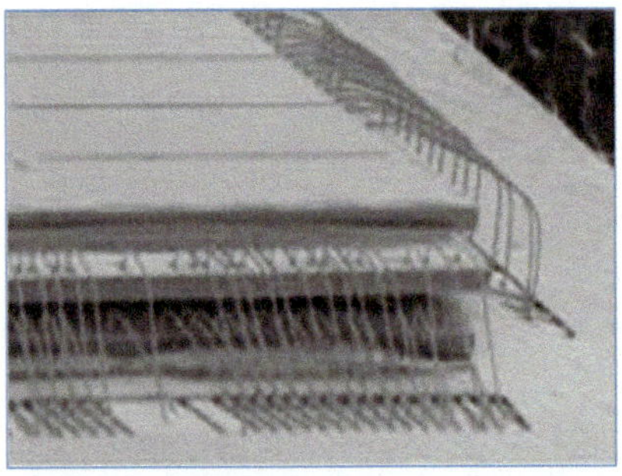

5 Die stack

Die thickness
~ 80um

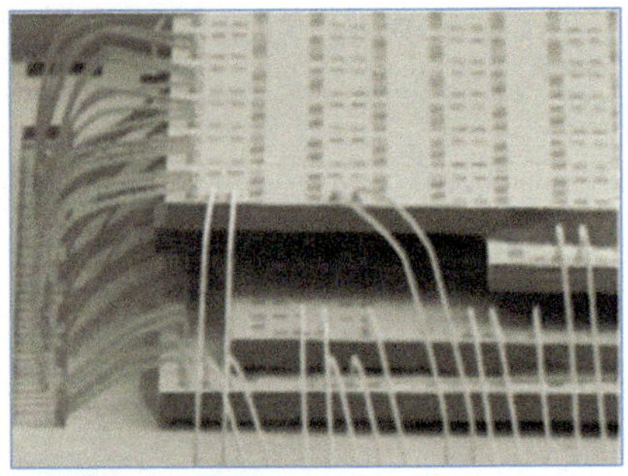

6 Die stack

Die thickness
~ 65um

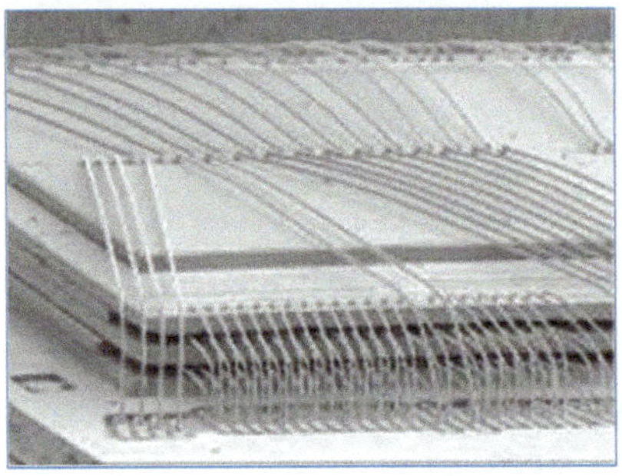

8 Die stack

Die thickness
~ 50um

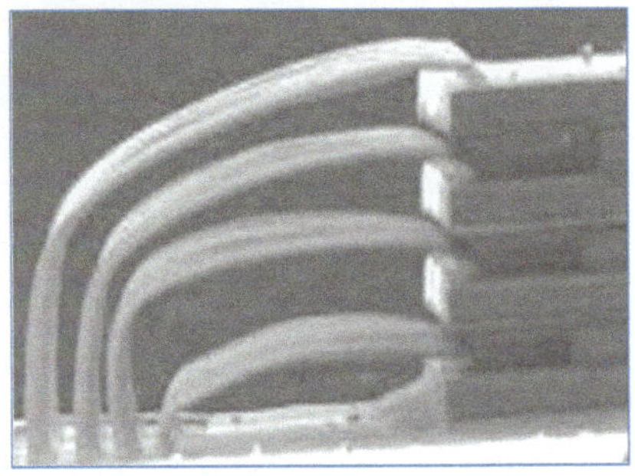

5-1. 이론

- Test

Shear test : die가 접착된 힘을 측정 → 기계적 접착 강도 평가

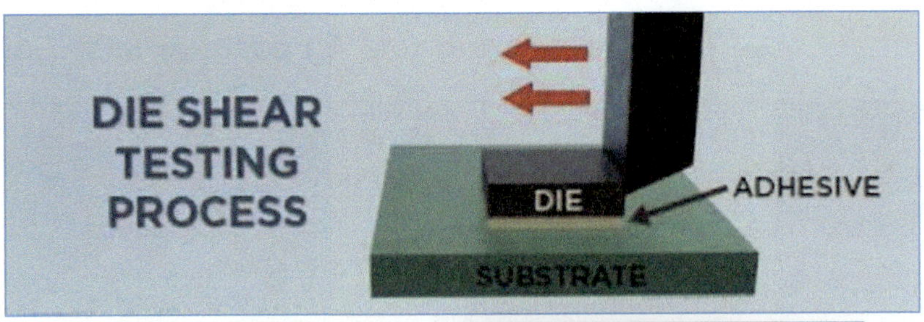

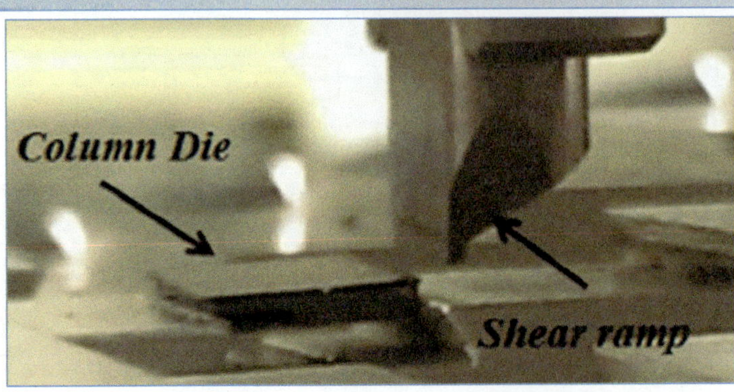

자료출처-MasterBond, ResearchGate

5-1. 이론

- **Error**

Epoxy paste를 사용하는 die attach 공정 중 발생하는 결함

Good

Die Placement

Die Rotation

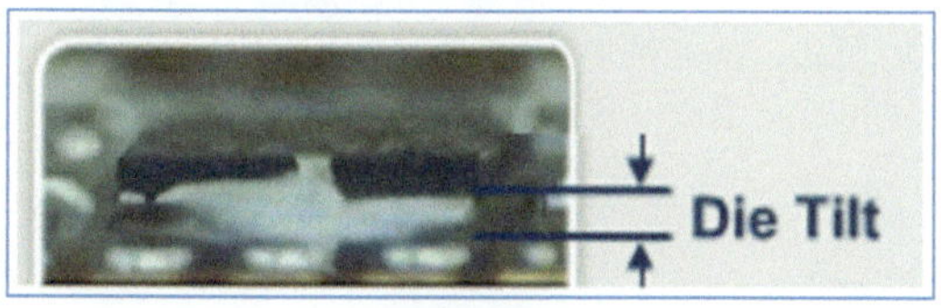

Die Tilt

Epoxy Coverage

Epoxy on Die

자료출처-HANA Micron

5-2. 장비

- **Die Bonding Machine**

  - **Dispense**

  - **Paste type adhesive**

  - **Chip Pickup**

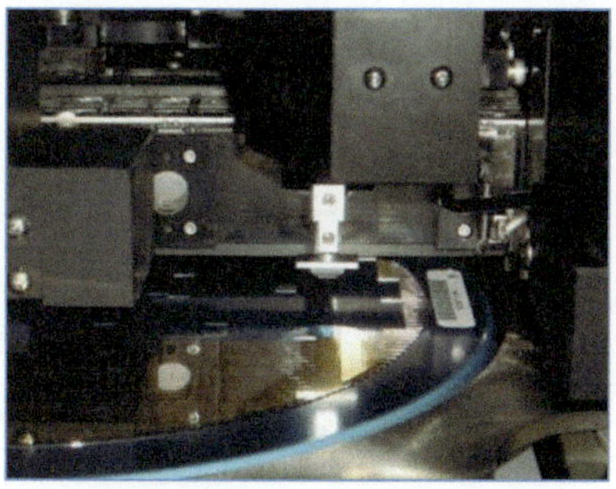

  - **Chip auto align**
  - **Die pickup 시 collet 사용**

  - **Die Bonding**

  - **최적의 parameter (force, time)**

자료출처-HANA Micron

5-3. 실습

- Die Bonder

(1) Substrate loading : PCB, lead frame 등 substrate를 장비에 loading
(2) Epoxy Dispensing : 지정된 위치에 epoxy를 pattern에 맞춰 분사, dispensing 방식
(3) Die Pick-up : wafer에서 개별 die를 pick up nozzle로 집어 올림
(4) Die Alignment : vision system으로 chip 위치와 각도를 보정하여 정밀하게 정렬
(5) Die Placement : dispensing된 접착제 위에 chip을 정확한 압력과 위치로 부착
(6) Pre-cure Handling : 부착된 chip이 흐트러지지 않도록 조심스럽게 이송
(7) Curing : 열경화 oven 또는 UV curing 장비에서 접착제 경화
(8) Vision Inspection, Optional : die 정렬, 접착제, overflow, void, 위치, 오차 등을 검사
(9) Unload : 처리 완료된 substrate를 다음 공정으로 이송 또는 unloading

6. Wire/Ball Bonding

1. 이론
2. 장비
3. 실습

6-1. 이론

1) Wire Bonding

Chip 내부의 pad와 package의 lead 또는 substrate를 금속 wire로 연결하여 전기 신호가 흐르게 만드는 공정

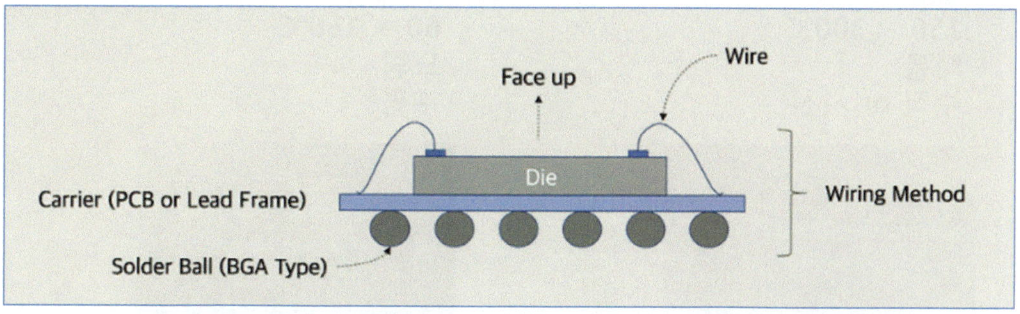

- **장점**
  - **공정이 비교적 단순하고 비용이 저렴**
  - **다양한 chip크기 및 형식에 적용 가능**
  - **신뢰성이 높고 오랜 기술 축적**

- **단점**
  - **고속 신호나 고집적 package에 한계**
  - **Bonding wire가 차지하는 공간이 큼**
  - **Wire 길이에 따른 신호 지연 가능성**

자료출처-SK하이닉스

6-1. 이론

- Ball/wire Bonding & Wedge Bonding

Wire를 사용하는 bonding에는 ball/wire bonding과 wedge bonding 방식이 있음

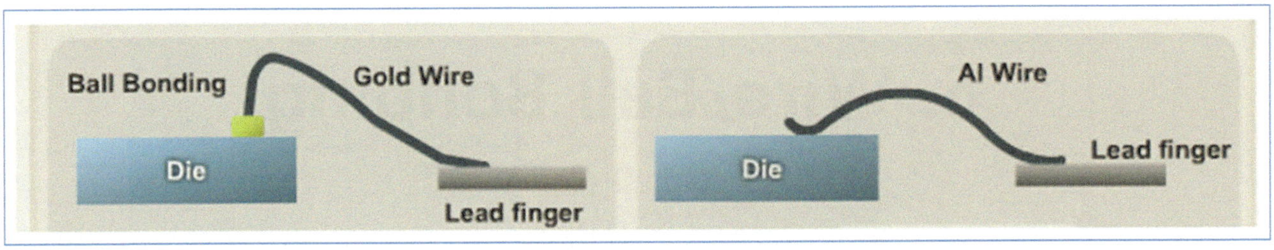

- Ball bonding

열, 압력, 초음파 에너지를 이용하여 wire 끝부분에 용접점을 형성시켜 bonding

- Wedge bonding

Wedge 도구가 사용되며 wire를 일정한 힘으로 기판 위로 누르고 있는 동안 초음파 에너지로 bonding

Wire로는 금, 알루미늄, 은 합금, 구리 wire(또는 PCC : Pd Coated Copper)를 사용

자료출처-반도체 산업과 기술의 이해_김주현

6-1. 이론

항목	• Ball Bonding	• Wedge Bonding
재료	Au, Cu	Al
방식	열 + 초음파(thermo-sonic)	초음파(ultrasonic)
형태	Ball	Wedge
온도	150 ~ 300℃	60 ~ 150℃
속도	빠름	느림
방향	수직 or 사선	수평

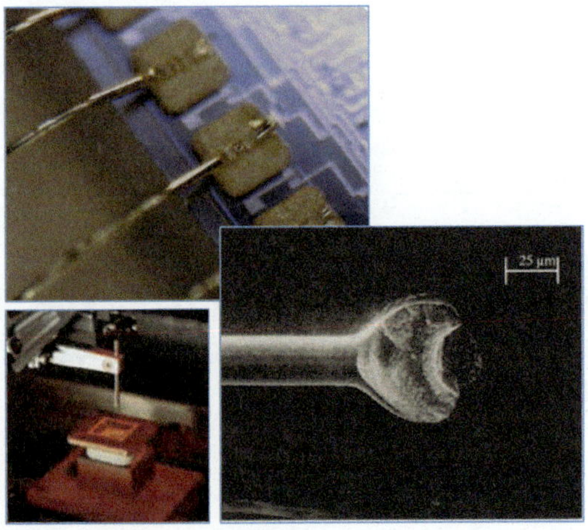

자료출처-Artist 3D

6-1. 이론

- **Process**

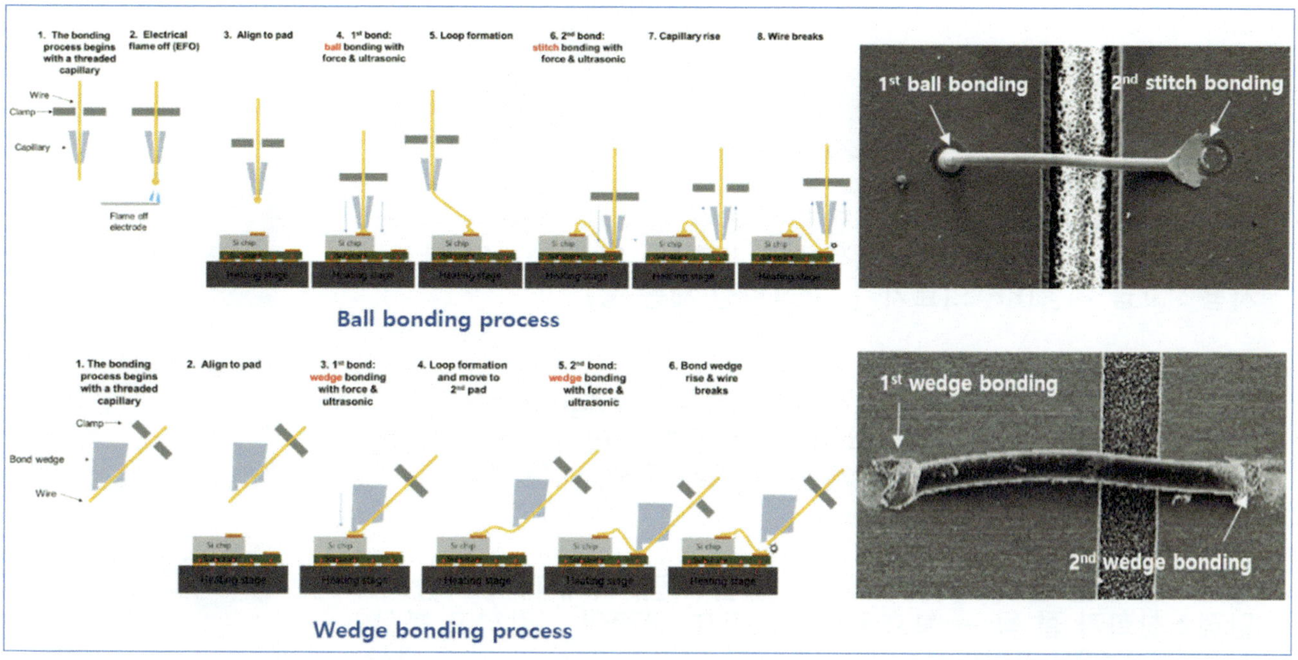

자료출처-KITECH

6-1. 이론

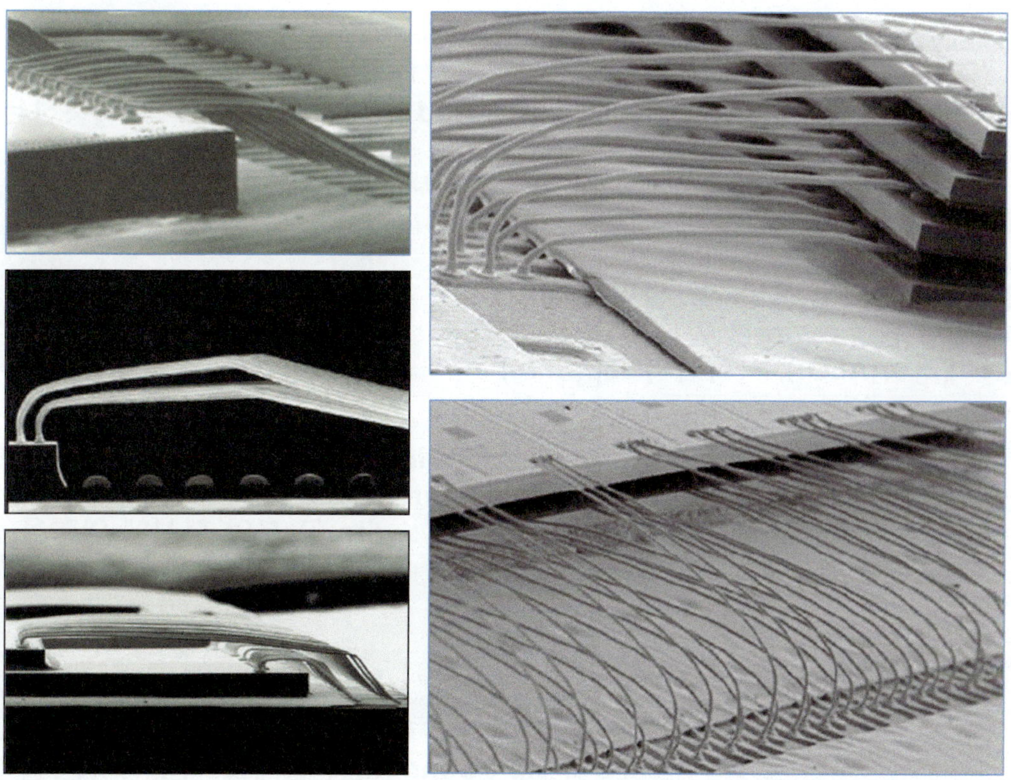

6-1. 이론

- **Wire**

• Gold wire
장점 : 산화되지 않음 → 공정 안정성 우수, 신뢰성 높음
단점 : 비용이 매우 높음, 기계적 강도 약함 → 미세 피치에 한계
사용 : 고급 제품(RF, 의료기기, 고신뢰성 제품 등)

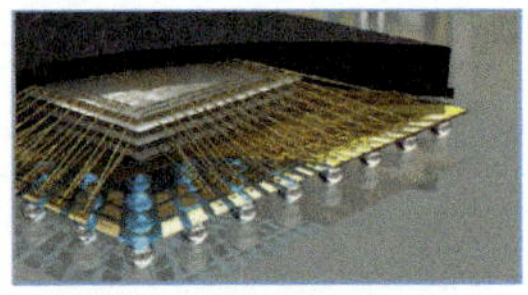

• Aluminum wire
장점 : 가격 저렴, 공정이 비교적 단순 (특히, wedge bonding)
단점 : 산화되기 쉬움 → bonding 직전 산화막 제거, 고속 전송에 취약
사용 : power device, 고전류 제품, regacy 공정, 대형 chip 등

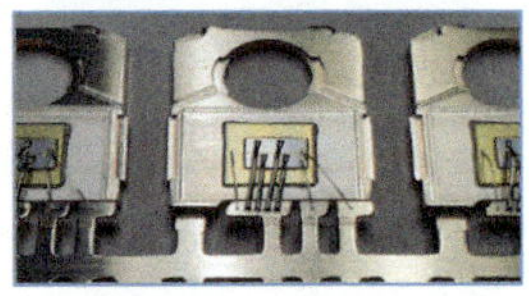

• Copper wire
장점 : 전기·열 전도도 우수, 금보다 훨씬 저렴, 미세 피치 가능
단점 : 산화가 잘 됨 → 보호 coating 필요, 공정이 민감하고 복잡
사용 : AP, CPU, GPU, memory chip 등 고성능 제품의 대량 생산

자료출처-Heraeus electronics

6-1. 이론

- **Capillary**

Wire bonder에서 wire를 눌러서 chip pad나 lead frame에 접합 할 때 사용하는 정밀 nozzle 도구

• 역할 및 재질
- Wire 공급 : 내부에 wire가 통과
- 열과 압력 전달 : 초음파, 열, 압력 전달
- Wire loop 형성 : wire를 원하는 형태로 굽힘
- 재질 : 세라믹(Al_2O_3), 사파이어(sapphire)

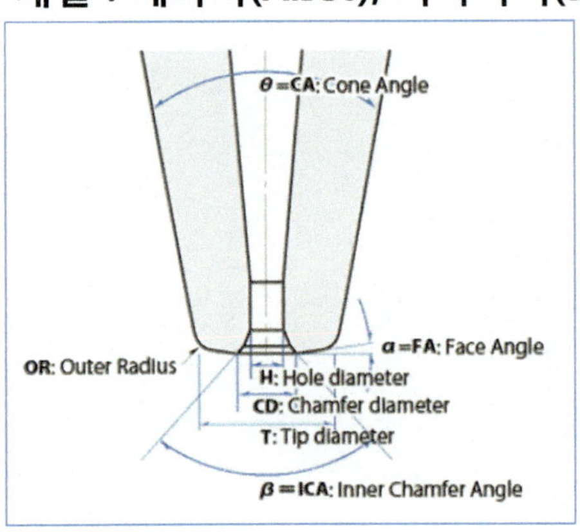

자료출처-Orbray

• 구조
- Face angle : bonding면과 수직선 사이의 각도
- Hole : wire가 통과하는 구멍 지름
- Chamfer : wire 공 모양 형성에 영향을 줌

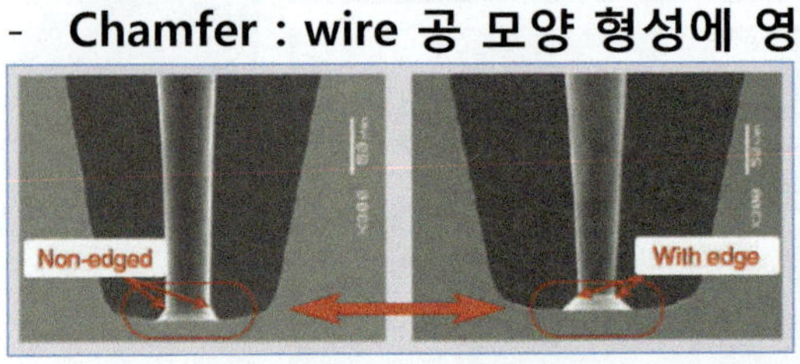

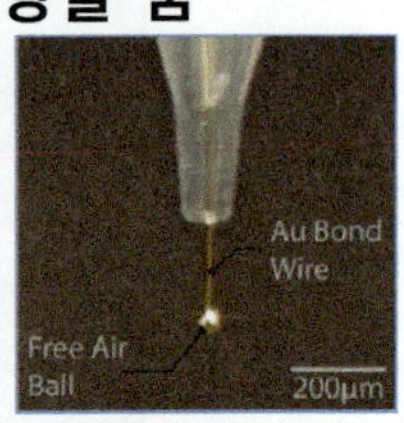

- Tip : bonding이 실제로 이루어지는 끝부분

6-1. 이론

- **Test**

- **Shear test : wire가 접합된 pad를 옆으로 밀어서 bonding 강도 측정**

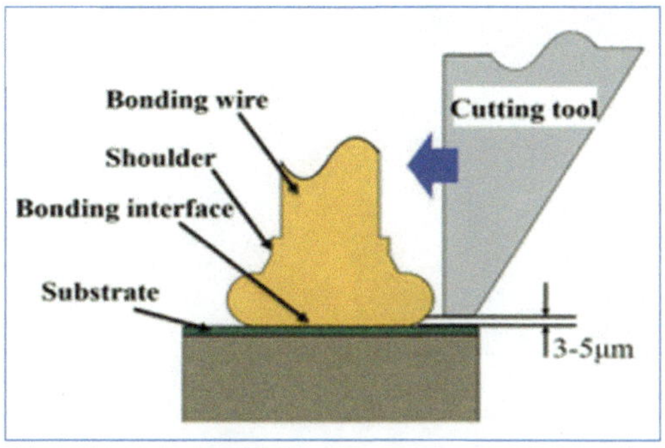

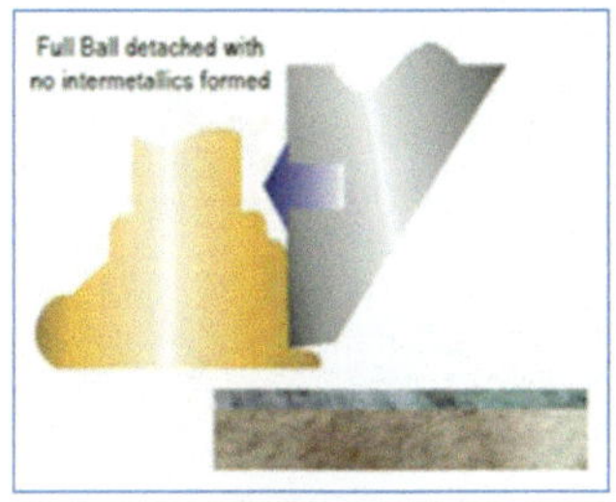

Ball Lift

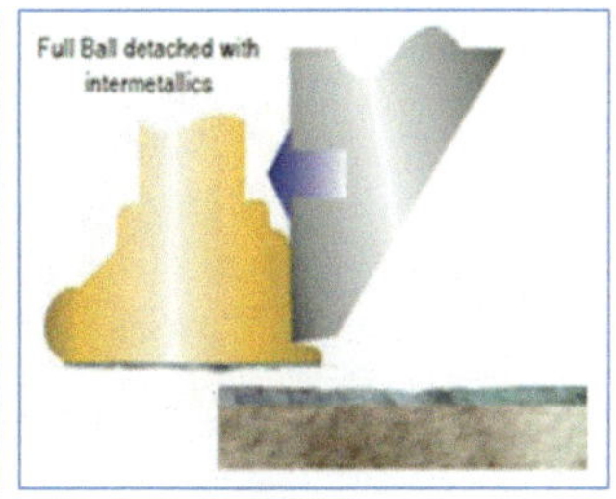

Aluminum Shear

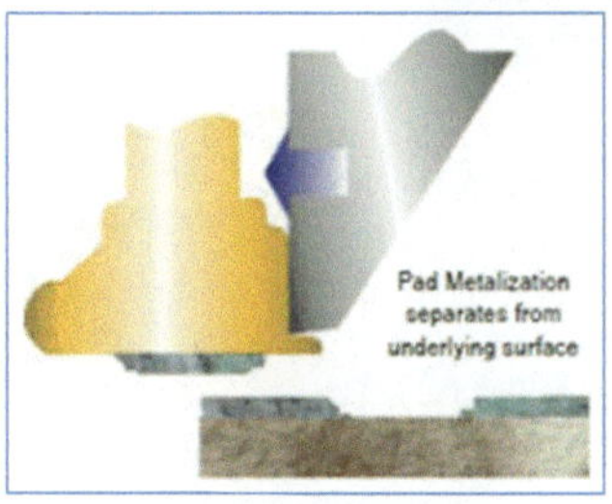

Bond Pad Lift

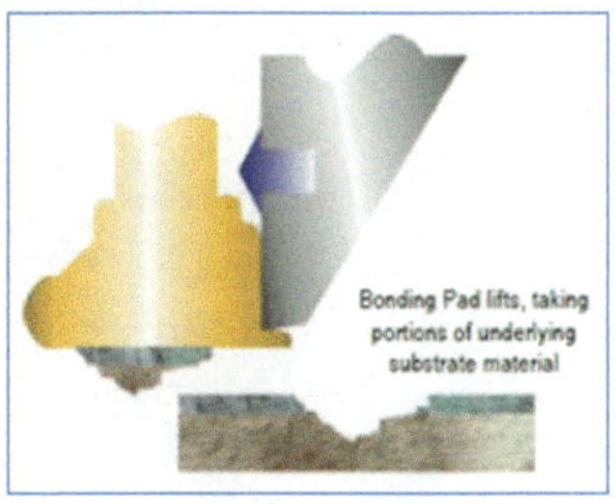

Cratering

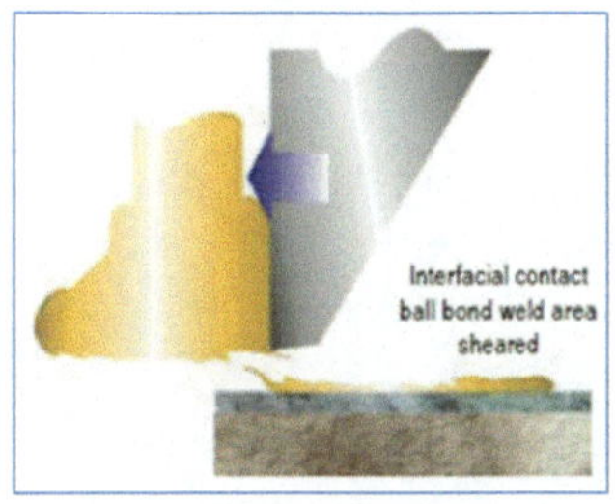

Inter-metallics Sheared

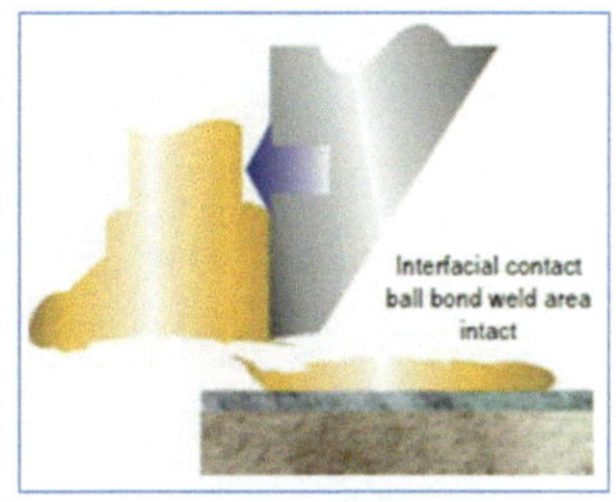

Au Only sheared

자료출처-MDPI

6-1. 이론

- **Pull test : wire를 당겨서 얼마의 힘에 버티는지 기계적 강도 측정**

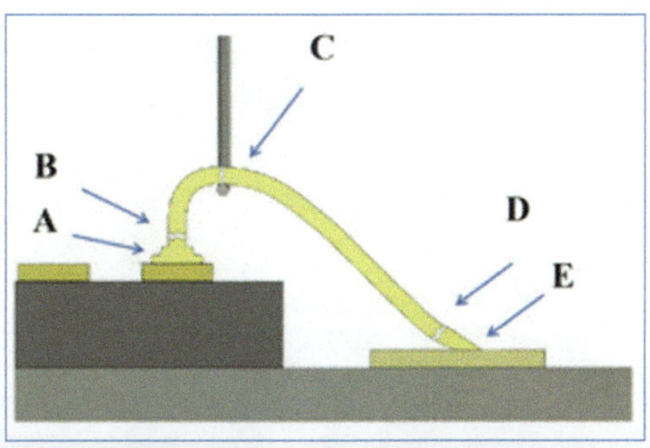

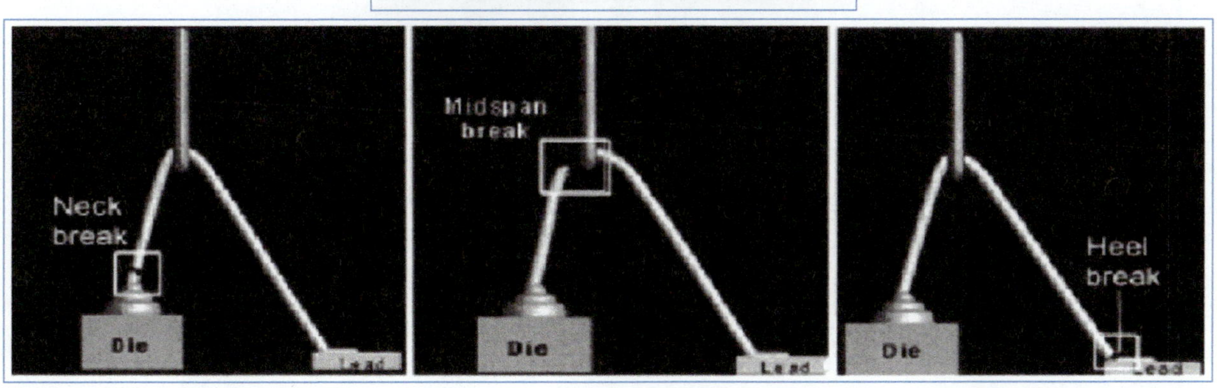

자료출처-Semantic Scholar

6-1. 이론

- Error

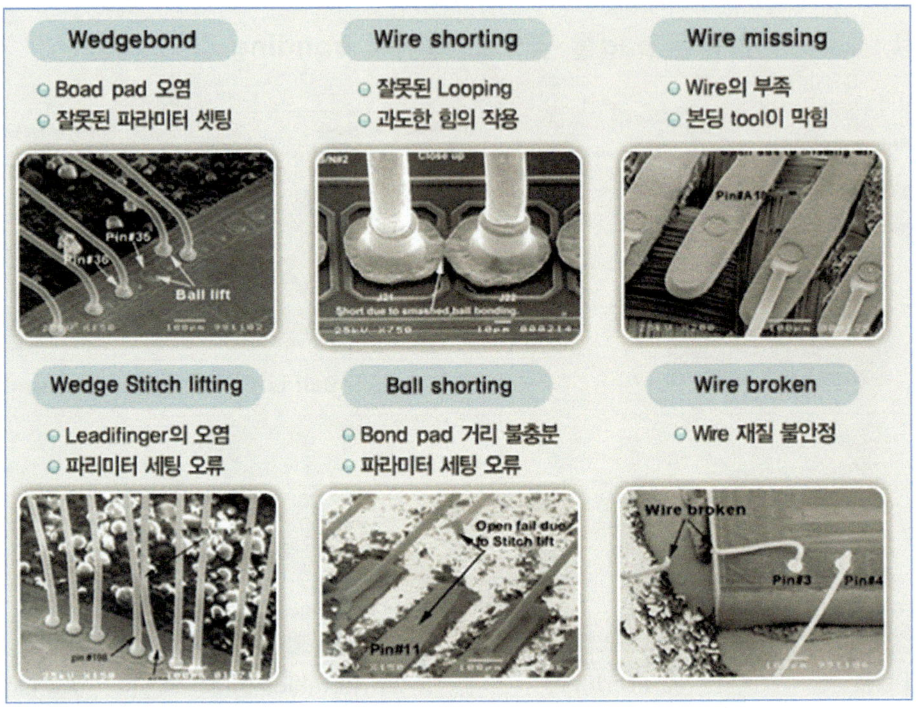

6-1. 이론

2) Flip Chip Bonding

Chip을 flip(뒤집어서) 즉, chip의 pattern면을 아래로 향하게 하고 chip pad 부분에 형성된 솔더범프(solder bump) 또는 micro ball을 통해 substrate에 직접 bonding하는 공정

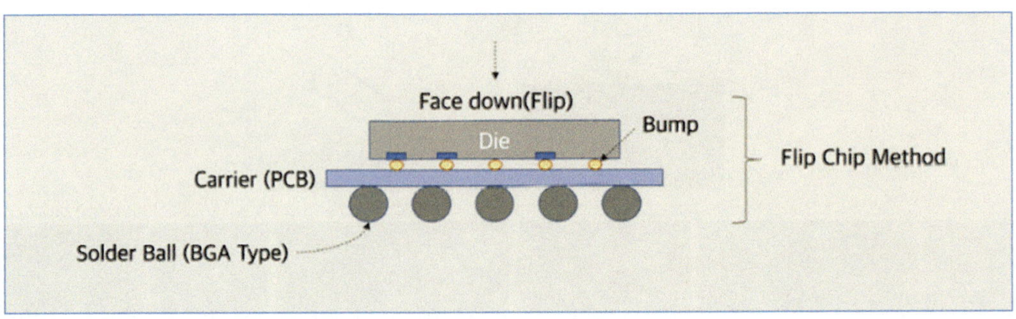

- **장점**
- **고속 신호 전달 (전기적 경로 짧음)**
- **고집적, 소형화 가능 (WB보다 공간 절약)**
- **높은 전류 및 열 분산 특성**
- **3D package, HBM 등 첨단 package에 적합**

- **단점**
- **공정 복잡도 및 고가 장비**
- **Under fill 품질이 수명에 큰 영향**
- **Reflow 온도, pump 균일성 관리 중요**

자료출처-SK하이닉스

6-1. 이론

- **Process**

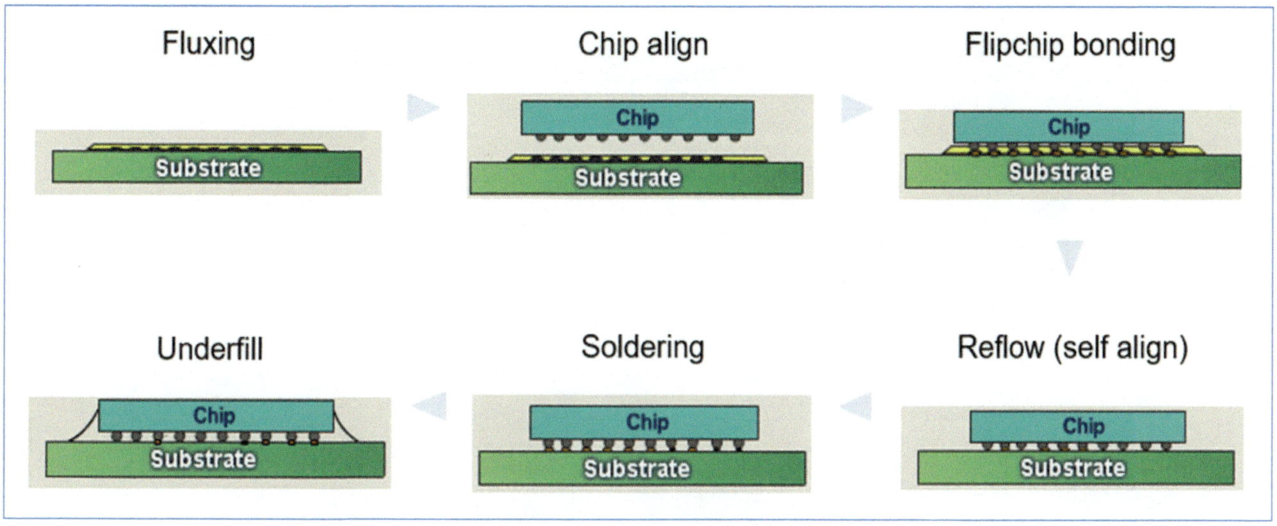

자료출처-반도체 산업과 기술의 이해_김주현

6-1. 이론

- **Micro Bump**

Micro bump는 2.5D/3D package 구조에서 chip과 chip 또는 interposer 간의 초미세 연결을 위해 사용되는 초소형 bump

- **특징**
- **크기 : 보통 10~30um**
- **형상 : 납땜성 미세 구조, 평평하거나 낮은 bump**
- **용도 : chip ↔ chip, chip ↔ interposer, interposer ↔ 기판 간 고밀도 연결**
- **재료 : 미세 Sn(주석) 합금, Cu pillar+Sn, SnAg**
- **형성 방식 : 도금(electroplating), deposition, reflow 등**
- **적용 package : 2.5D·3D IC, HBM, hybrid bonding 구조 등**

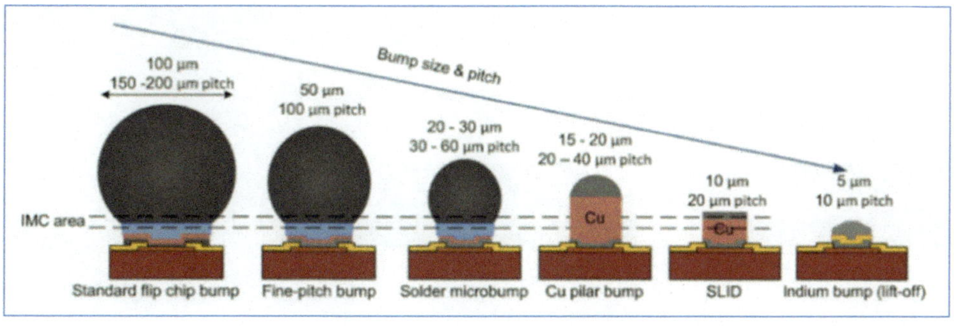

자료출처-Bojko Vodanovic

6-1. 이론

- **Process**

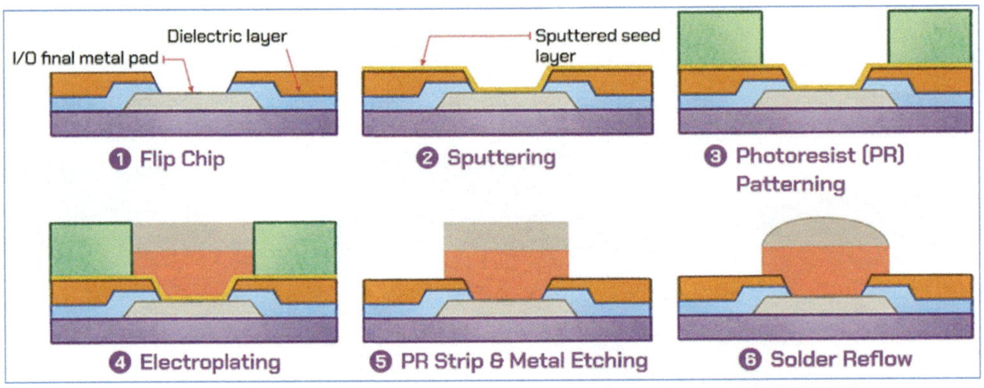

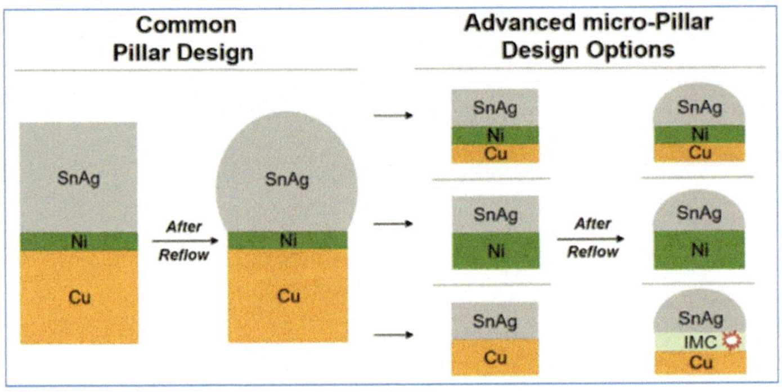

자료출처-Skhynicx, SemiconductorEngineering

6-1. 이론

- **Underfill**

Chip과 substrate 사이의 미세한 공간에 채워 넣는 절연성 epoxy 수지(resin)

- **목적 · 역할**
- **기계적 보강 : bump들이 외부 하중(충격, 휨, 진동)을 직접 받게 되는데, underfill이 bump 주위 공간을 채워 줌으로써 응력을 분산시킴**
- **열 팽창 차이 완화 : chip(Si)과 기판(BT resin, FR-4 등)의 열팽창계수(CTE)가 다름, 온도 변화 시 solder bump에 반복적으로 응력이 걸리는데, underfill이 이를 완화해 줌**
- **수분 및 오염 차단 : 외부 습기, 먼지, 화학물질이 solder 접합부에 침투하는 것을 막아 부식 및 신뢰성 저하를 방지**
- **전기 절연 : bump 사이에 절연층 역할을 하여 short를 방지**

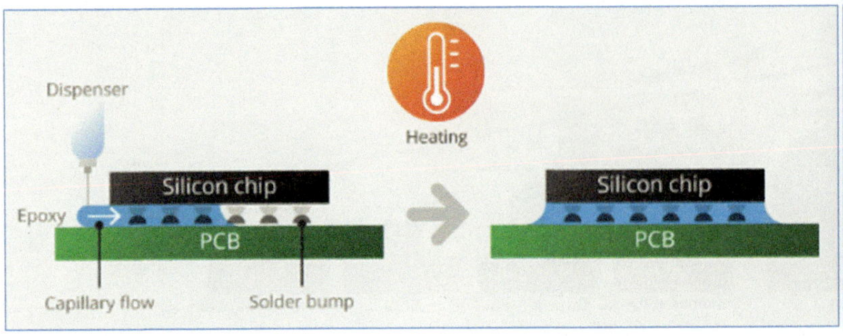

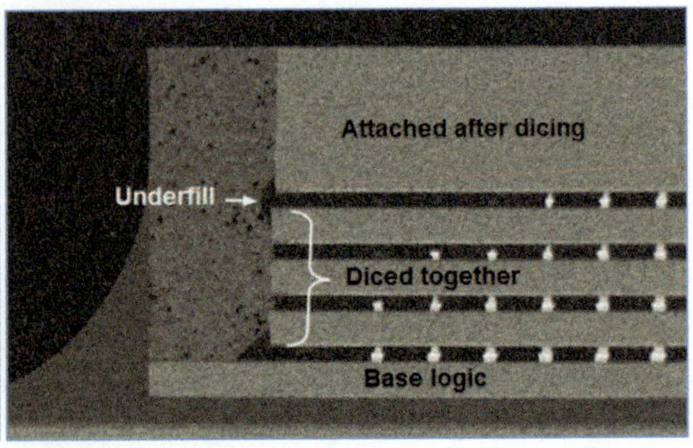

자료출처-Transcend

6-1. 이론

- **Process**

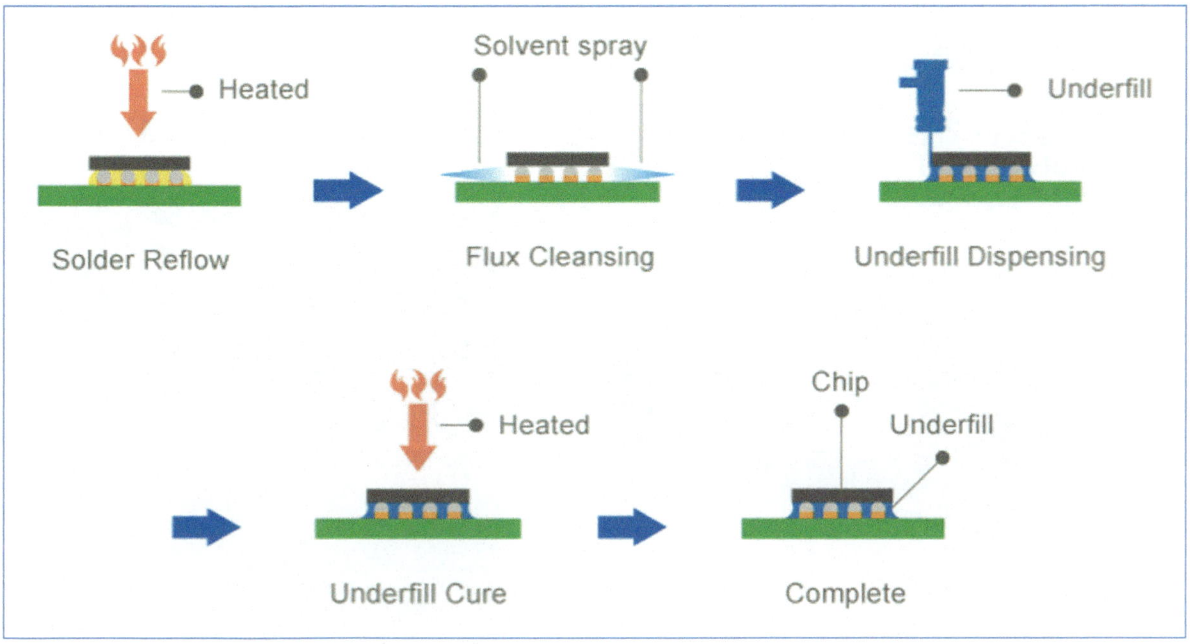

자료출처-SMART Moduar Technologies

6-1. 이론

- **Error**

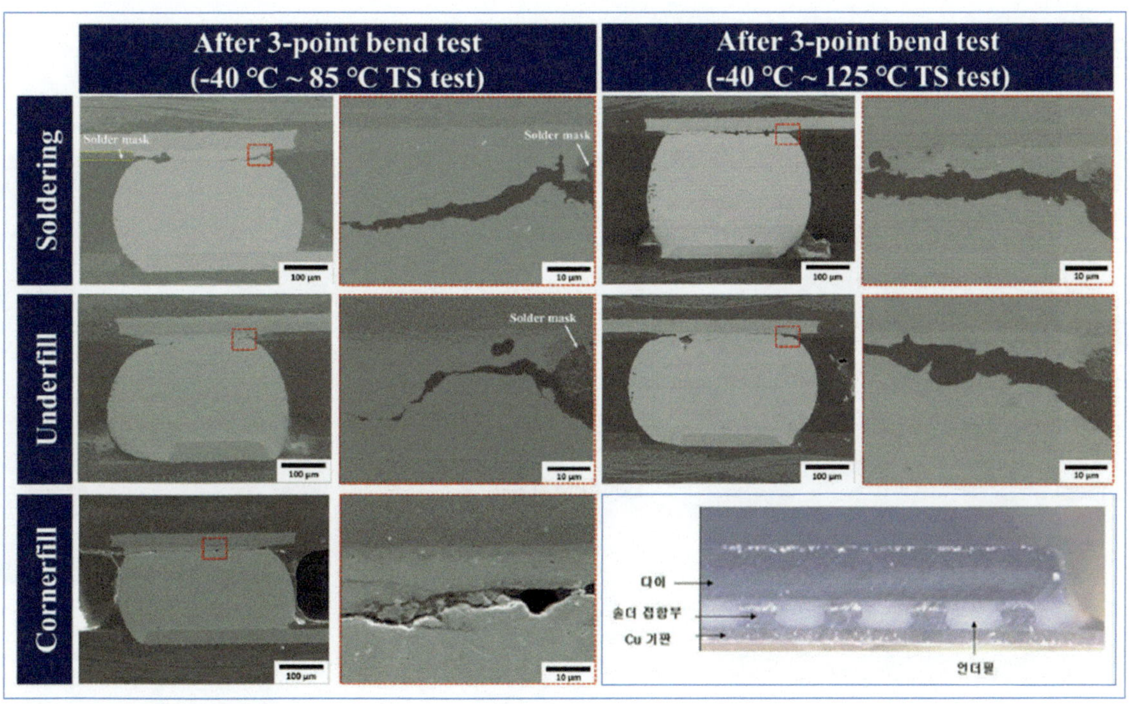

자료출처-Effect of Underfill and Cornerfill on the 3-Point Bending Reliability of BGA Package Under Thermal Shock Test

6-2. 장비

- Wire Bonder

금(Au), 구리(Cu), 알루미늄(Al) 등의 금속 wire를 이용하여 chip의 전극(pad)과 lead frame을 전기적으로 연결

Wire가 주입되는 가는 바늘 모양을 capillary라 하며, 바느질의 바늘처럼 gold wire를 끼워 고압을 걸어주어 ball 접합 형상을 만들어 줌

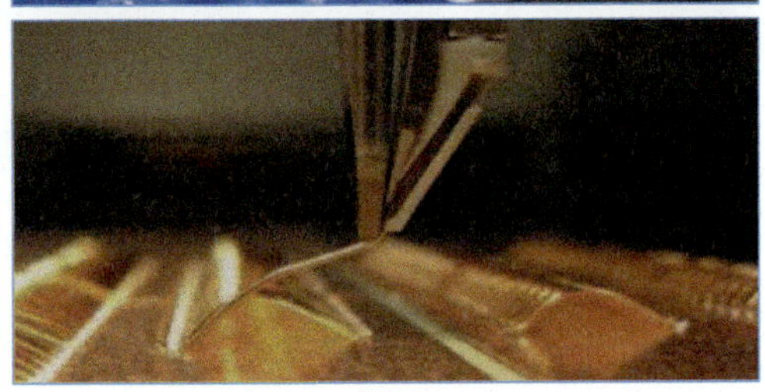

자료출처-PALOMAR

6-2. 장비

- Flip Chip Bonder

Chip pick up → Flip → Alignment → Placement → Pre-bond or Reflow

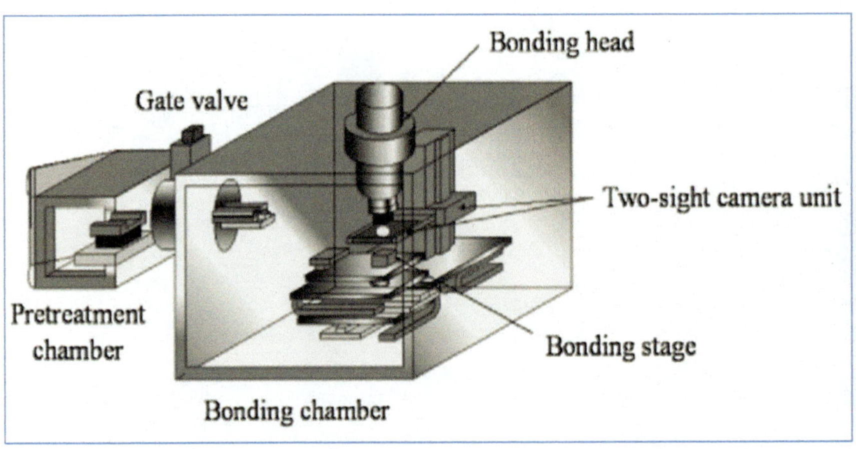

자료출처-ResearchGate, InnovoTechX

6-2. 장비

- **Reflow Oven**

Solder bump를 녹여 chip과 기판을 전기·기계적으로 접합

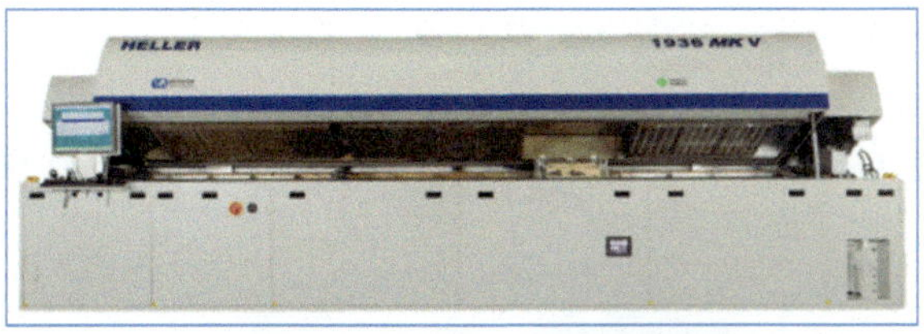

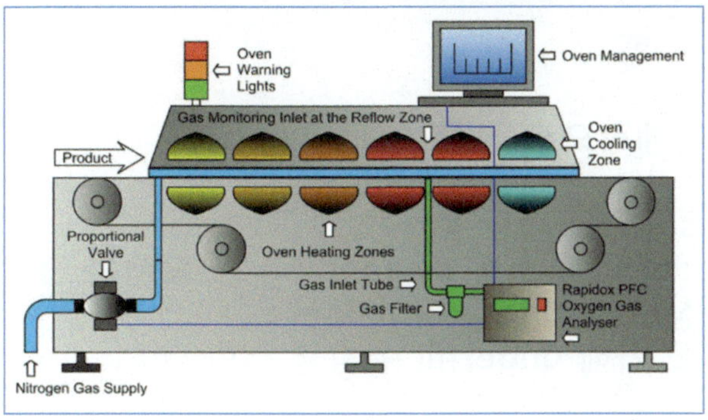

자료출처-Heller Industries, Cambridge Sensotec, Xenon, IBE Electronics

- **Underfill Dispenser**

Flip chip 접합 후 solder bump 사이에 절연성 수지를 주입

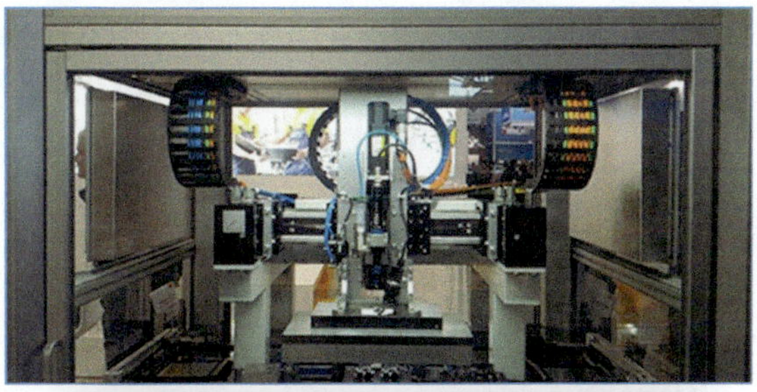

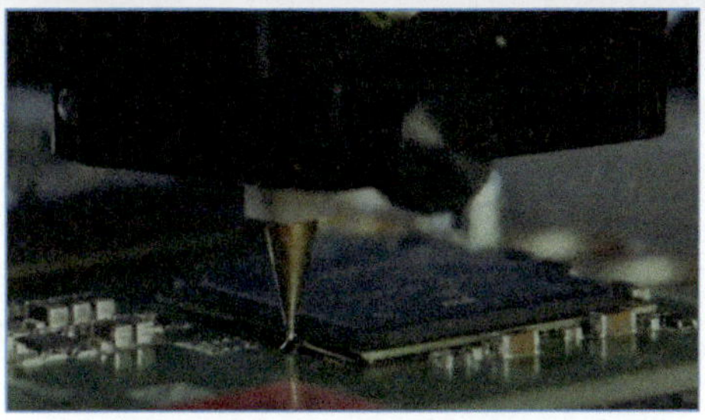

6-3. 실습

- **Thermo-sonic Bonding**

1) Wire 접합을 위한 초기 단계 (capillary, wire 결합)
2) 전기 방전으로 볼 형성 (방전의 세기에 따라 ball의 크기는 달라짐)
3) Capillary 이동
4) Ball wire를 칩에 누르고 초음파를 발생시켜 chip과의 1차 bonding 형성 (열, 초음파 파워, capillary를 통해 ball과 wire를 누르는 힘, 초음파 유지 시간을 조절하여 bonding)
5) Capillary를 이동하며 loop 형성 (loop는 짧을수록 좋지만, 너무 팽팽하면 wire가 꺾일 수 있고 접촉 불량이 발생할 수 있으므로 주의)
6) 2차 bonding 형성
7) Capillary lift up
8) Clamp로 wire를 잡아당겨 wire 절단
9) 다음 접합을 위한 ball 형성 순으로 진행

6-3. 실습

- Flip chip Bonding

1) Wafer Preparation :
- Wafer 상에 solder bump 형성 (electroplating, ball placement 등)
- Solder 표면에 flux 도포 or fluxless 처리
2) Chip Pick up : flip chip bonder가 chip을 pick up
3) Flip : solder bump가 아래로 향하게 뒤집음
4) Alignment : chip bump pattern과 기판의 pad patter을 micrometer급 정밀도로 정렬
5) Chip Placement :
- 정확한 위치에 chip을 부드럽게 배치
- 일부 장비는 pre-tacking(예열 + 약한 고정) 수행
6) Reflow :
- Solder bump를 녹여 chip과 기판을 전기 · 기계적으로 접합
- N_2 분위기 or 진공 reflow 사용
7) Flux Cleaning : flux 잔여물 제거 (물 세정, solvent 세정 등)
8) Underfill Dispensing : chip 가장자리에 underfill 수지를 dispending → 모세관 현상(액체가 좁은 관을 따라 상승 · 하강 하는 현상)으로 bump 사이 채움
9) Curing : oven에서 일정 온도, 시간 동안 열을 가해 underfill 수지를 경화

6-3. 실습

10) Inspection Test
- X-ray, AOI(Automated Optical Inspection)로 bump 접합 상태와 underfill 충전 상태 확인
- Electrical test

7. Molding

1. 이론
2. 장비
3. 실습

7-1. 이론

- **Molding**

Molding은 chip과 lead frame(또는 substrate)을 외부 환경으로부터 보호하기 위해 EMC(Epoxy Mold Compound)로 봉지(encapsulation)하는 공정

- **목적**
- **물리적 보호 : chip, wire, bonding부 등을 외부 충격, 긁힘 등으로부터 보호**
- **환경적 보호 : 습기, 먼지, 화학물질, 산화 등으로 인한 성능 저하 방지**
- **전기적 절연 : chip과 외부 사이의 전기적 절연을 확보**
- **열 방출 : chip이 동작할 때 발생하는 열을 효과적으로 방출**
- **기계적 강도 부여 : package의 구조 강도를 높여 취급·운송 중 파손 방지**

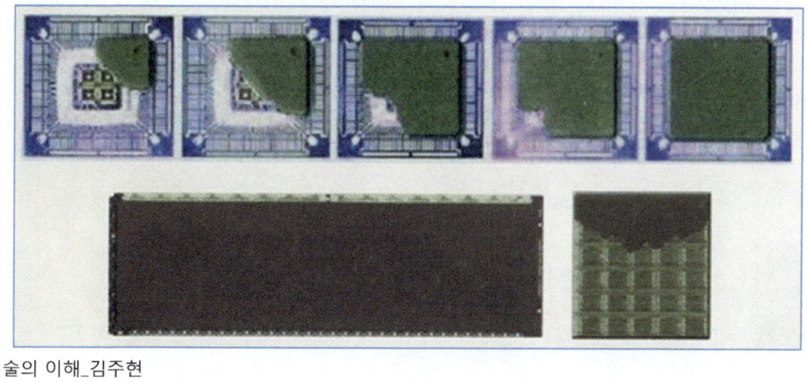

자료출처-반도체 산업과 기술의 이해_김주현

7-1. 이론

- 재료 (EMC)
- Epoxy 수지 + silica filler + 경화제 + 첨가제
  → 낮은 열팽창계수(CTE), 높은 기계적 강도, 낮은 수분 흡수율이 특징
- 열전도성과 난연성도 함께 고려

Tablet	Powder/Granule	Liquid

Transfer 몰딩	Compression 몰딩, wafer 몰딩	Wafer 몰딩

- Tablet 형태의 EMC는 transfer molding 방식에 주로 사용
- 가루(powder · granule) 형태의 EMC는 compression molding이나 molding할 크기가 큰 wafer molding에 주로 사용
- Liquid 형태의 EMC는 성형이 어려운 wafer molding에 사용
- WLCSP(Wafer Level Chip Scale Package)나 PLP(Panel Level Package)는 EMC를 film 형태로 만들어 진공 lamination 하는 방법 사용

자료출처-SKhynix

7-1. 이론

- Mechanism

- Transfer(이동형) molding : EMC를 가열해 연화(softening)시킨 뒤 금형의 러너(runner)와 게이트(gate)를 통해 chip 주위로 흘려 보냄 (대량 생산에 주로 사용)

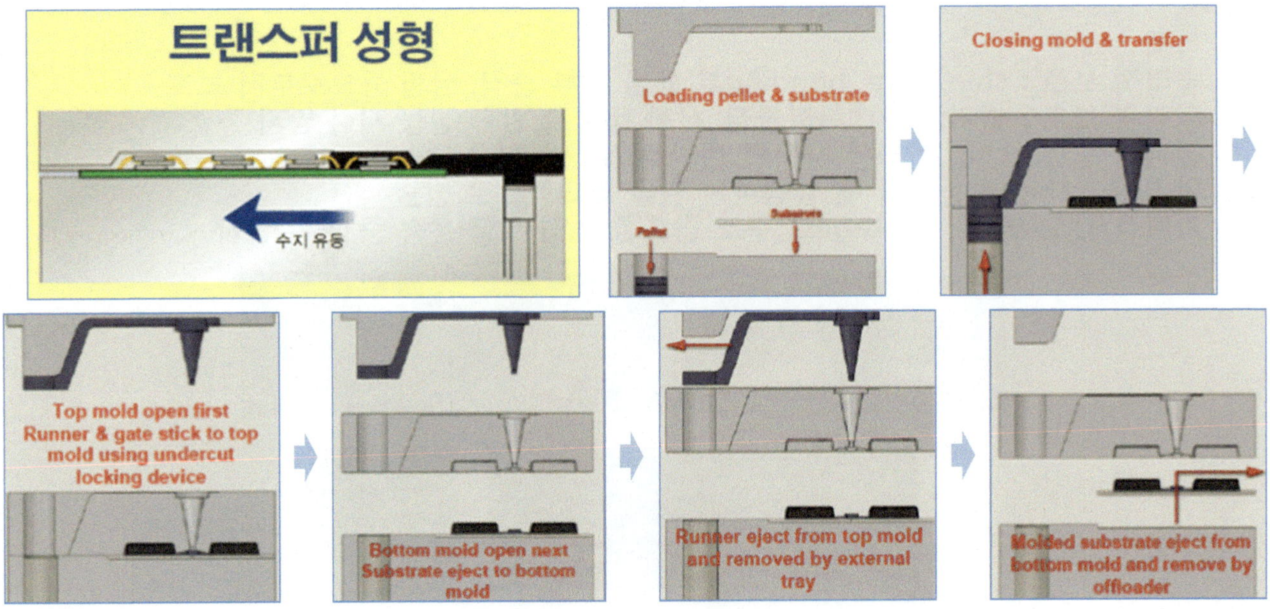

자료출처-SKhynix

7-1. 이론

- Compress(압축형) molding : 분말 또는 sheet 형태의 EMC를 칩 위에 얹고 금형에서 직접 눌러 경화 (wire 손상이나 발생을 줄일 수 있어 FCBGA, 고급 패키지에 적합)

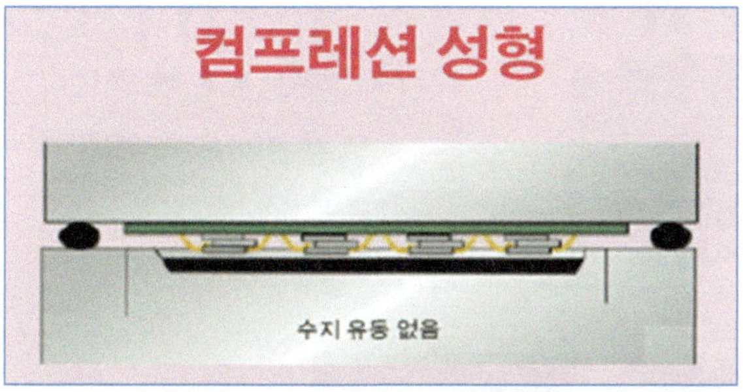

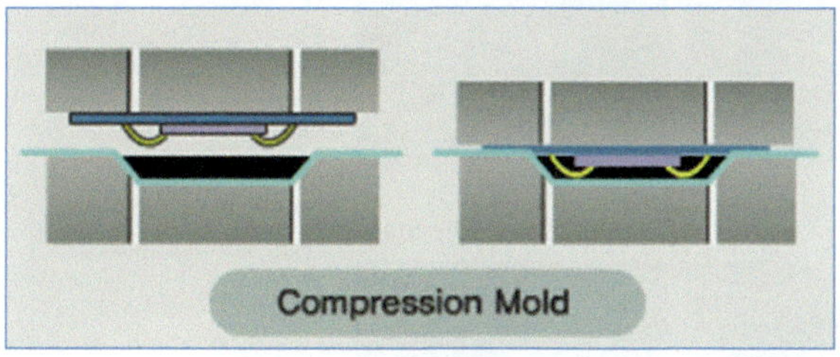

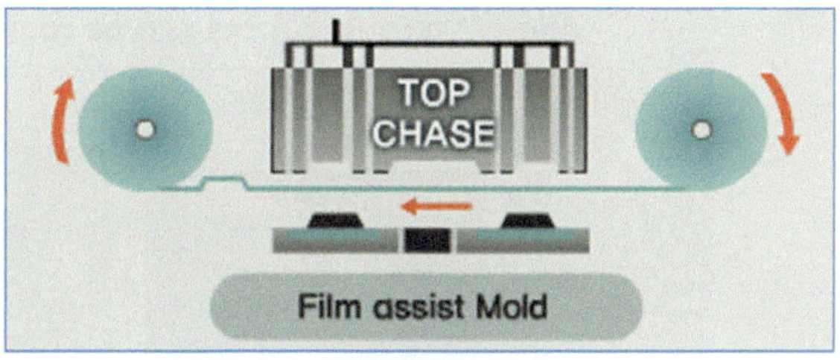

- Vacuum(진공형) molding : void 발생을 최소화 하기 위해 진공 장치를 이용
- Casting(주물형) molding : 액체 상태의 경화성 수지를 mold 형틀에 주입
- Glop top molding : 액체 상태의 경화성 수지를 chip · wire에 떨어트려 도포, dam&fill

자료출처-SKhynix

7-1. 이론

- Process

Plasma → Mold → PMC (Post Mold Cure)

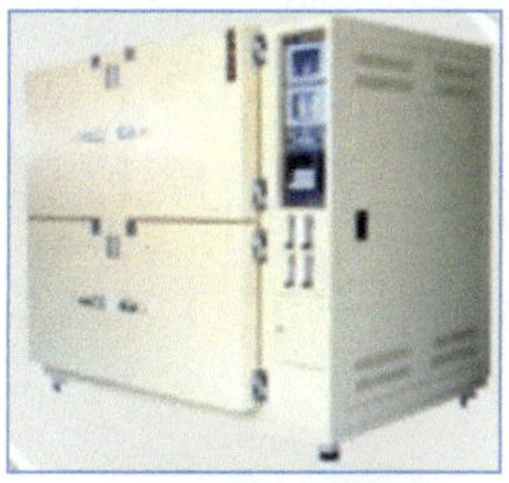

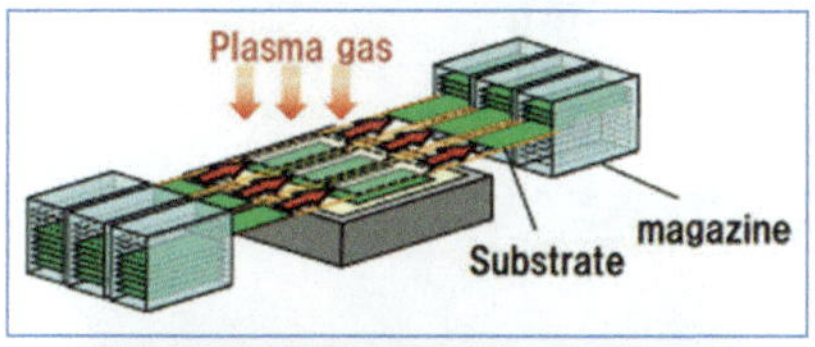

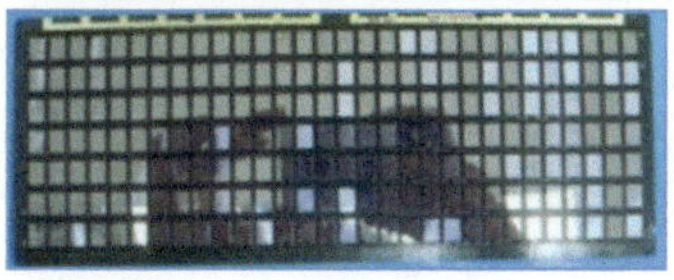

자료출처-HANAMICRON

7-1. 이론

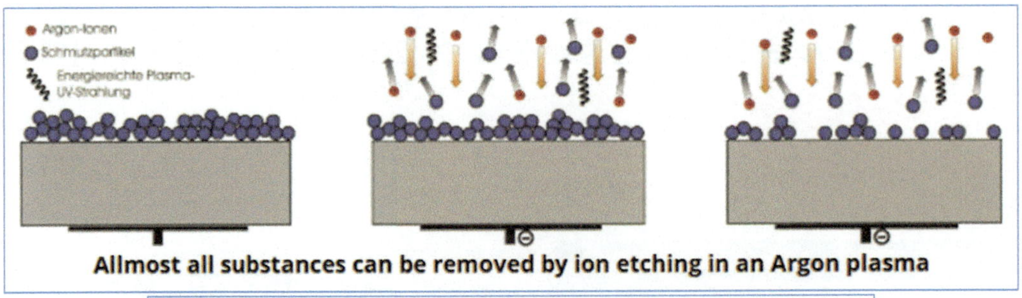

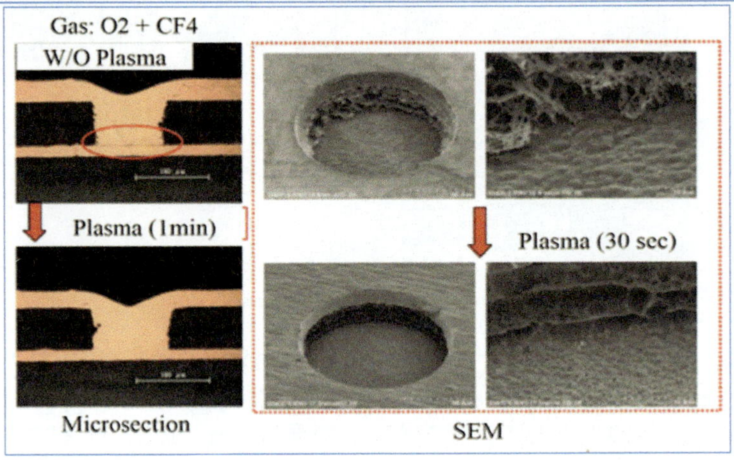

자료출처-diener electronic, (주)제4기텍

7-1. 이론

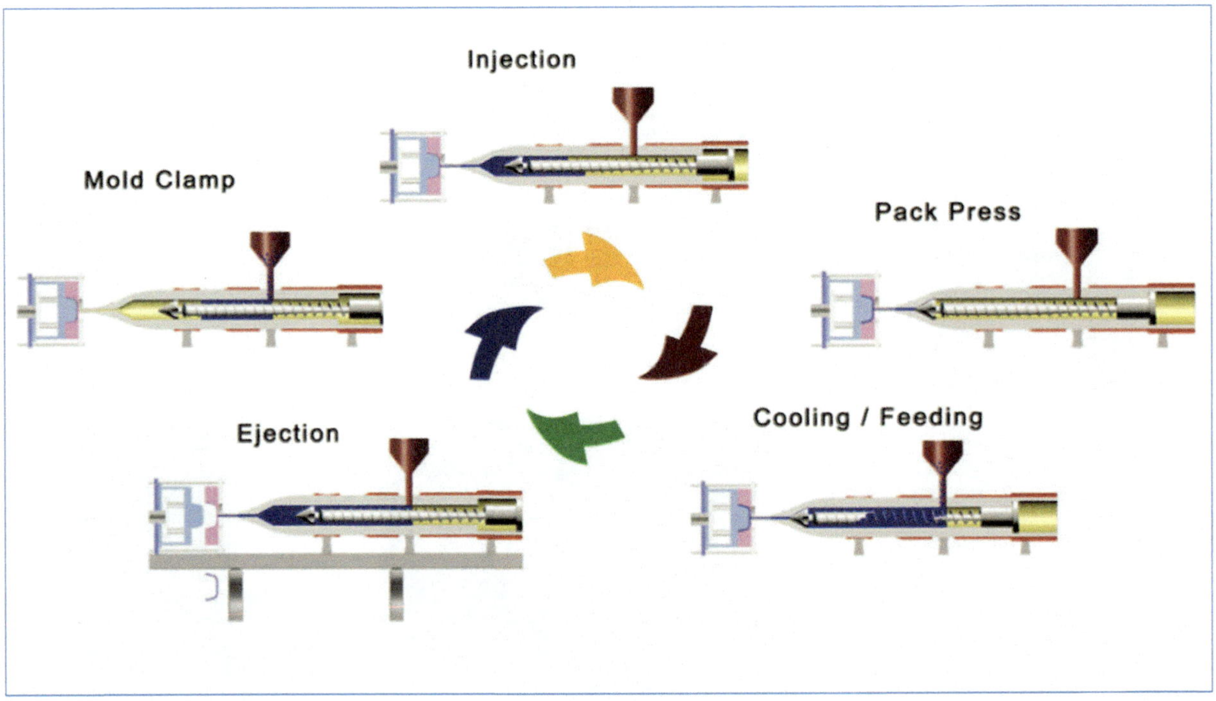

자료출처-Capable Machining

7-1. 이론

- **Error**

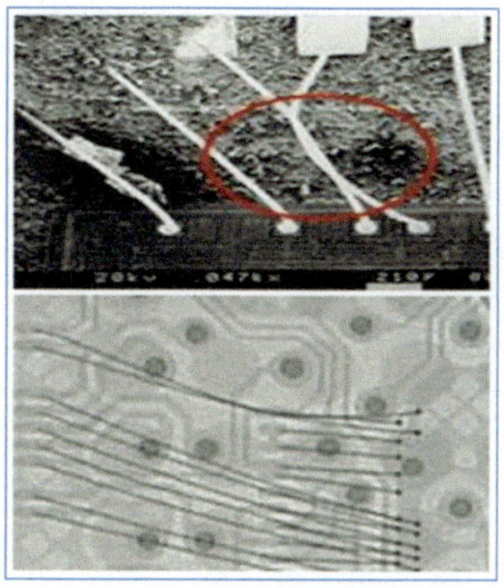

Wire sweeping

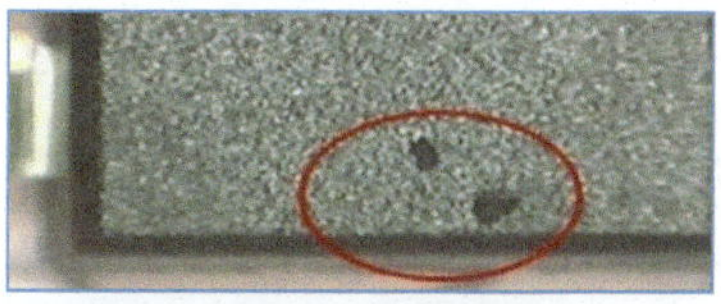

External Void

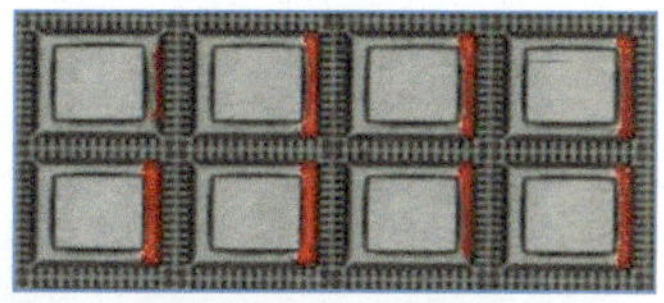

Delamination

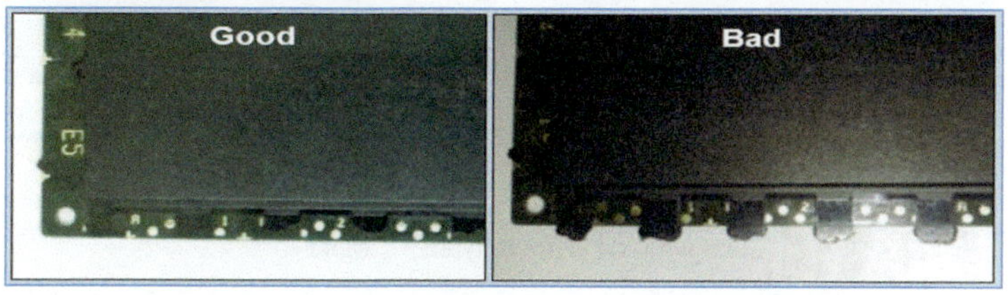

Burr

Warpage (smile type)

(crying type)

자료출처-HANAMICRON

7-2. 장비

- **Plasma Cleaner**

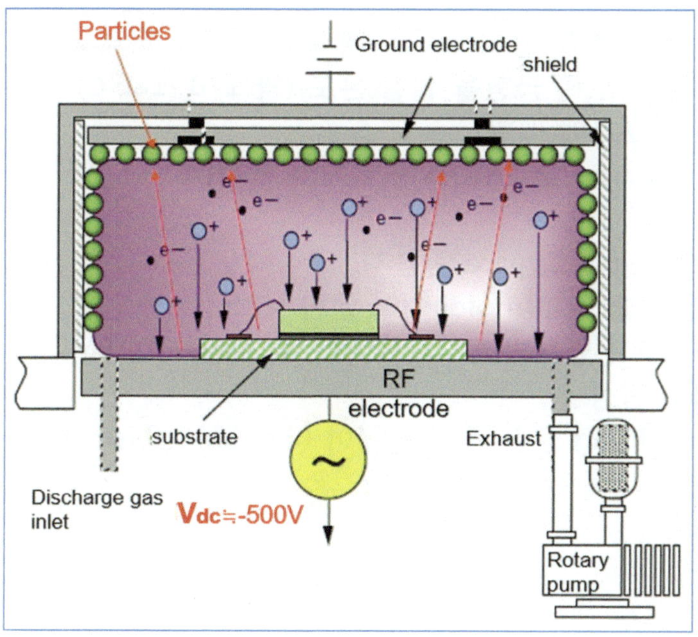

자료출처-Keylink Technology

7-2. 장비

- **Injection Molding Machine**

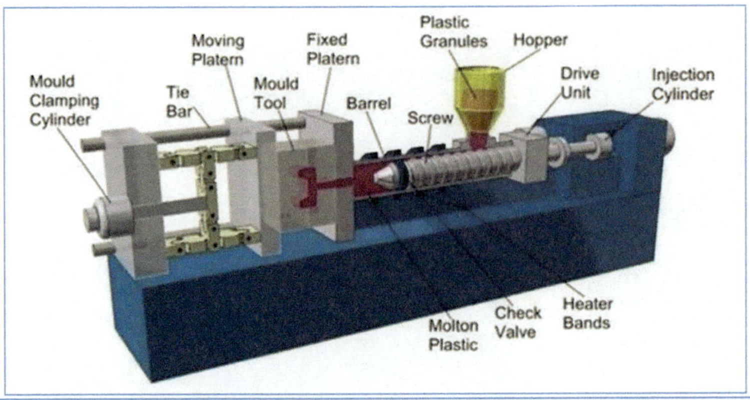

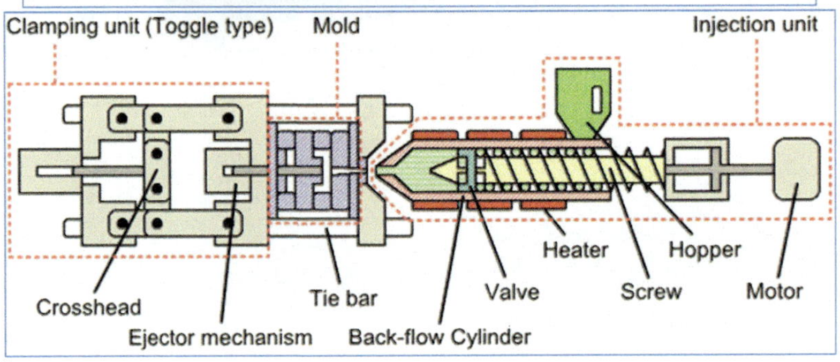

자료출처-Pinterest, Ployplastics

7-3. 실습

- **Transfer Molding**

1) **Lead Frame Loading : molding 장비의 하부 금형(cavity)에 lead frame 적재**
2) **Pre-heating : EMC가 잘 흐르고 경화 되도록 금형을 설정 온도 (약 170~180℃)로 예열**
3) **EMC 투입 : 고체 형태 EMC를 금형의 포트에 배치**
4) **Transfer Molding : 가열된 플런저(plunger)로 EMC를 연화시켜 러너(runner)와 게이트(gate)를 통해 금형에 주입**
5) **Curing : 금형 안에서 EMC가 경화되어 chip과 wire를 봉지**
6) **De-molding(금형 개방 및 배출) : 금형을 열고 molding이 끝난 lead frame을 꺼냄**
7) **Post Mold Cure(후경화) : 오븐에서 추가 열처리 (150~175℃, 수 시간)하여 EMC의 기계적 강도 · 내습성 · 열적 안정성을 향상**
8) **플래시(Flash) 제거 및 표면 정리 : molding 금형 틈새로 새어 나온 EMC flash 제거**

8. Trim & Form

1. 이론
2. 장비
3. 실습

8-1. 이론

- **Trim**

Trim은 주로 lead frame package에서 이루어지는 단계로, 성형(forming) 공정 이전에 불필요한 lead를 절단(trim)하는 공정

Package를 서로 연결하고 있는 bar · dam-bar 같은 불필요한 금속 부분을 절단하여 각 package를 독립된 전기적 단위로 분리

- **도금 전 trim : lead frame의 dam-bar가 제거된 부분도 도금이 되지만, 도금 공정 후 handling이 감소되어 lead 표면 상태를 우수하게 함**
- **도금 후 trim : 금형의 punch나 die의 마모에 의한 burr 발생을 감소시킬 수 있음**

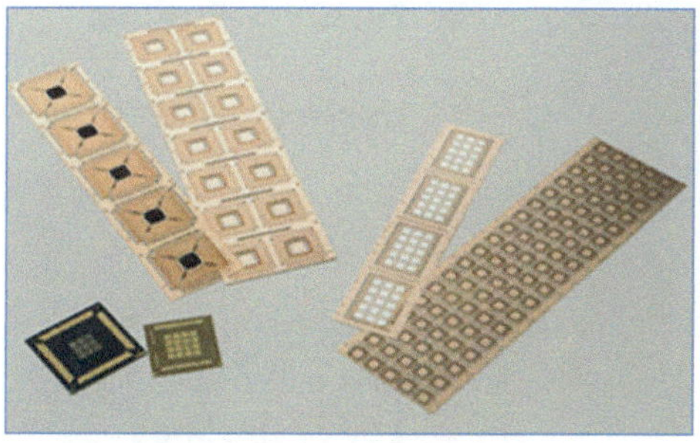

자료출처-JIANKE DIANZI

8-1. 이론

● From

Form은 lead frame package의 lead를 전기적으로 독립시킨 후, 납땜(soldering) 및 실장(mounting)이 가능하도록 소정의 형상으로 절곡(bending, forming)하는 공정

- 공정
- Lead frame의 사이드 레일(side rail) 절단
- Lead length 절단
- Singulation
- 전 성형(pre-form) : 예비로 리드 형상 변형
- 최종 성형(final form) : 완성된 리드 형상을 만드는 단계

자료출처- 반도체 산업과 기술의 이해_김주현

8-2. 장비

● Trim Form System

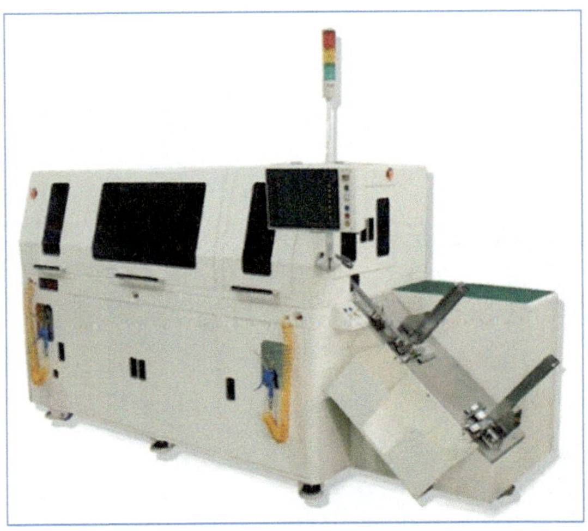

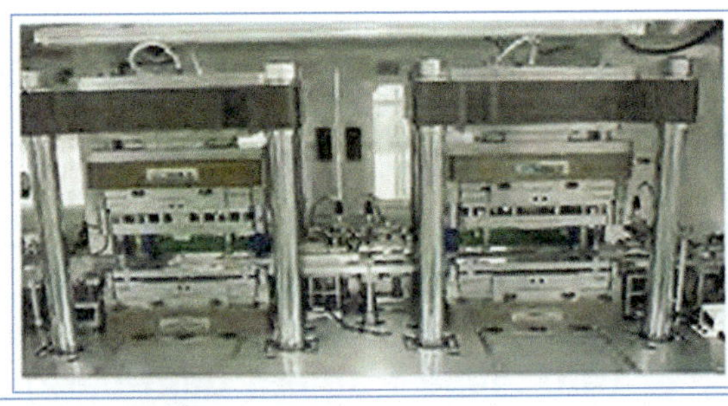

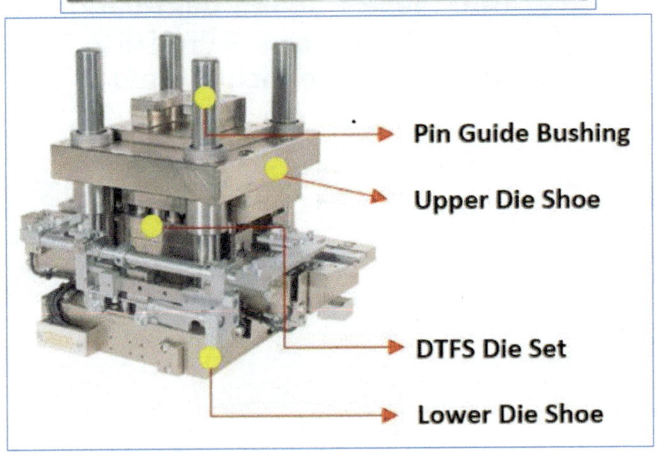

자료출처-SAMIL, YAMAHA

8-3. 실습

1) Strip Loading : auto loader에 molding이 완료된 형태의 strip을 장비에 loading
2) Alignment : camera · vision system을 이용해 절단 · 성형 위치를 인식 및 정렬
3) Trim : punching tool로 bar · dam-bar 절단, 각 lead를 전기적으로 독립시킴
4) Form : trim 후 독립된 lead를 지정된 각도 · 길이 · 형태로 절곡(bending), lead의 평탄도(coplanarity) 확보
5) Unloading : 완료된 개별 package를 tray 또는 magazine에 자동 배출
6) Inspection : lead 치수 검사(length, pitch, coplanarity, 변형 여부 등)

9. Plating

1. 이론
2. 장비
3. 실습

9-1. 이론

● **Plating**

Plating은 package의 lead frame이나 solder ball interconnection, 전극 단자(pad) 등에 금속층을 입히는 공정으로, 주로 electroplating(전해 도금 : 전기화학적 도금) 또는 electroless plating(무전해 도금 : 화학적 도금) 방식으로 진행하는 공정

- **목적**

- **전기적 특성 향상 : 전기 전도성을 높임, 접촉 저항(contact resistance) 감소**
- **Solder 접합성(wettability) 확보 : 납땜 시 잘 젖어 들게 하여 신뢰성 높은 접합**
- **내식성(corrosion resistance) 향상 : 금속 표면이 산화되는 것을 방지**
- **기계적 신뢰성 : solder ball mount, wire bonding, 외부 전극 연결에서 기계적 강도 확보**

자료출처-Besi

9-1. 이론

● Mechanism

• Electroplating(전해 도금)
- 외부 전원을 이용해 금속 ion을 전극(lead frame, Cu pad)에 환원시켜 plating
- 대량 생산에 적합, 도금 두께 제어에 용이

• Electroless Plating(무전해 도금)
- 화학 반응만으로 금속층 형성
- 균일한 도금 두께 확보 가능, 전기가 닿지 않는 복잡한 구조에도 적용 가능

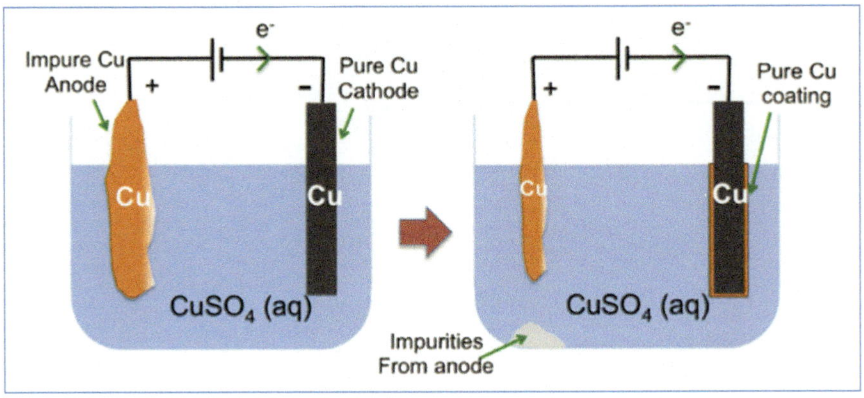

Electroplating

자료출처-Mono Mole

9-1. 이론

• 도금 금속 종류
- Ni(니켈) : 확산 방지층(barrier layer), 기계적 강도 보강
- Pd(팔라듐) : 부식 방지, wire bonding 시 접합성 개선
- Au(금) : 산화 방지, wire bonding 시 접합성 우수
- Ag(은) : 전도성 및 납땜성 우수
- Sn(주석) : lead frame, BGA 단자 등의 납땜용 마감층

• 도금 공정 예시
- Ni+Pd+Au plating : 일반적인 반도체 package 전극 표면 처리 방식
- Ni+Au plating : BGA, CSP 단자
- Ag plating : QFN, lead frame package
- Sn plating : 친환경 pb-free soldering 대응

9-1. 이론

- **Error**

Delamination

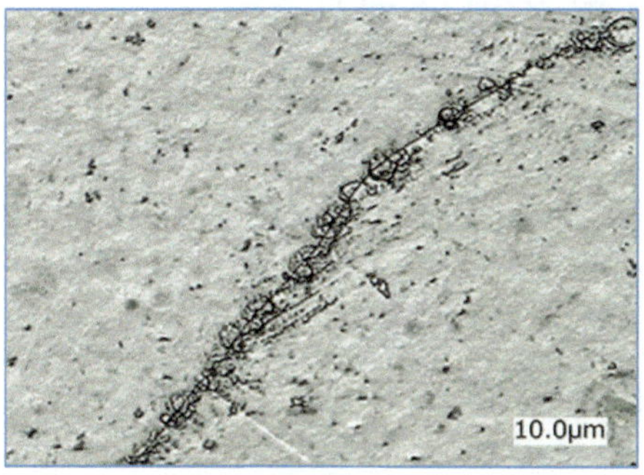

Crack

Particle

자료출처-HANAMICRON

9-2. 장비

- **Plating System**

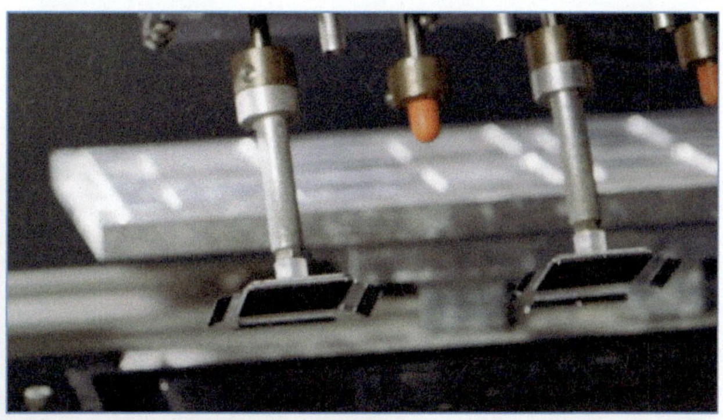

자료출처-Rocherster electronics

9-3. 실습

1) Loading 장비 : lead frame, strip, panel 등을 plating line에 투입
2) Pre-treatment(전처리) 장비
- Degreasing (세정) : 유기 오염물, 오일 제거
- Acid Cleaning · Pickling : 금속 산화층 제거
- Etching : 표면 거칠기 조절 및 활성화
3) Activation(활성화) 장비 : 촉매 용액 처리 (특히 무전해 도금 시 필요), 금속 이온이 잘 석출되도록 표면 화학적 활성화
4) Barrier Metal Plating 장비 : (예: Ni) Ni plating으로 barrier layer(확산 방지막) 형성
5) 표면 도금 장비 :
- Pd Plating : Ni 위에 얇게 도금해 부식 방지 및 접합성 향상
- Au Plating : 산화 방지 및 wire 접합성 확보
- Sn Plating : soldering용 최종 마감층
6) Rinse 장비 : 도금 후 DI water rinse → 금속 이온·화학물질 제거, 여러 단계의 bath를 거침
7) Drying 장비 : hot air dryer 또는 spin dryer로 수분 제거
8) Unloading : magazine 또는 tray에 완성된 제품 적재

10. Solder Ball Mount

1. 이론
2. 장비
3. 실습

10-1. 이론

- **Solder Ball Mount**

Solder Ball Mount는 solder ball(구 형태의 납땜 볼)을 이용하여 package(BGA, CSP 등)를 기판(PCB)에 장착하는 공정

- **목적 및 특징**
- **전기적 신호 연결 : 주로 BGA(Ball Grid Array) package에서 사용되며, 일정한 배열로 붙여서 전기적 신호를 전달**
- **장점 : 고집적, 신호 전송 개선, 작은 form factor(제품의 구조화된 형태)**
- **단점 : 수리가 어려움, 공정 완료 후 비파괴 검사(x-ray 등) 필요**

BOC

FBGA

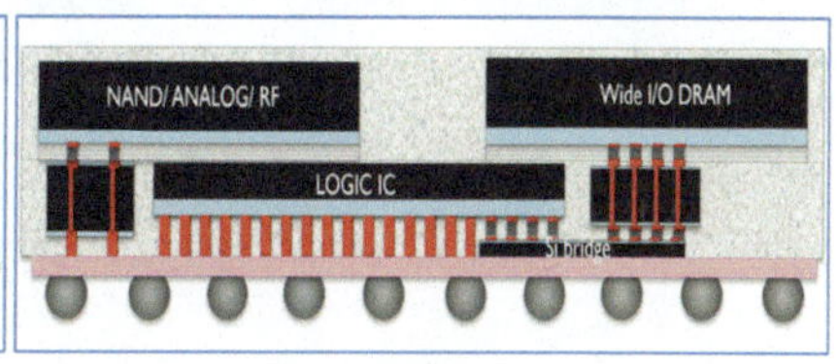

MCP

- **BOC(Board on Chip) : PCB에 chip을 직접 장착하는 package**
- **FBGA(fine Ball Grid Array) : PCB에 ball pad를 더욱 고집적화 시킨 package**
- **MCP(Muti Chip Package) : 여러 기능의 chip을 하나로 집적한 package**

자료출처-EESemi, IMEC

10-1. 이론

- **Solder Ball**

Solder ball은 납(solder)으로 만든 아주 작은 구형 금속 ball로, chip과 기판 사이의 전기적 · 기계적 연결을 형성하는 역할

- 특징
- 크기 : 보통 수십~수백um
- 형상 : 구 형태를 이룸
- 용도 : 전기적 회로 연결, chip을 안정적 고정, chip에서 발생한 열을 기판으로 전달
- 재료 : Sn 합금 (예, SAC(Sn + Ag + Cu))
- 형성 방식 : solder paste 인쇄 → reflow 공정에서 녹아 표면장력으로 구형 형성, WLCSP의 경우 wafer 단위에서 solder ball을 형성 후 절단
- 적용 package : BGA, FBGA, CSP, WLCSP, BOC, MCP 등

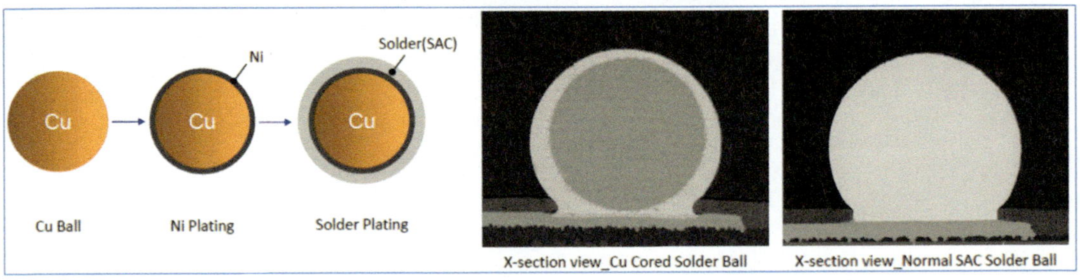

10-1. 이론

- **Process**

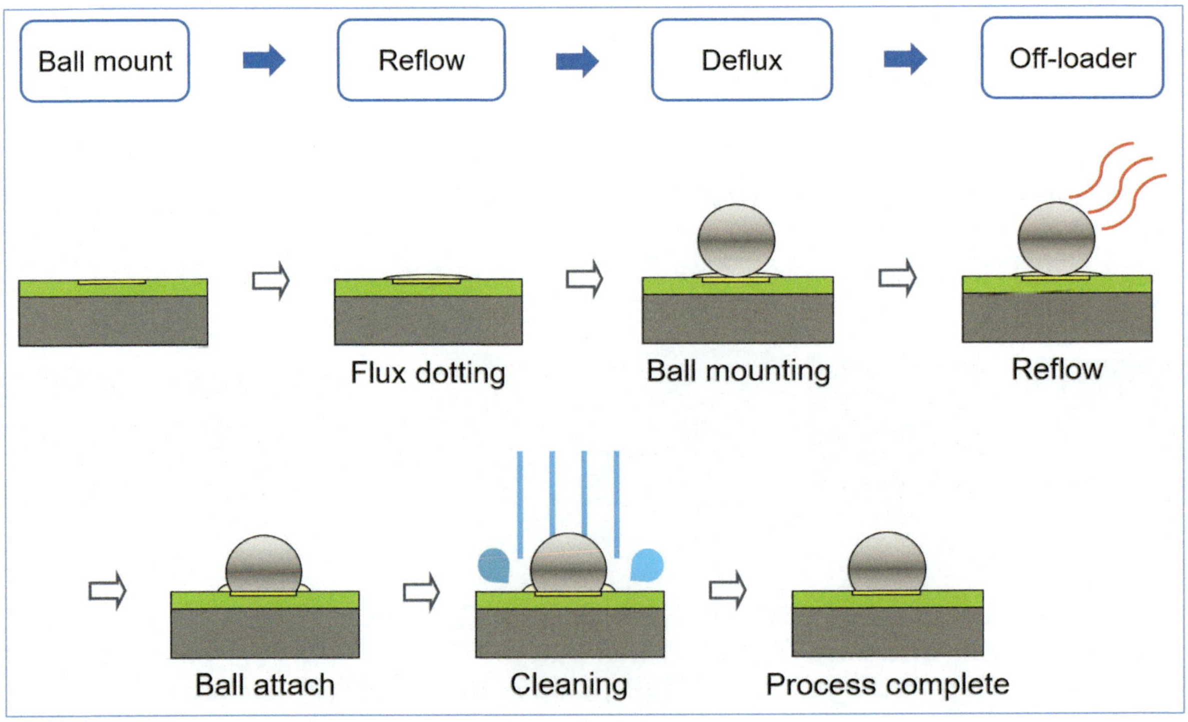

자료출처-HANAMICRON

10-1. 이론

- Flux Dotting
- Flux를 flux plate에 공급 → flux dotting pin으로 흡입 → solder ball pad에 dotting
- Parameter : 압력(강할수록 더 많은 양이 공급), 시간(길수록 더 많은 양이 공급)

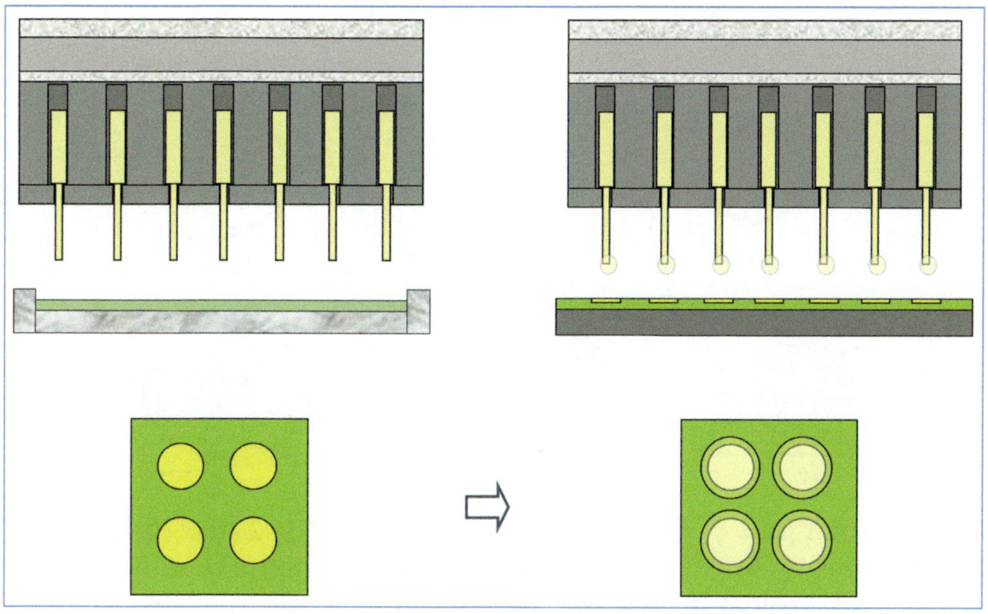

자료출처-HANAMICRON

10-1. 이론

- Ball Mount
- Ball box를 진동시켜 ball을 흩어 줌 → 진공 이용 pick up → solder ball pad에 장착
- Parameter : 압력(너무 강하면 이중 ball pick up 원인), 낙하 높이(적절한 높이가 확보되어야 정확도 보장)

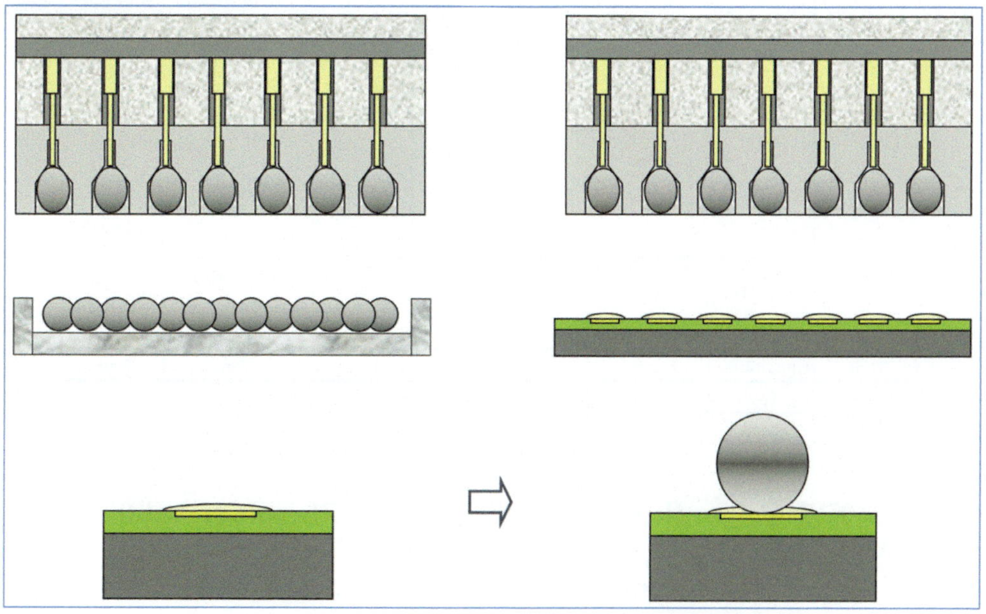

자료출처-HANAMICRON

10-1. 이론

- **Inspection Point**

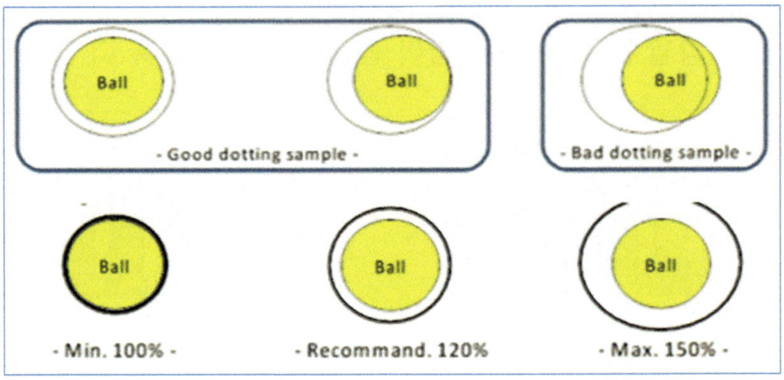

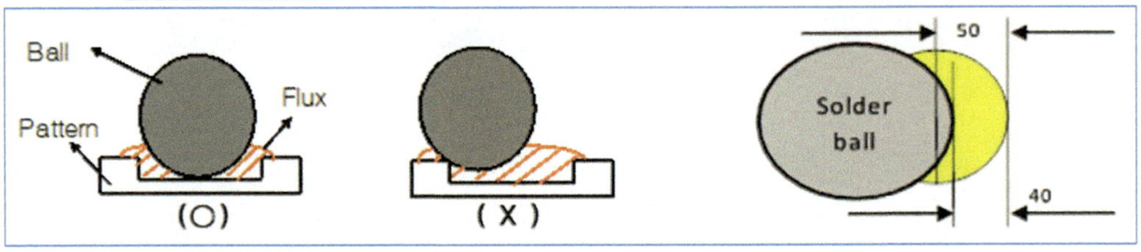

- **Flux는 solder ball pad 위에 정확히 dotting되어야 하고, 120% 범위가 일반적임**
- **Solder ball은 pad에 정확히 장착되어야 하고, bridge ball이나 missing ball이 되지 않도록 ball land 중심 기준 40% 이하여야 함**

자료출처-HANAMICRON

10-1. 이론

- **Reflow**

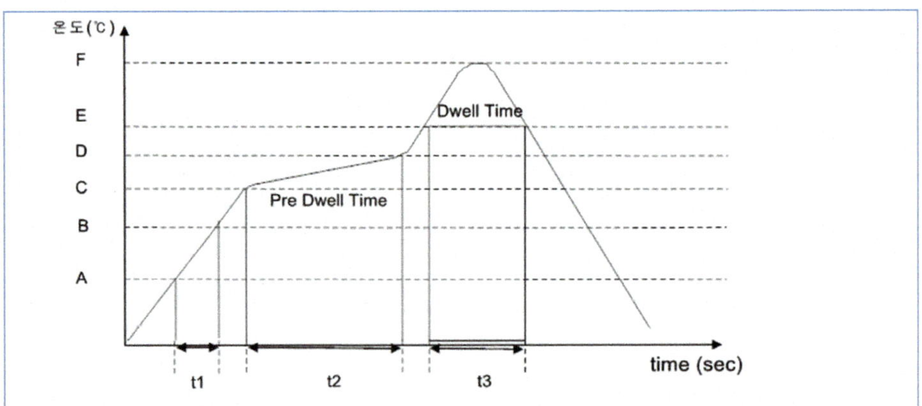

- 온도 Set up point (Temp. setting point) [Temp. range : ± 5'C]

Zone	Position	Zone 1	Zone 2	Zone 3	Zone 4	Zone 5	Remark
Setting 온도	Top	180	158	158	210	239	-
	Btm	180	158	158	210	239	

- **Preheat Area(예열 구간) : flux 활성화 및 산화막 제거, solder ball이 녹기 전 package를 사전 가열**
- **Dwell Zone(유지 구간) : solder ball이 녹아 ball pad에 부착 됨**

자료출처-HANAMICRON

10-1. 이론

- **Mechanism**

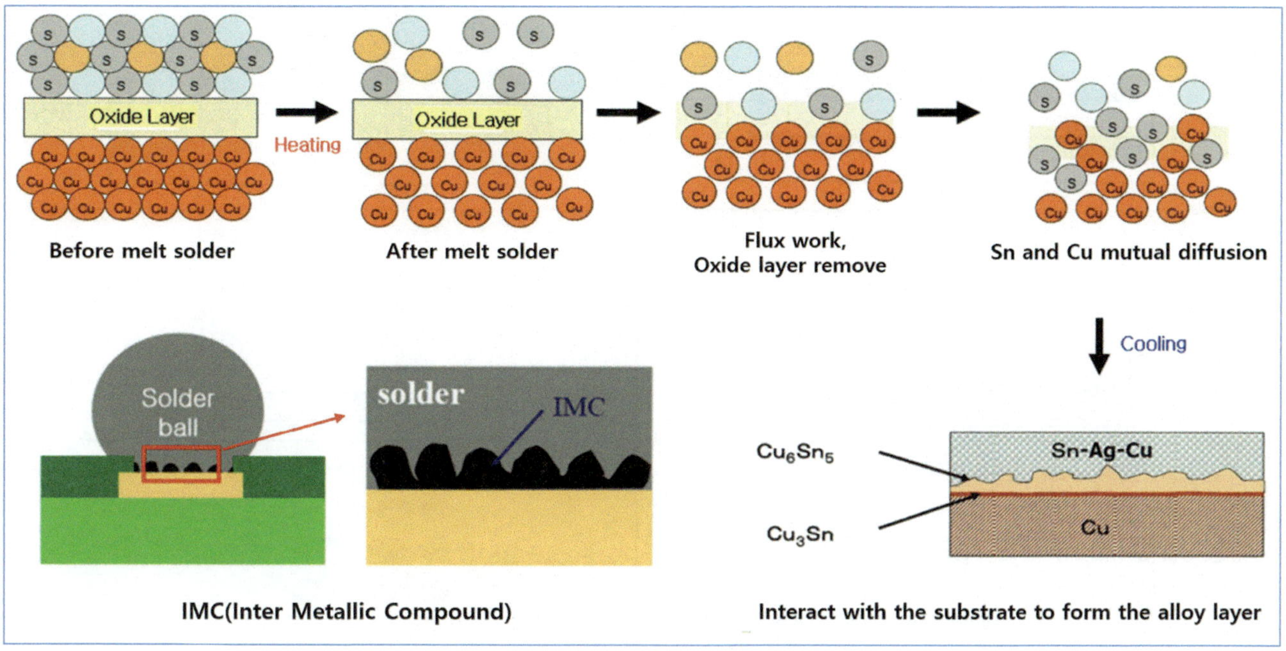

자료출처-HANAMICRON

10-1. 이론

- **BST(Ball Shear Test)**

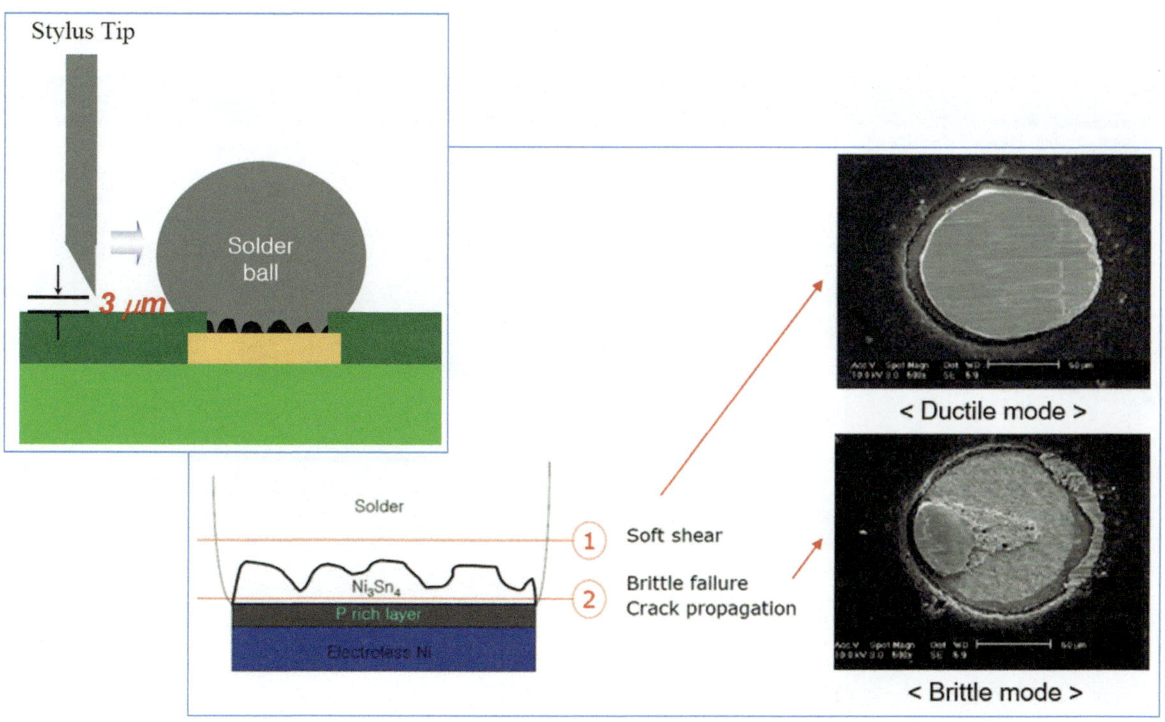

자료출처-HANAMICRON

10-1. 이론

- Error

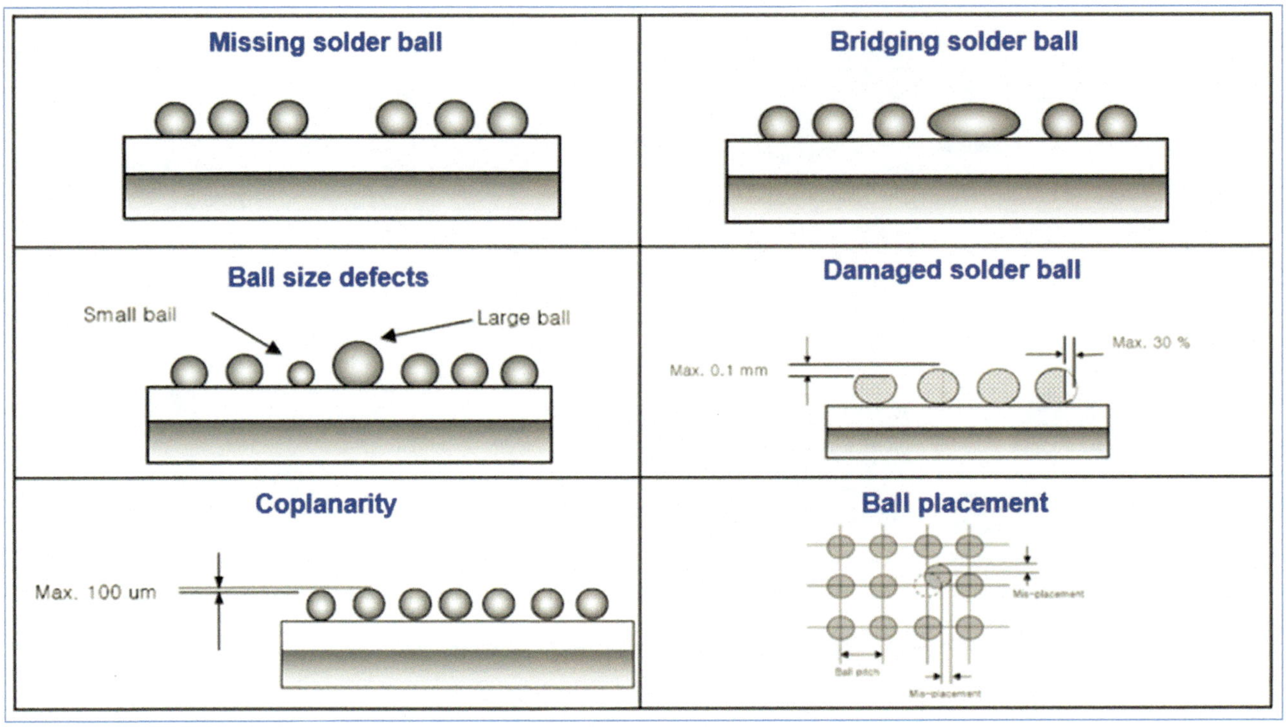

자료출처-HANAMICRON

10-2. 장비

- Solder Ball mount, Reflow Oven, Deflux Machine, Unloader

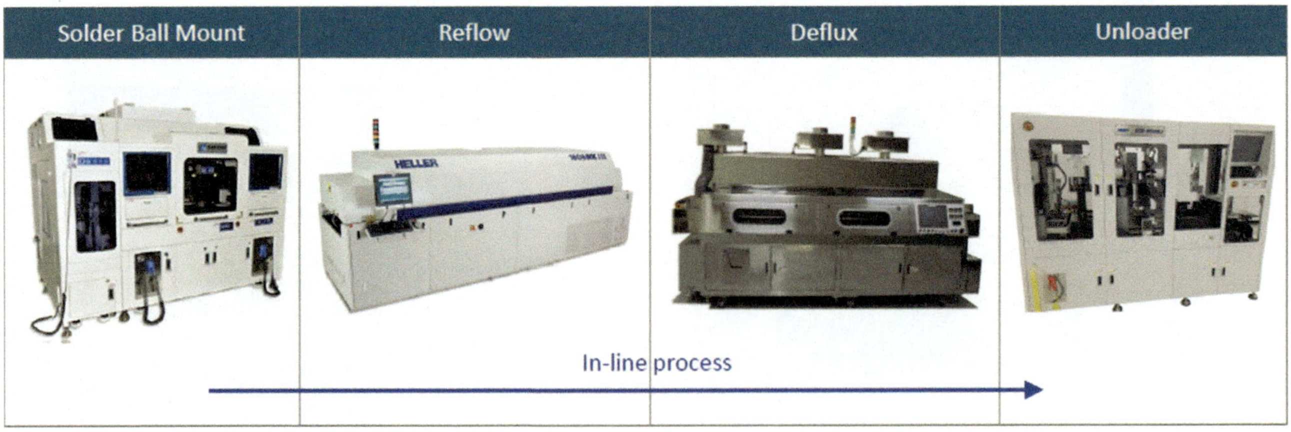

자료출처-SNP tech

10-3. 실습

- Solder Ball Mount

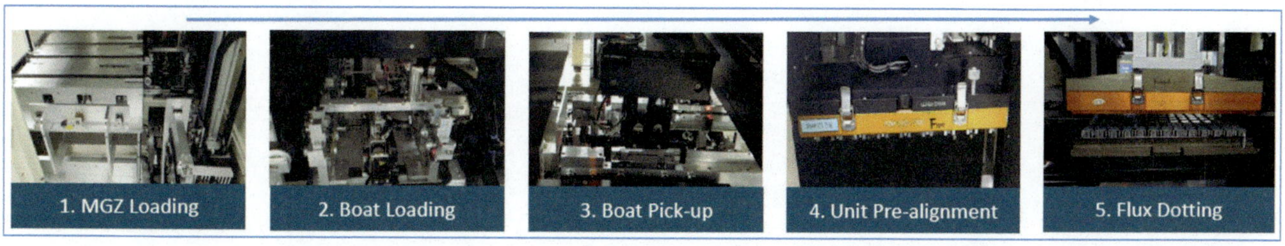

1) Magazine Loading : 장비가 자동으로 solder ball을 공급받기 위해 solder ball이 담긴 magazine을 장착
2) Boat Loading : unit(package, PCB)을 reflow 또는 mount 영역으로 이동시키기 위해 solder ball이 장착될 boat(tray)를 장비 내부로 넣음
3) Boat Pick up : unit을 정확한 작업 위치로 이동시키기 위해 boat를 loading 위치로 이동
4) Unit Pre Alignment : 정확도를 높이기 위해 solder ball mount 전에 package의 위치와 방향을 미리 맞춤
5) Flux Dotting : 산화막을 제거하고, wettability향상을 위해 package 기판의 solder pad 위에 flux 도포

10-3. 실습

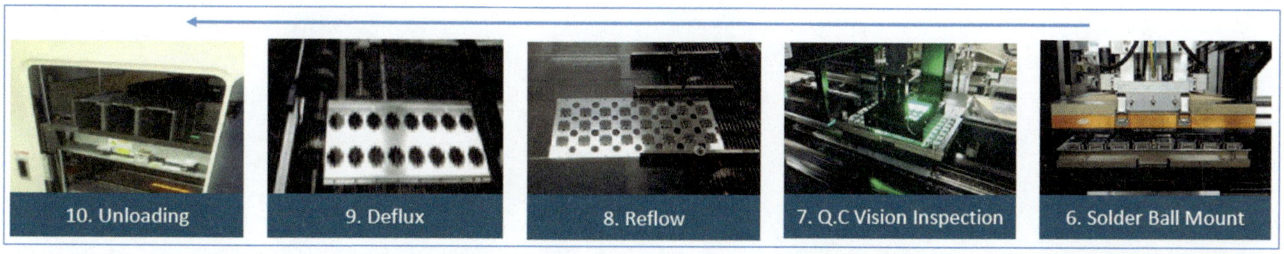

6) Solder Ball Mount : solder ball을 pick & place 방식으로 각 pad 위치에 정확히 배치
7) QC Vision Inspection : solder ball이 정확하게 배치 되었는지를 카메라를 통해 확인
8) Reflow :
- Preheat Zone : solder ball 산화막 제거 및 package를 soler melting point 직전까지 가열
- Dwell Zone : solder ball과 pad 금속 간에 금속간화합물(IMC) 형성 결합
9) Deflux : 잔류 flux를 cleaning으로 제거
10) Unloading

11. Marking

1. 이론
2. 장비
3. 실습

11-1. 이론

- **Marking**

Marking은 반도체 chip이 패키징 된 후 package 상단 표면에 제품 관련 정보를 식별할 수 있도록 표시하는 공정
일반적으로 laser marking과 inkjet marking 방식으로 진행

- **주요 정보**
- **제조사 logo · 이름**
- **제품명**
- **부품 번호**
- **제조 이력 추적용 번호**
- **제조 연월**
- **추가정보**

- **X50BDSZ25832 : customer requirement**
- **ST : Samsung TLC (memory name)**
- **28G : 2srack 8GB**
- **P2210 : Phison 2210 (controller name)**
- **YJK318 : wafer lot number**
- **1101 : 2011, first week**

11-1. 이론

- Process

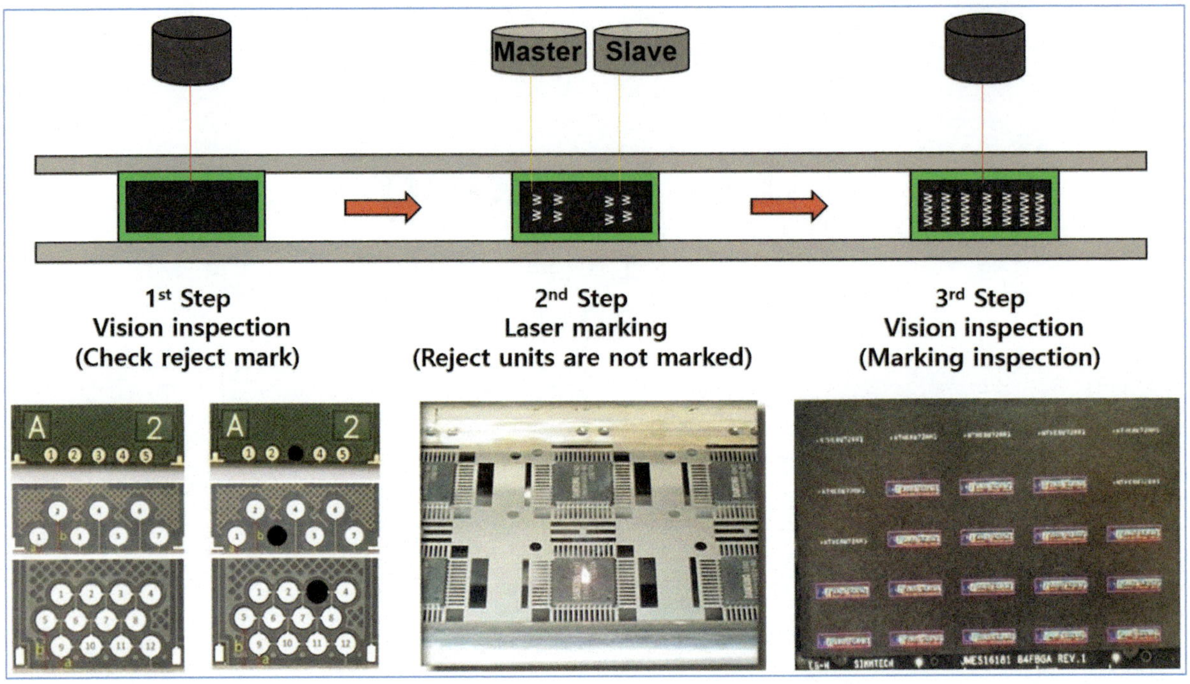

자료출처-HANAMICRON

11-1. 이론

- Marking Setup
  - Marking matrix (e.g. 6x2)
  - Number of segments (e.g. 1, 2, 3 or 4)
  - Unit size (e.g.12x12)
  - Check align
  - Draw marking

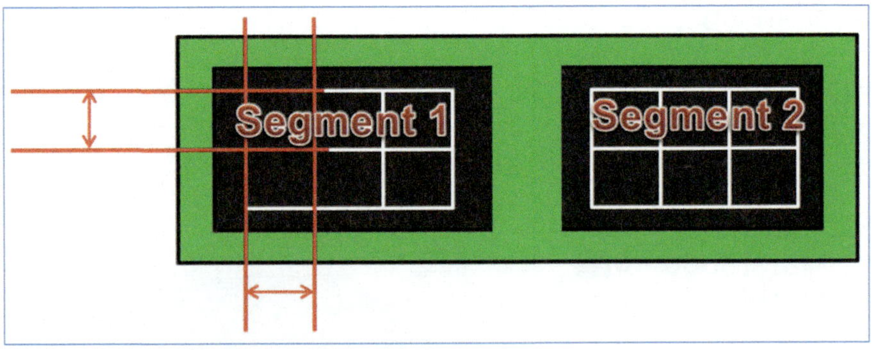

- General rule

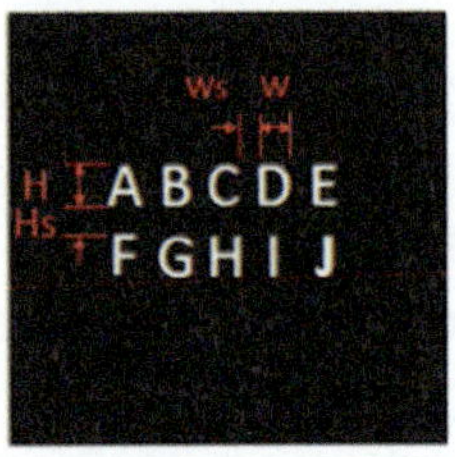

1Point	1/72 INCH = 352.81 um = 13.89 Mils
H	(1.0±0.1) Point Size (Height of character)
W	(0.70±0.1) H (Width of Character)
Hs	(0.30±0.1) H (Distance between two lines)
Ws	(0.20±0.1) W (Distance between characters)

자료출처-HANAMICRON

11-1. 이론

- Marking check point
- Position check : master & slave marking zone

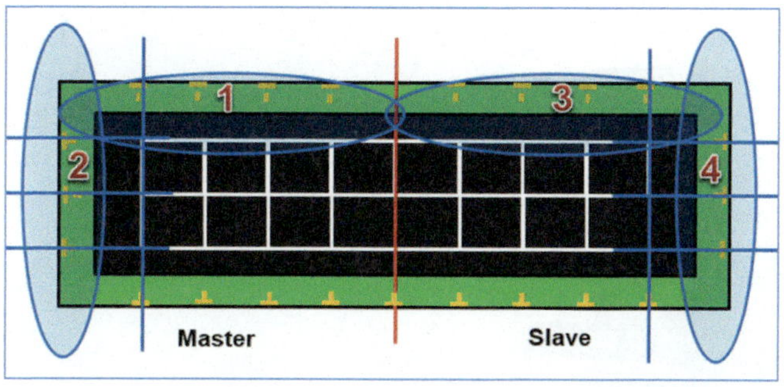

- Align check : 1, 2, 3, 4의 위치 확인, 정렬되지 않은 경우 마킹 point를 중심으로 조정

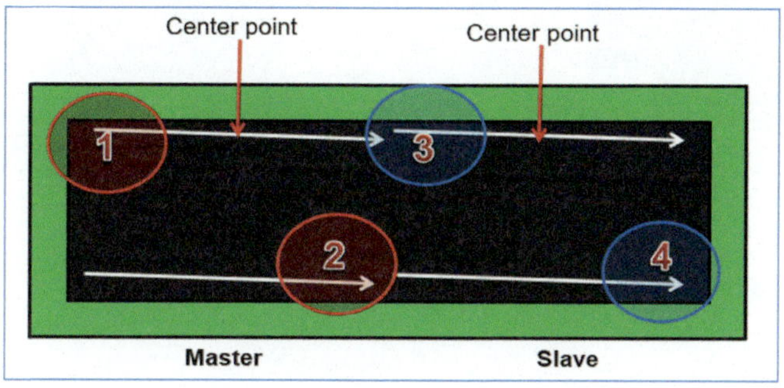

자료출처-HANAMICRON

11-1. 이론

- Error

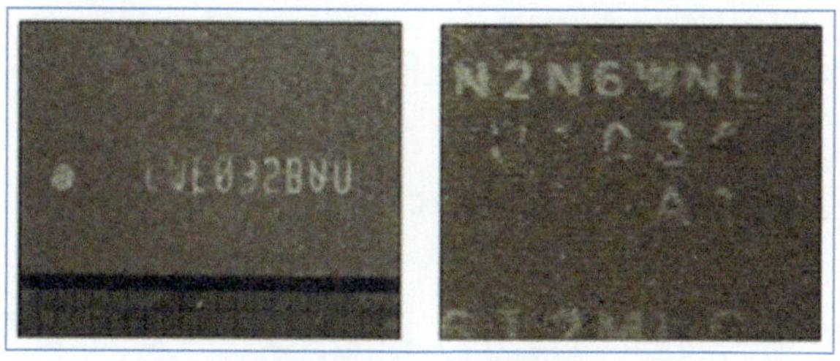

판독 불가 marking

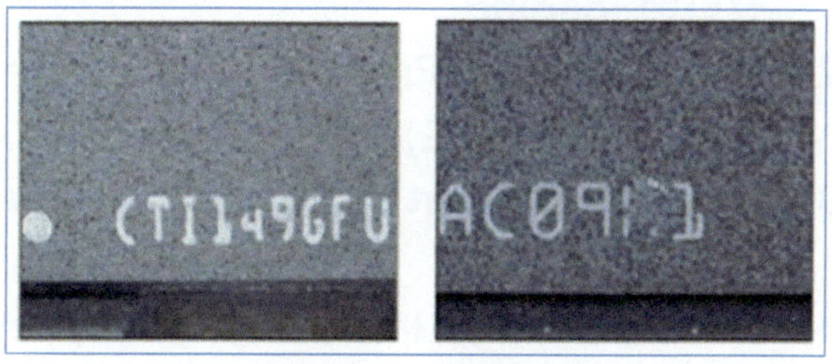

미완성 marking

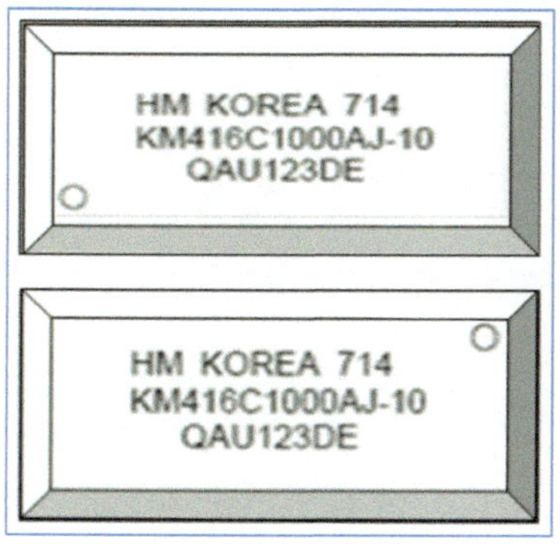

방향 error marking

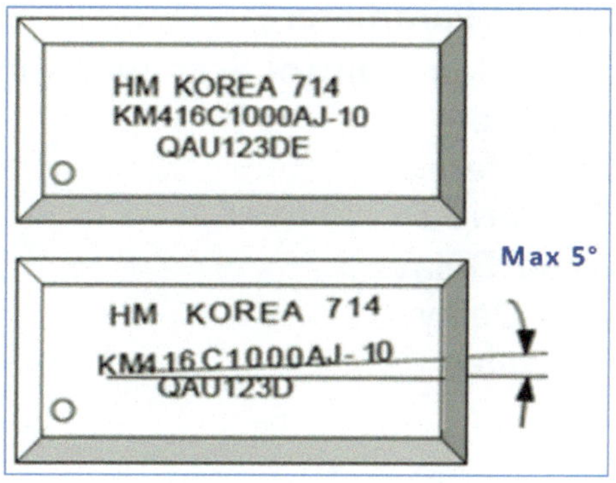

Mis-aligned marking

자료출처-HANAMICRON

11-2. 장비

- Laser Marking Machine

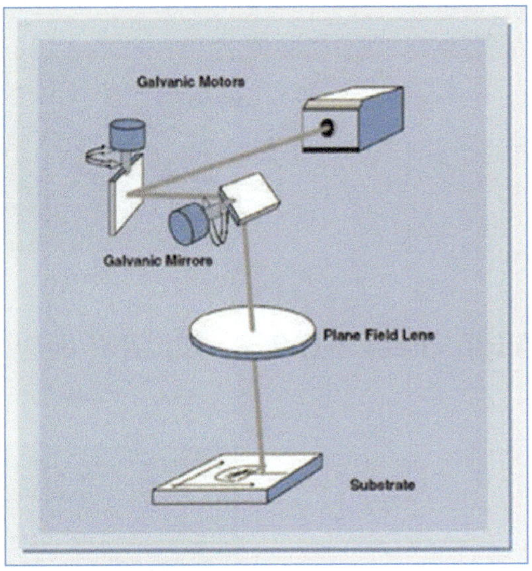

자료출처-4JMSolutions

11-3. 실습

1) Magazine · Boat Loading : tray(boat) 또는 magazine에 담긴 반도체 package를 장비에 loading
2) Unit Pick-up & Pre-Alignment : 로봇 arm이나 handler가 package를 집어 올려 X-Y 위치, θ(회전 각도)를 보정
3) Vision Alignment : 카메라로 package의 기준점(marking fiducial 또는 outline)을 인식
4) Laser Marking : laser(보통 YAG laser, fiber laser)를 사용하여 package 표면에 글자, 숫자, 로고 등을 각인

- Scanner Parameter
- To maintain control Scanner's motion
- Draw Step
- Jump Step
- Step Period
- Corner Delay
- Jump Delay
- Line Delay

11-3. 실습

- Laser Parameter
- To maintain control Laser's motion
- Laser On Delay
- Laser Off Delay
- Lamp Power
- Q-SW Frequency
- Q-SW Pulse Duty
- FPS(First Pulse Suppression) Delay

5) Post-Marking Vision Check : 카메라로 marking 상태(위치, 선명도, 번짐 여부)를 검사
6) Boat · Tray Unloading : marking이 끝난 package를 다시 boat나 magazine에 적재
7) Final Inspection : marking 글자 가독성, 정확성, 규격 준수 여부를 AOI(자동 광학 검사) 또는 수동 검사로 확인

12. Singulation

1. 이론
2. 장비
3. 실습

12-1. 이론

- **Singulation**

Singulation(or Package Sawing)은 여러 chip이 molding된 package 기판 상태를 절단하여 최종 개별 package로 분리하는 공정

- **절단 방식**
- **Diamond Blade Sawing**
- **Laser Sawing**

Strip **Unit**

12-1. 이론

- **Process**

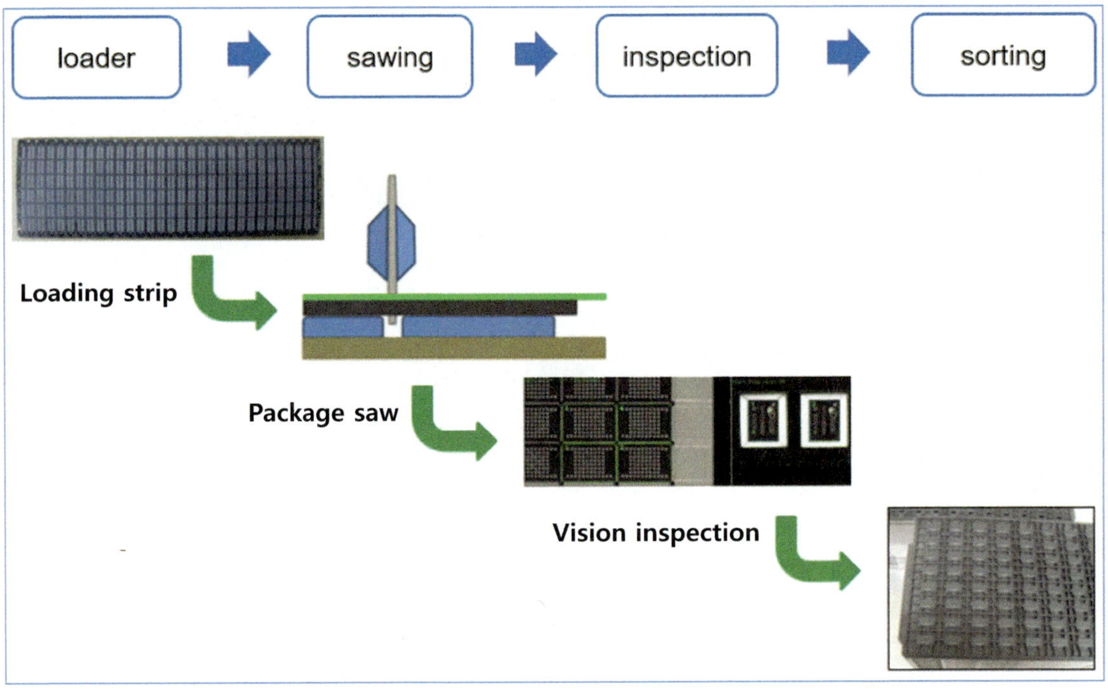

자료출처-HANAMICRON

12-1. 이론

- **Mechanism**

장비가 blade를 회전시키고, blade 속의 crystal이 package strip의 sawing line을 절단

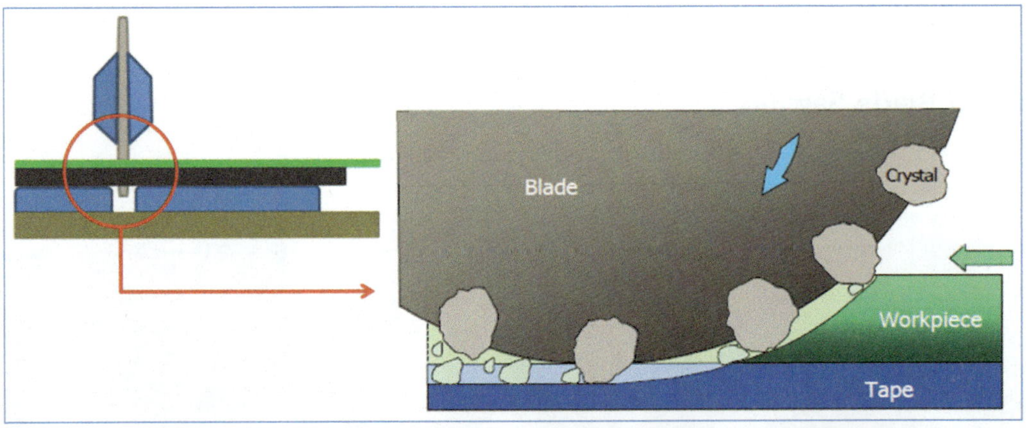

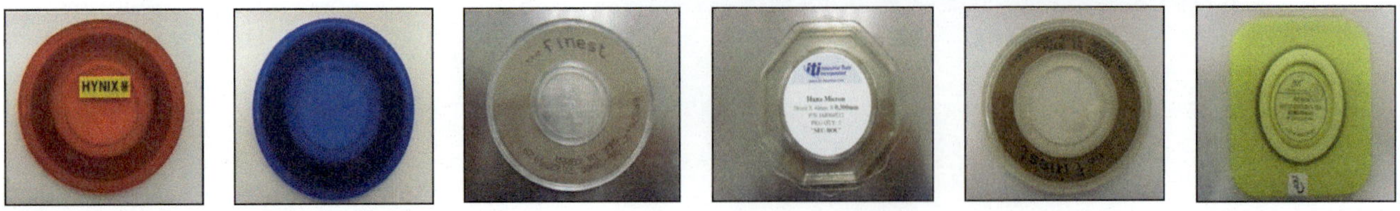

자료출처-HANAMICRON

12-1. 이론

- Error

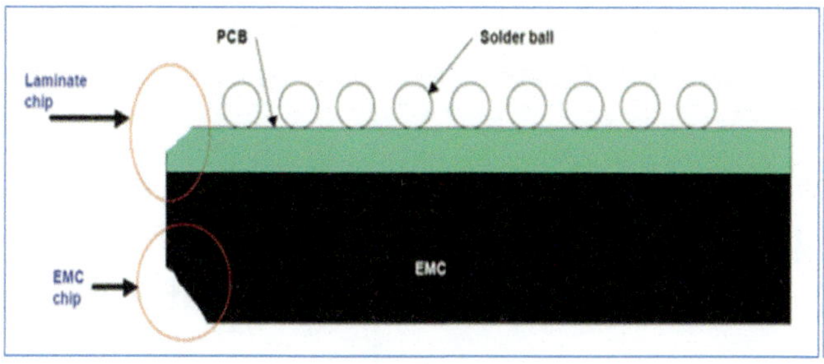

Chipping

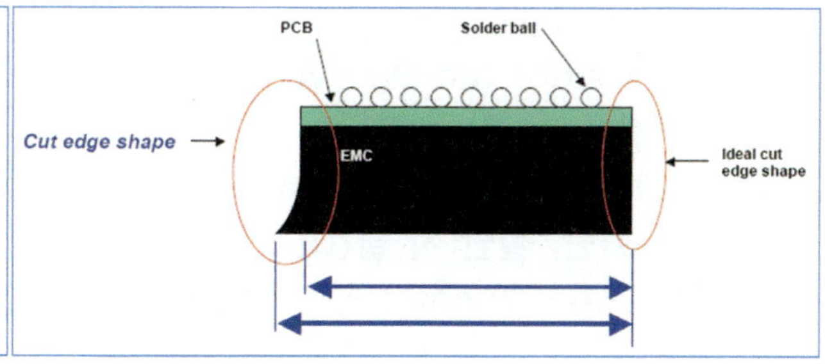

Edge shape

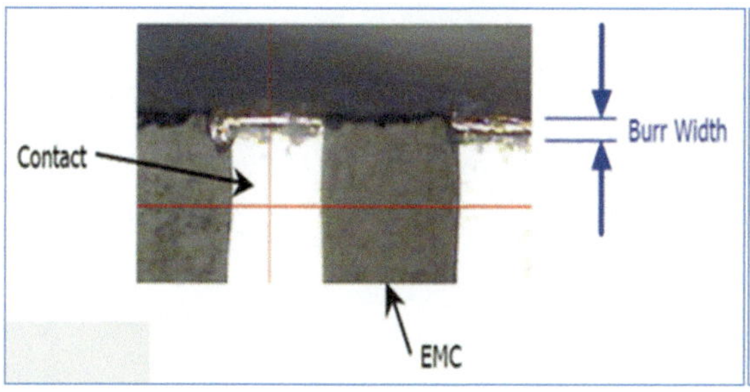

Burr

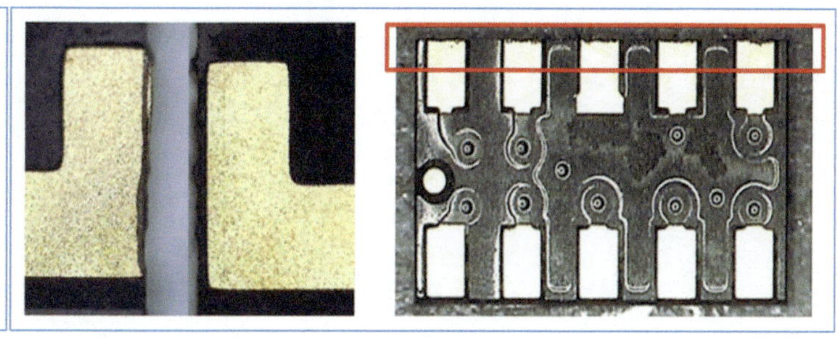

Mis-align

자료출처-HANAMICRON

12-2. 장비

- Package Sawer

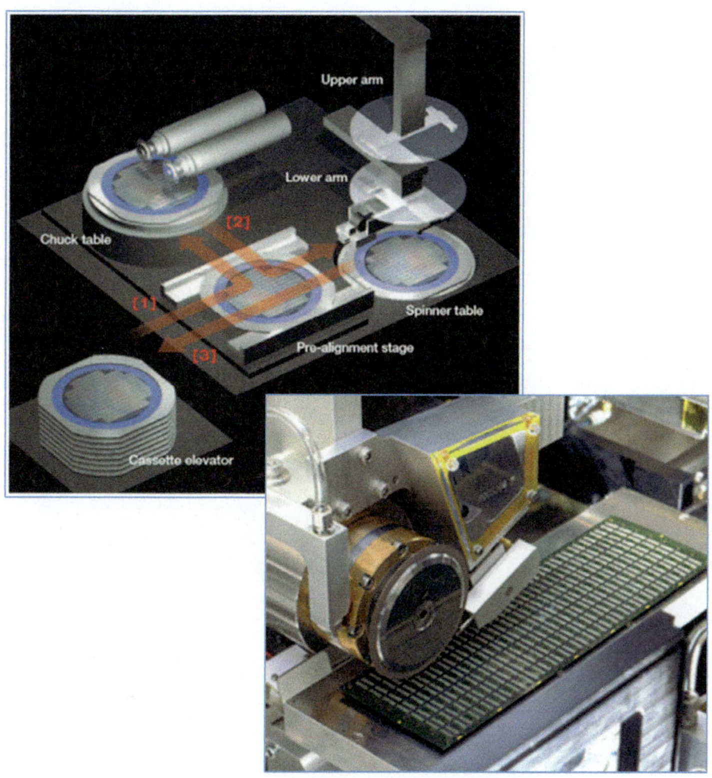

자료출처-DISCO

12-3. 실습

1) Panel Loading : molding 및 electrical test(pre-saw test)가 완료된 package panel을 장비에 loading
2) Alignment : camera · vision system을 이용해 sawing 위치(package 사이 절단 line)를 인식 및 정렬
3) Sawing · Dicing : diamond blade 또는 laser를 이용해 package strip의 절단 line을 따라 절단, 절단 시 물(DI water)로 냉각 및 particle 제거
4) Cleaning · Drying : 절단 과정에서 발생한 particle, 절삭 분진을 제거, DI water 세정 후 건조
5) Unloading : 절단 완료된 개별 package를 장비에서 unloading
6) Inspection : 외관 검사(chipping, cracking, burr 여부 확인)

13. Test

1. 이론
2. 장비
3. 실습

13-1. 이론

- **Reliability**

규정된 조건 하에서 일정 기간 동안 특정 항목이 세계 표준 기능을 수행할 수 있는 가능성

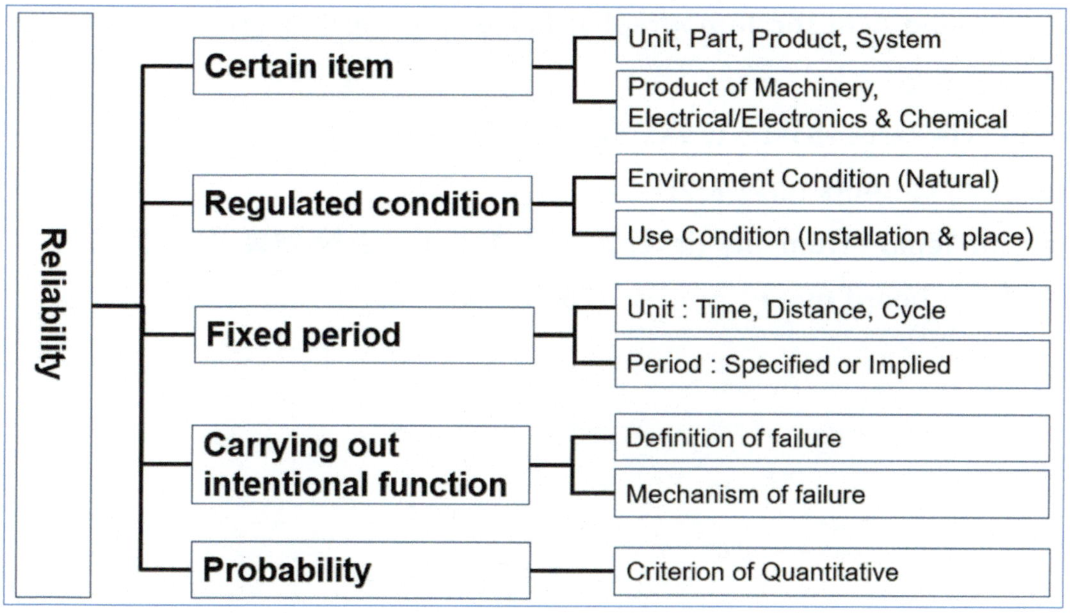

자료출처-HANAMICRON

13-1. 이론

- Test

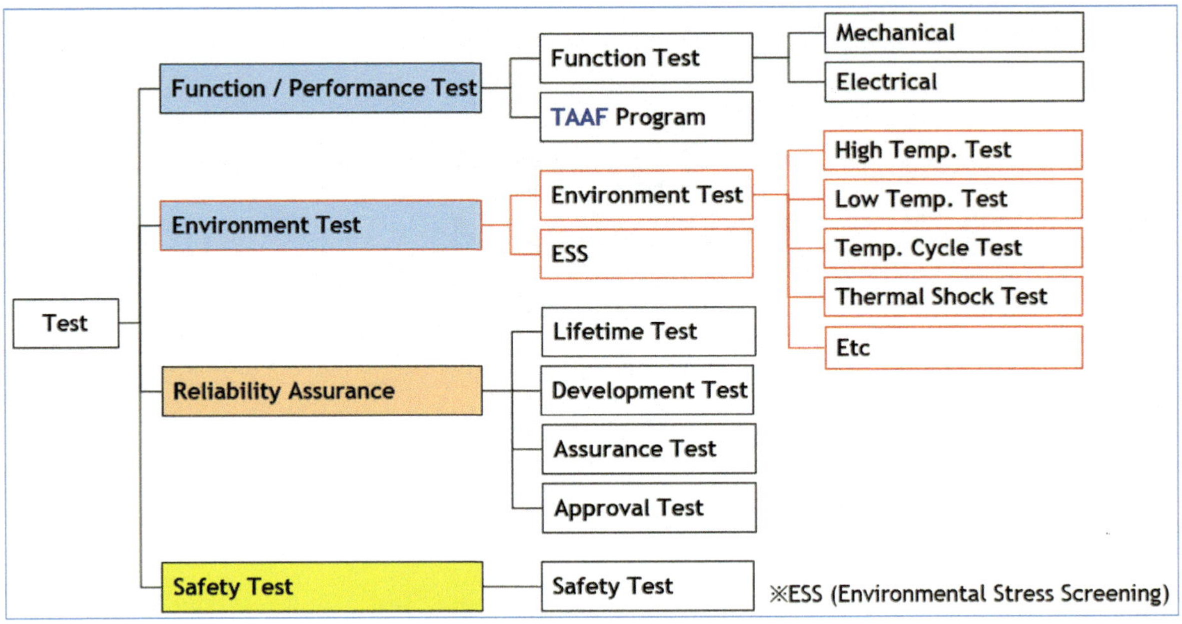

자료출처-HANAMICRON

13-1. 이론

- Environment Test

1) External Visual Inspection & OS Test : electrical test
2) SAT(Scanning Acoustic Tomography) Inspection : 비파괴 검사_ultrasonic (스캐닝 음향 단층 촬영)
3) Temp Cycle Test : -55℃ · 125℃, 5x (배송 중 온도 변화)
4) Bake : 125℃, 24hrs (습기 제거)
5) Constant Temp · Humidity (level 1, 2, 3, 4, 5, 6) : 포장 개봉 후 발생 습기
6) IR Reflow : board mount process (260℃, 3x)

13-1. 이론

- High Power scope

저배율 현미경으로는 불가능하거나 세부 확인이 필요한 경우, 고배율 현미경(최대 ×1000)을 사용하여 더욱 정밀하게 검사

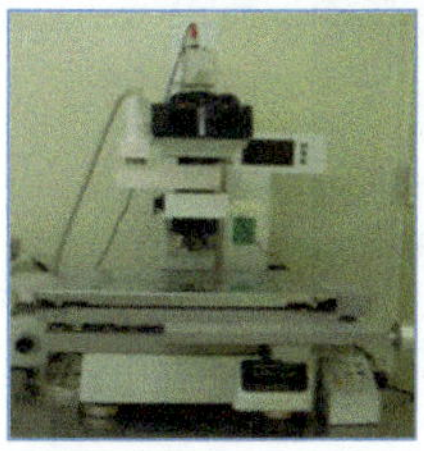

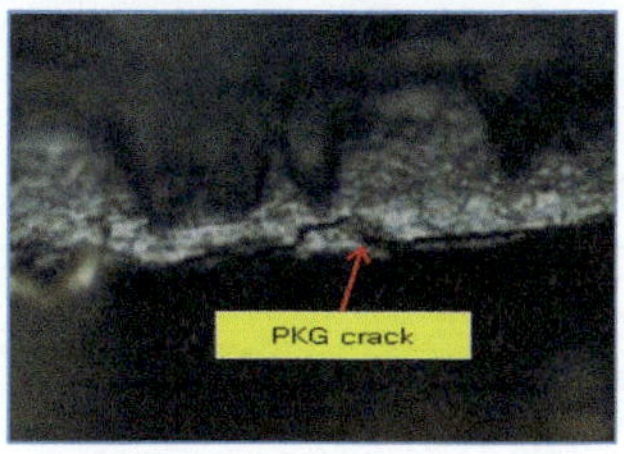

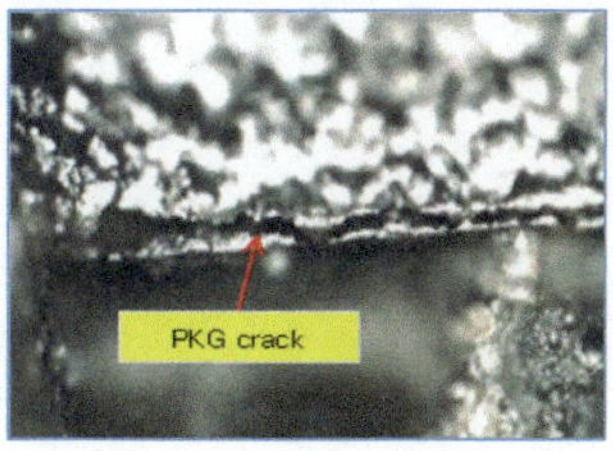

- X-Ray Inspection

X-선은 파장이 짧은 전자기 방사선의 일종으로, 에너지가 크기 때문에 물질을 쉽게 투과할 수 있어 package의 wire, lead frame, PCB의 tracer, solder ball 내 void 분포 등을 확인

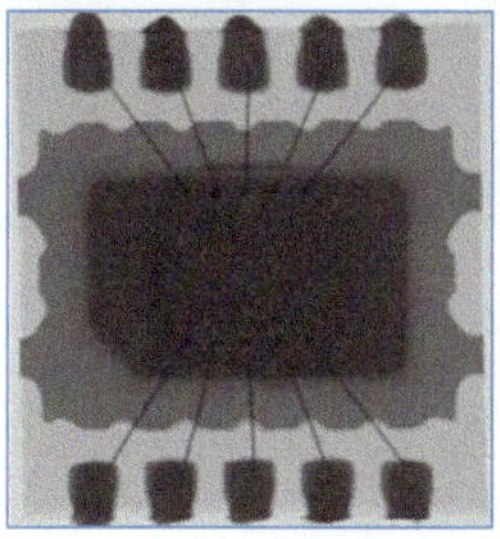

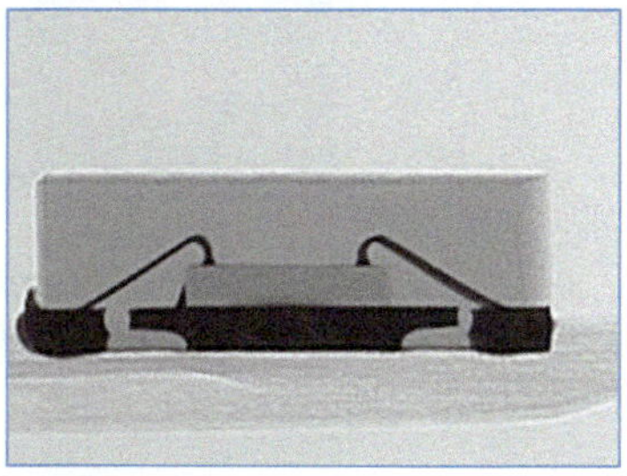

자료출처-HANAMICRON

13-1. 이론

- SAT Inspection

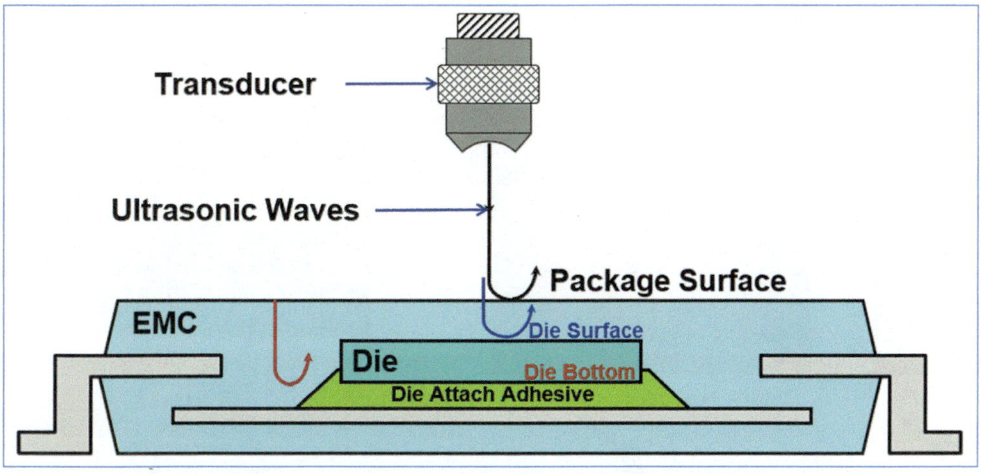

- A-Scan : failure inspection for phase · size of reflected waves on the oscilloscope
- B-Scan : Cross section inspection by vertical view
- C-Scan : Cross section inspection by focusing of each surface
- TAMI-Scan : Inspection by horizontally divide 1 into 99 in product
- T-Scan : Inspection by penetrating ultrasonic wave

자료출처-HANAMICRON

13-1. 이론

- **A-Scan : oscilloscope에서 반사파의 위상 및 크기를 통한 불량 검사**

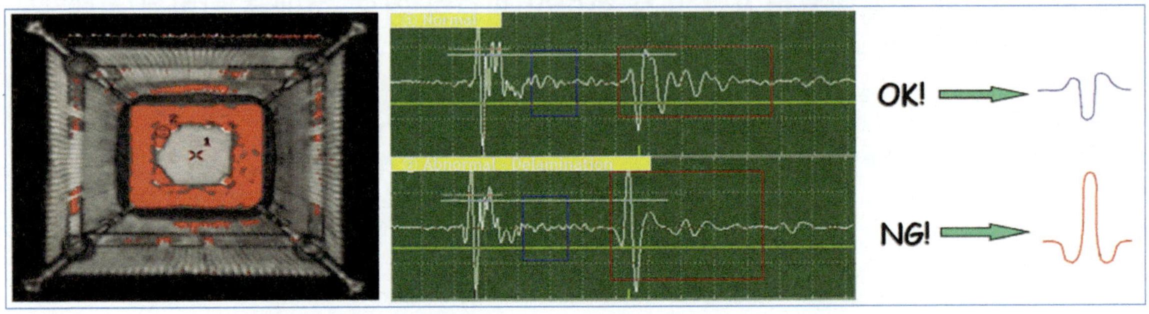

- **B-Scan : 수직 관찰에 의한 단면 검사 (package crack, tilt, void)**

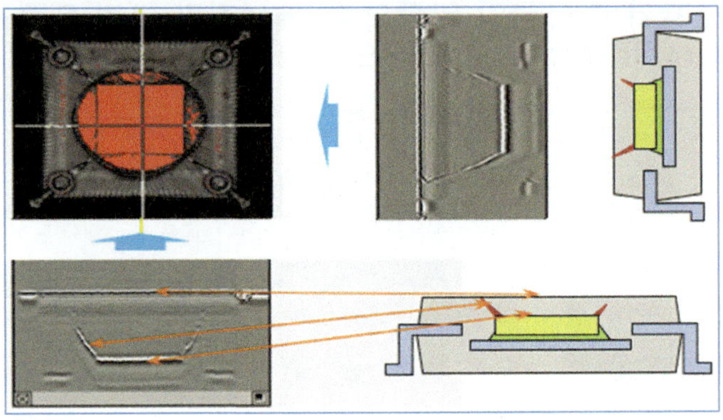

자료출처-HANAMICRON

13-1. 이론

- **C-Scan : 각 표면에 초점을 맞춘 단면 검사 (박리, chip crack)**

- **TAMI-Scan : 제품을 수평으로 1 ~ 99로 분할하여 검사**

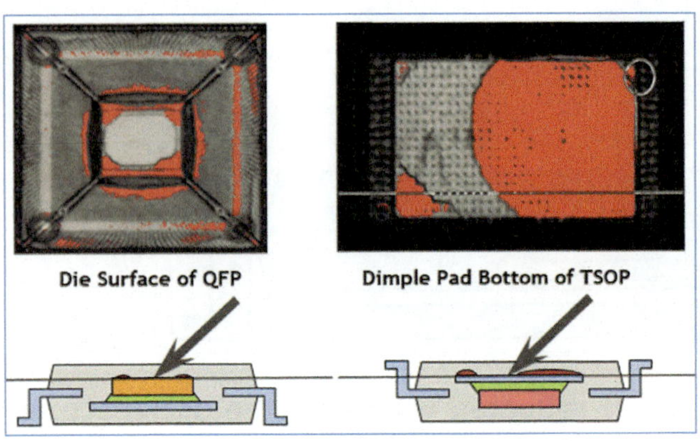

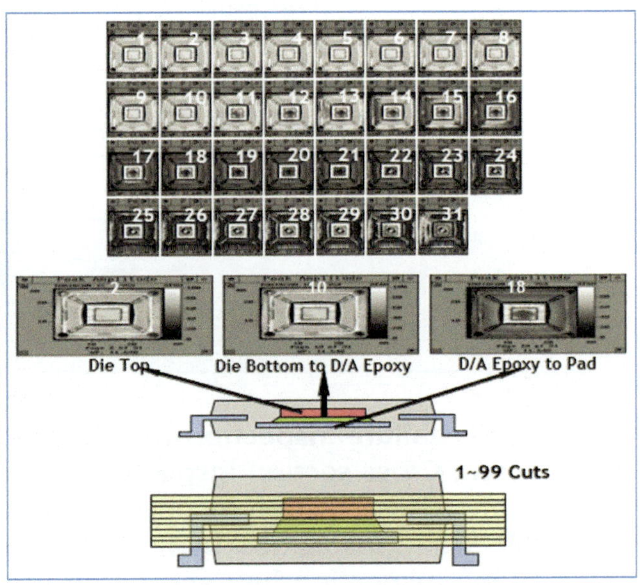

자료출처-HANAMICRON

13-1. 이론

- T-Scan : 초음파 투과 검사를 통한 SAT의 기본적인 분석 방법

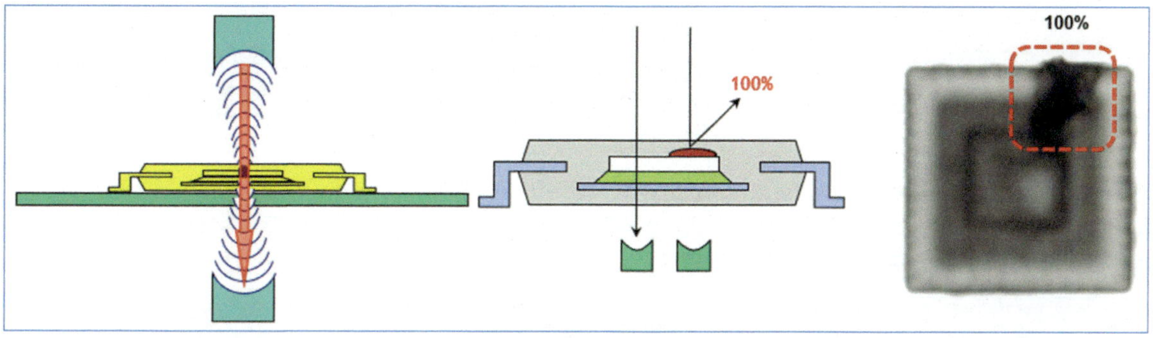

자료출처-HANAMICRON

13-1. 이론

- Decapsulation

Package 내부의 chip을 보호하는 EMC를 제거하여, chip, wire, lead frame 등을 분석

- Hole Decapsulation : 선택적 EMC 제거
- Full Decapsulation : EMC 전체를 제거

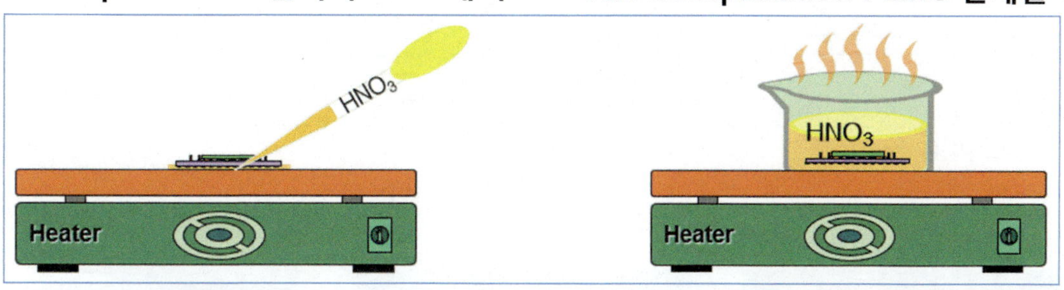

Hole Decapsulation

Full Decapsulation

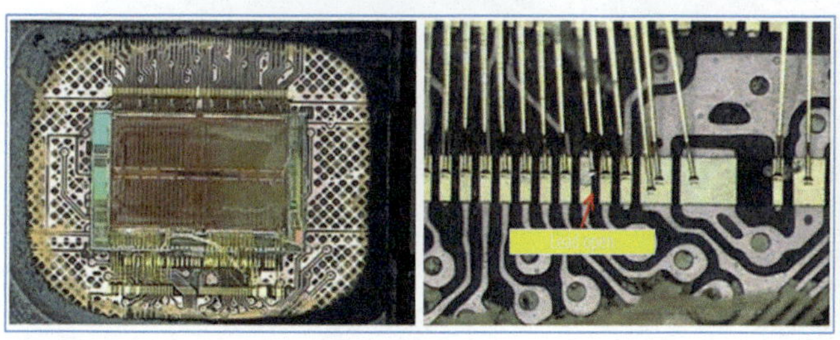

자료출처-HANAMICRON

13-1. 이론

- Cross Section

스캐닝 음향 단층 촬영(SAT)을 통한 불량 위치 확인

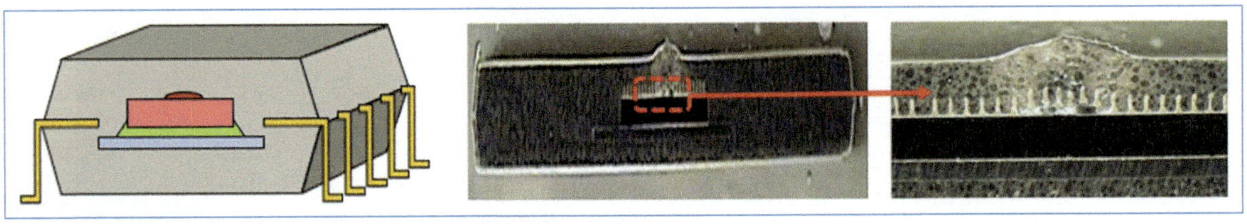

- SEM(Scanning Electron Microscope)

SEM에서 전자빔이 시료에 주입 → 시료 표면에서 이차 전자가 방출 → 이 전자는 검출기에 의해 감지된 후 증폭되어 모니터에 투사 → 이때 표면의 높낮이 정보가 이미지로 형성

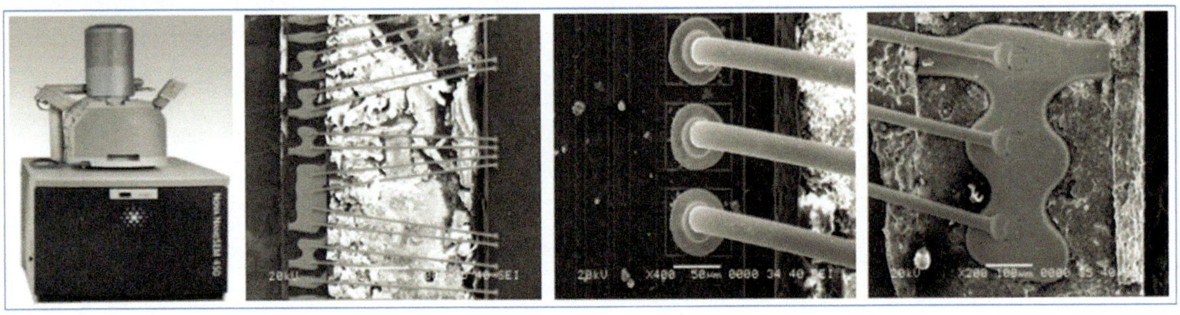

자료출처-HANAMICRON

13-1. 이론

- Failure Examples

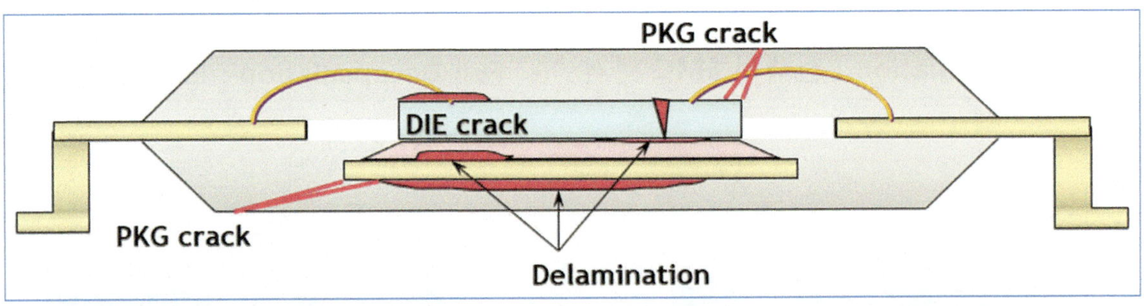

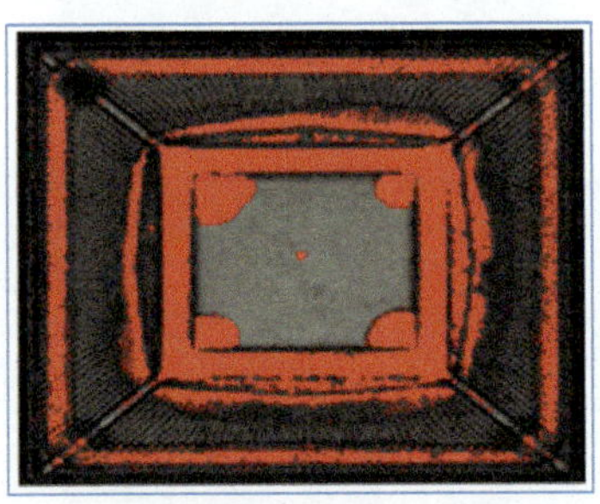

Die top delamination

Die crack

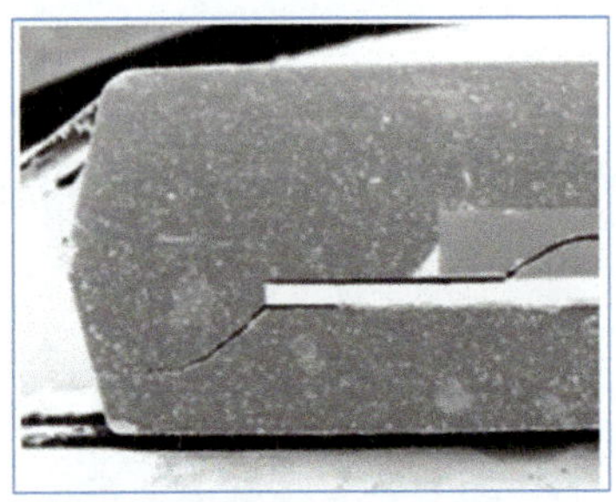

Package crack

자료출처-HANAMICRON

13-1. 이론

- **Delamination**

Die surface

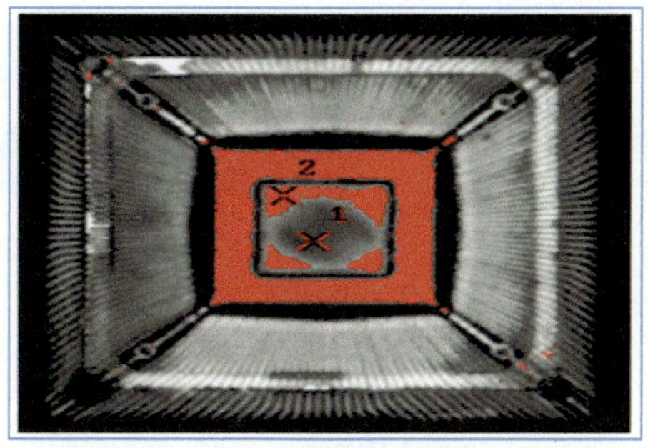

Die adhesive

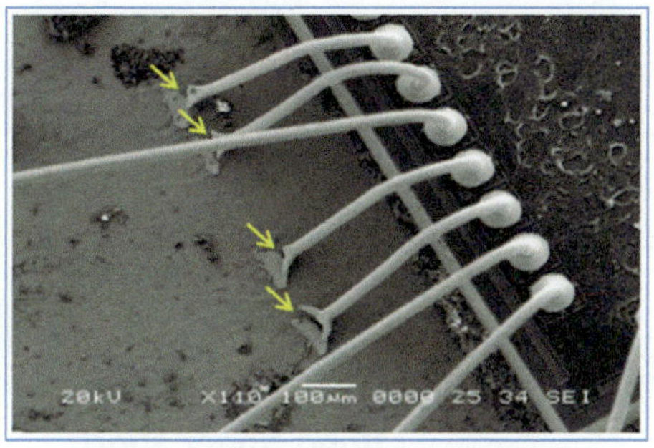

Surface around the paddle

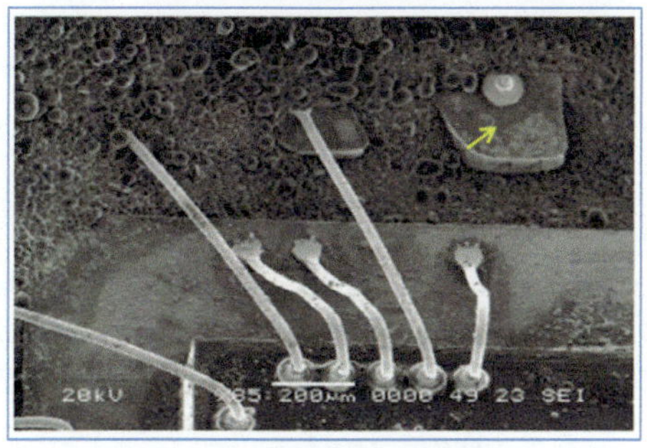

Lead finger surface

자료출처-HANAMICRON

13-1. 이론

- **Die Crack (cross section view)**

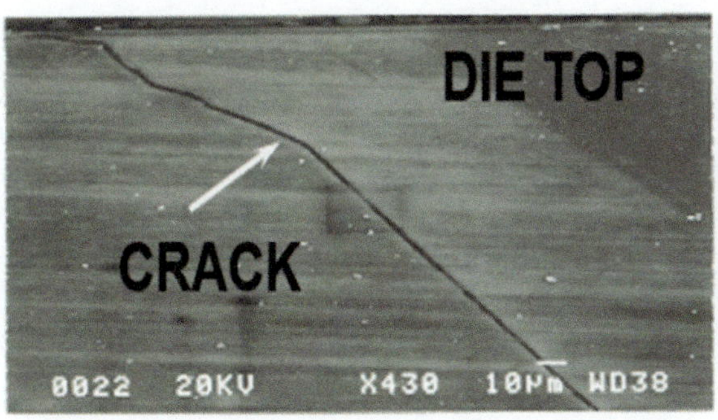

- **Package Crack (cross section view)**

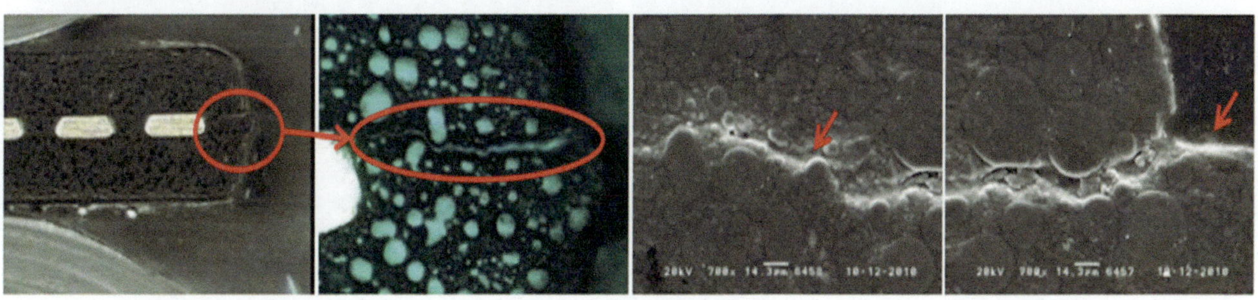

자료출처-HANAMICRON

13-1. 이론

- **Open Fail (X-ray view · High/Low scope)**

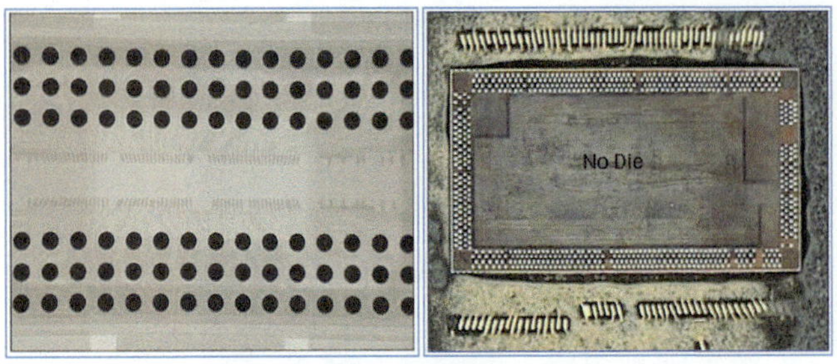

No die

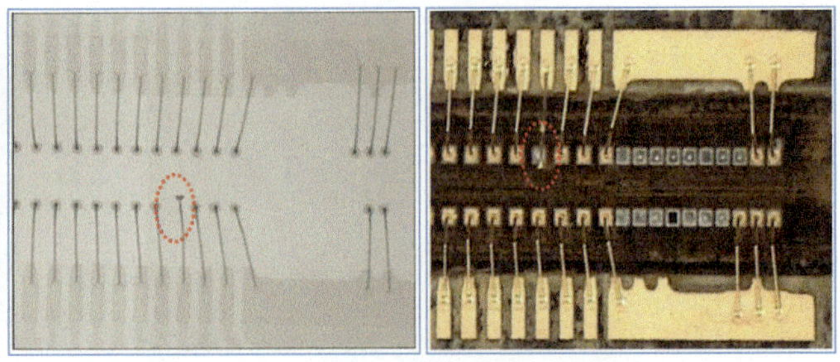

Pad open

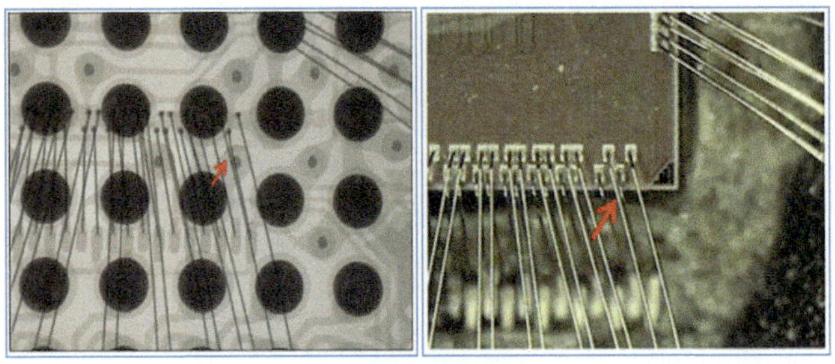

Wire short

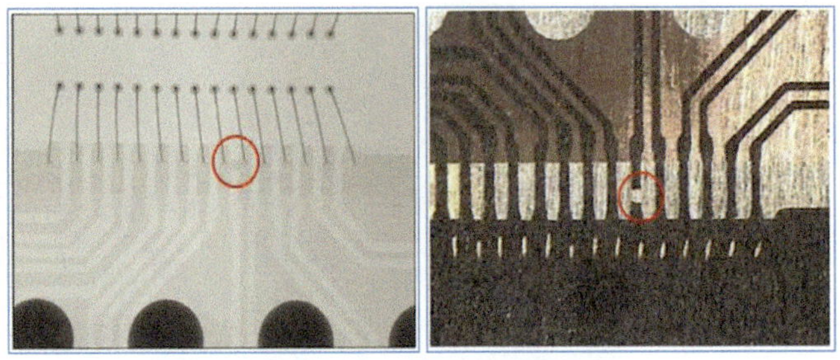

Bond finger short

자료출처-HANAMICRON

13-1. 이론

- **Open Fail (X-ray view · High/Low scope)**

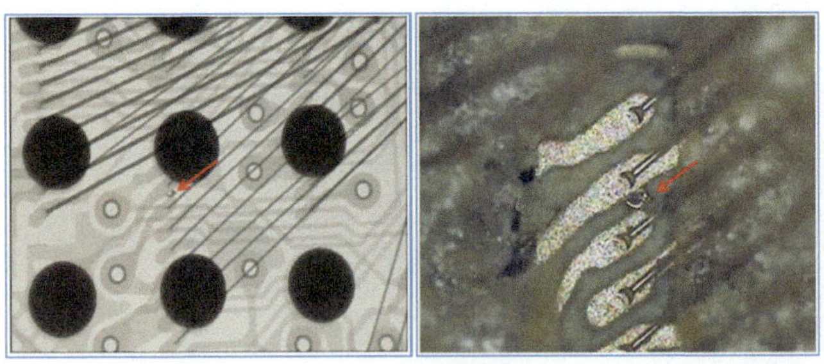

Lead short

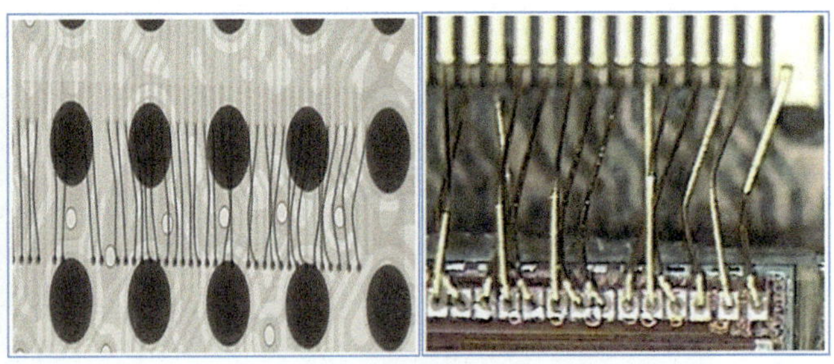

Wire short

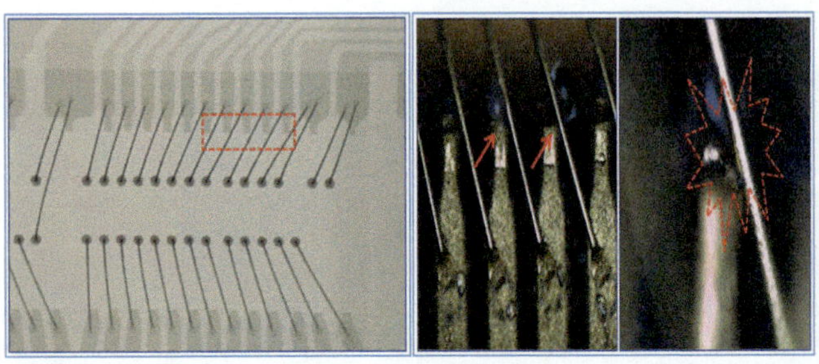

Wire to lead short

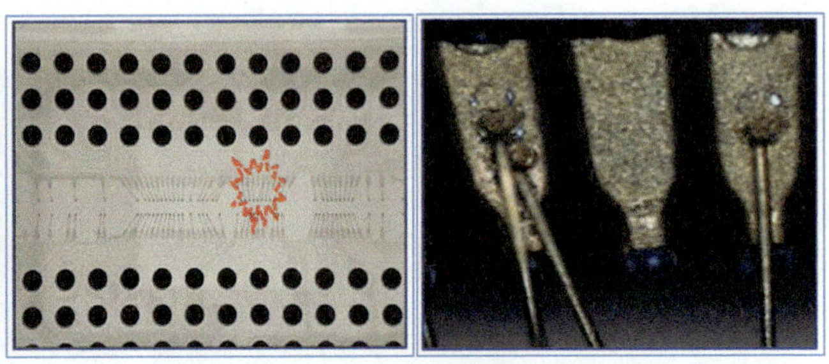

Wrong bond

자료출처-HANAMICRON

부록 I

1. TSV

- **TSV(Through Silicon Via)**

Silicon wafer를 관통하는 수직 전기 연결 통로(via)를 형성하는 기술 즉, 칩을 위아래로 적층(stacking)했을 때, chip과 chip 사이를 수직 방향으로 직접 연결해주는 미세 구멍(hole)을 뚫고, 그 안에 도전 금속(Cu, W 등)을 채워 넣는 공정

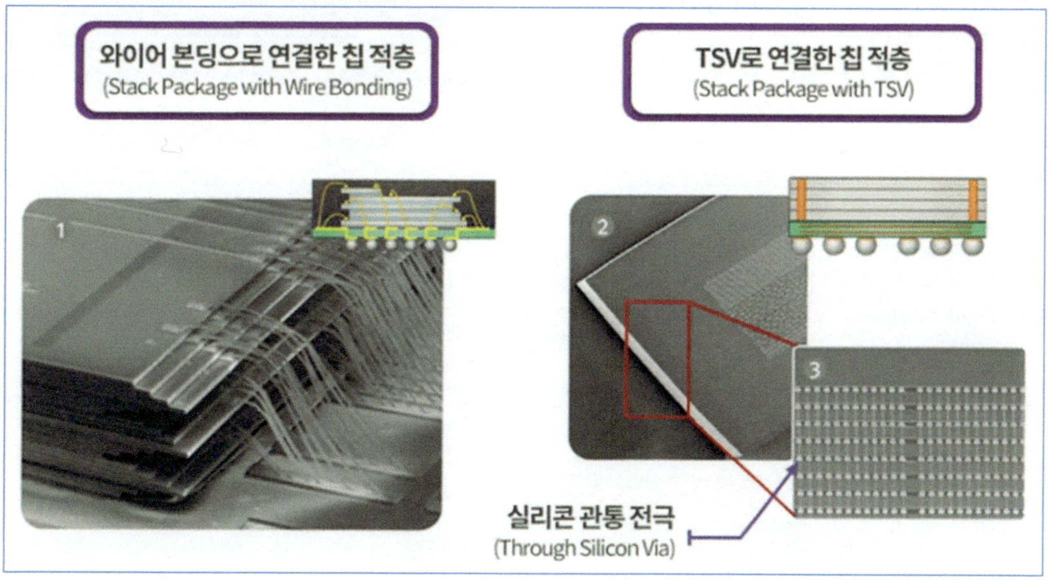

자료출처-SKhynix

1. TSV

- 목적
- 고속 신호 전달 : 기존의 wire bonding 방식보다 interconnect 길이가 짧음 → 저지연 (low latency), 고속 데이터 전송 가능
- 저전력화 :
  재선 길이 단축 → 전력 소모 감소
- 집적도 향상 :
  chip을 수직으로 stack 가능 → 3D IC 구현
- 소형화 & 고성능화 :
  모바일 AP, HBM 등에서 TSV 채용

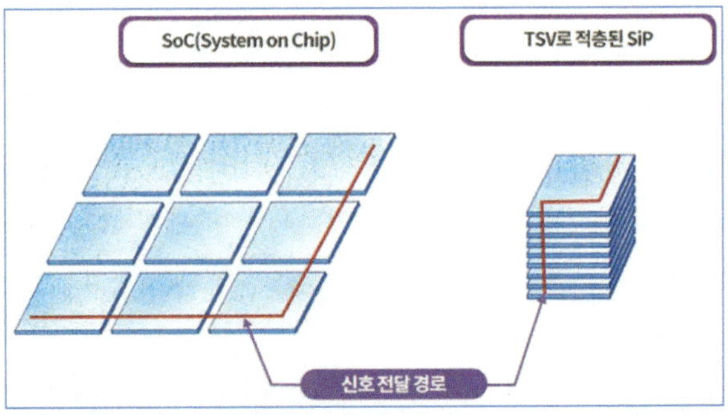

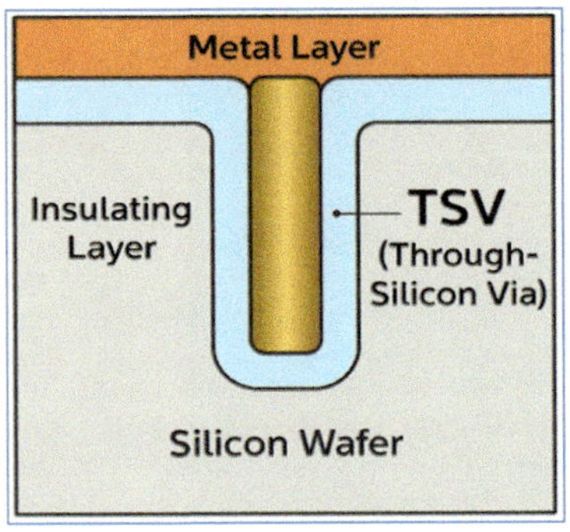

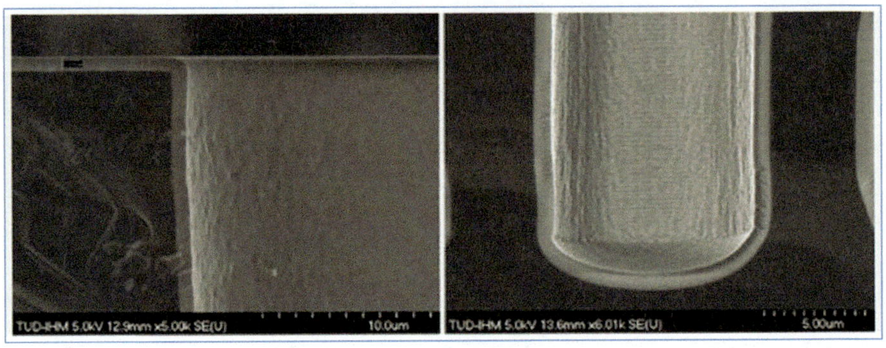

자료출처-SKhynix, NOWDAY, SpringerLink

1. TSV

- 적용
- HBM (High Bandwidth Memory) :
  GPU, AI 칩에서 사용
- 3D NAND, 3D Logic-DRAM Integration : 로직+메모리 집적
- 이미지 센서 (CIS) :
  픽셀부와 로직부를 분리해 적층

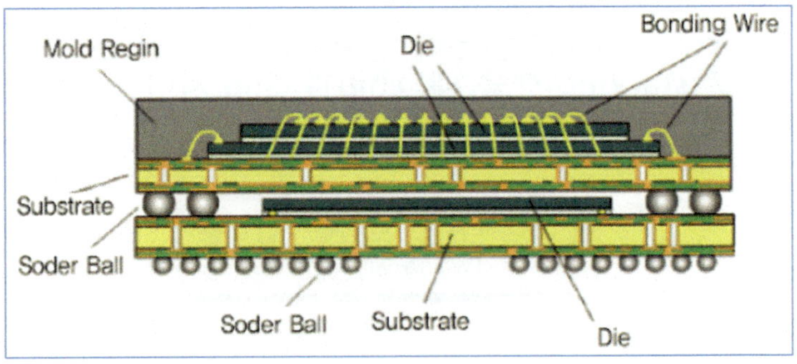

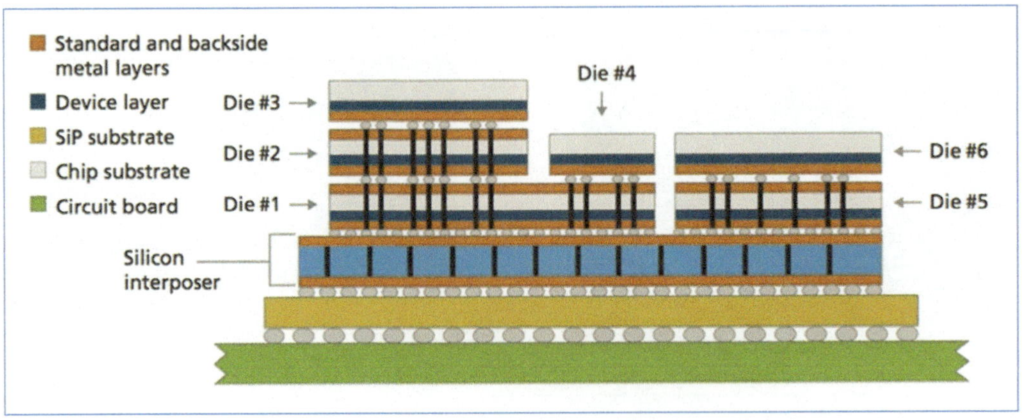

자료출처-Smtfocus, PC Perspective

1. TSV

- Process

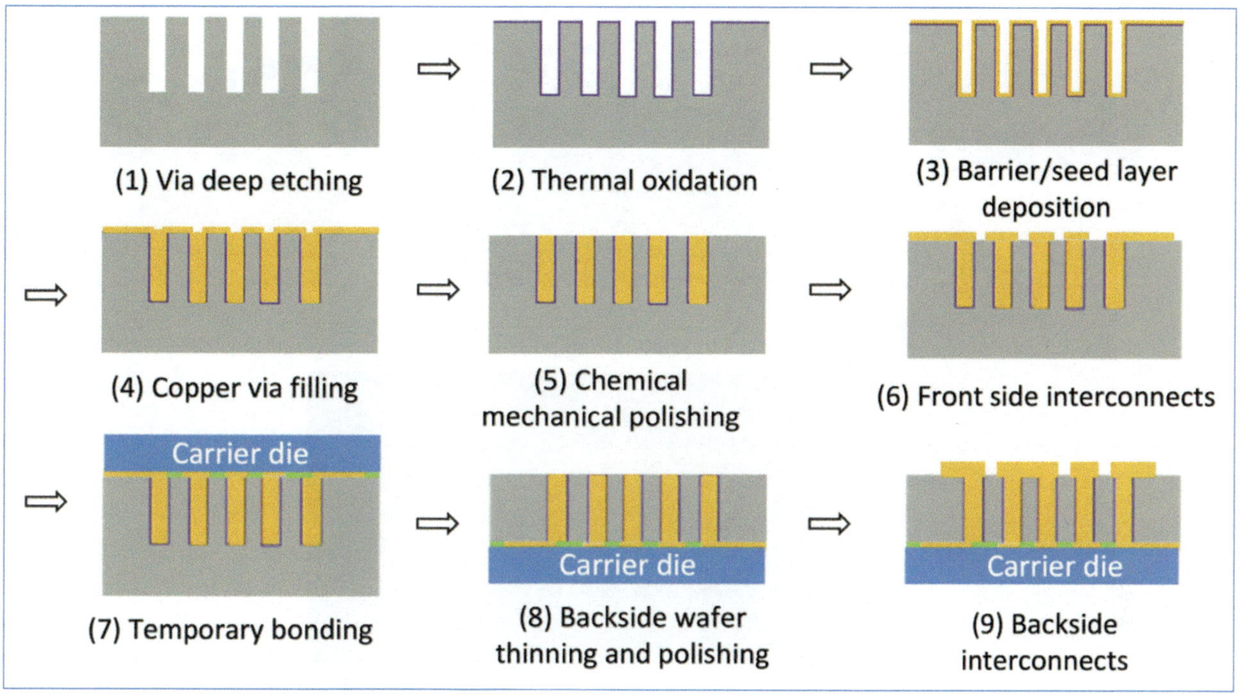

자료출처-Semiconductor Packaging Laboratory

1. TSV

- DRIE(Deep Reactive Ion Etching) 방법은 SF6을 이용해 silicon을 etching하고, hole의 내벽에 C4F8을 사용하여 보호층(passivation)을 입힘
- 이렇게 형성된 보호층은 뒤 이은 etching 과정에서 ion의 충돌로 인해 through hole 바닥의 passivation이 우선적으로 제거되며, hole의 내벽은 etching으로부터 보호됨
- 형성된 through hall의 내벽에 CVD나 PVD 방식을 적용하여 절연(insulation, SiO2) · 장벽(barrier, TiN, TaN, SiN) · 씨앗층(seed layer, Cu) 증착을 순차적으로 형성
- Chip의 through hall에 전기적인 연결이 가능하게 내부 충진 과정을 수행 → Through hall은 전기도금법(electroplating)을 적용하여 금속 계열(Cu, Ni, Au, Sn 등)이나 CVD 방법으로 텅스텐(W)을 관통 홀에 충진하는 전통적인 방법과 polysilicon, conductor paste, solder nano particle로 전기 단자를 형성하는 여러 가지 방법이 있음
- 대표적으로 상용화에 적용되고 있는 구리 충진의 경우 전류 밀도가 높은 through hole 입구가 내부보다 먼저 충진되면 through hole 내부에 저항이 증가하는 문제가 발생함으로 도금액 선정과 공정 조건에 주의가 필요함
- Through hole의 크기와 깊이에 따라 도금 전압, 전해액의 이온 농도, 전해액의 온도와 같은 공정 조건의 최적화 설계가 필요함
- 제작된 chip을 순차적으로 쌓아 올려 이미 형성된 칩의 전기 단자 간의 접합을 통해 전기 신호를 흐르게 하는 3차원 적층 package 구조를 갖게 함

자료출처- 반도체 산업과 기술의 이해_김주현

1. TSV

- **ALE (Atomic Layer Etching)**

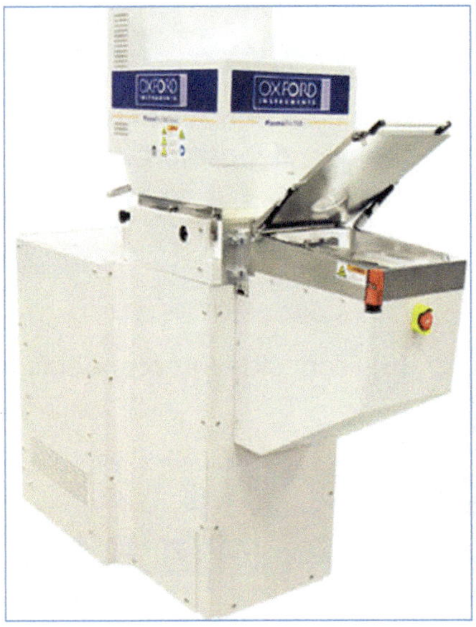

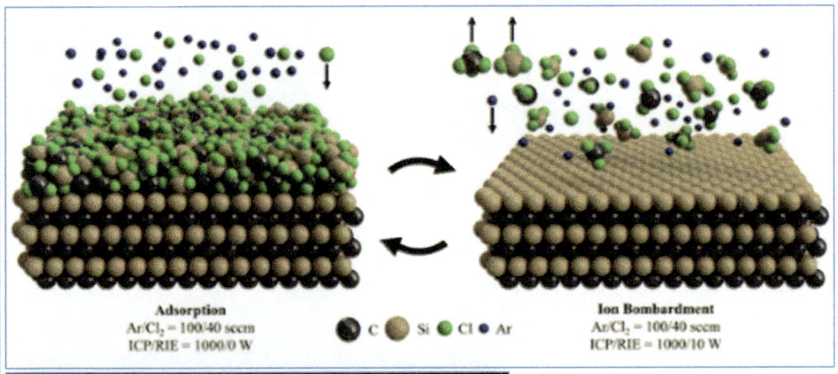

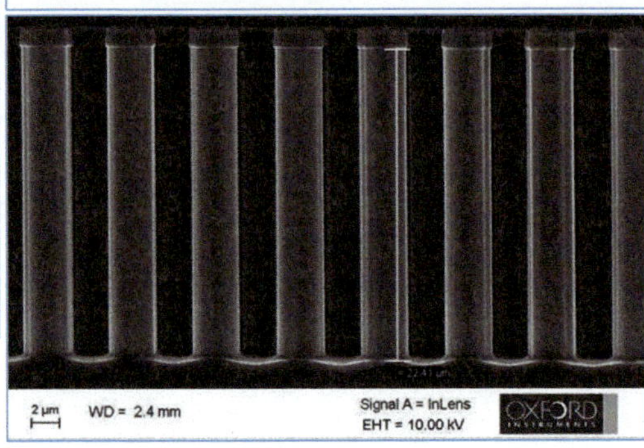

자료출처-OXFORD INSTRUMENTS

1. TSV

- **ALD (Atomic Layer Deposition)**

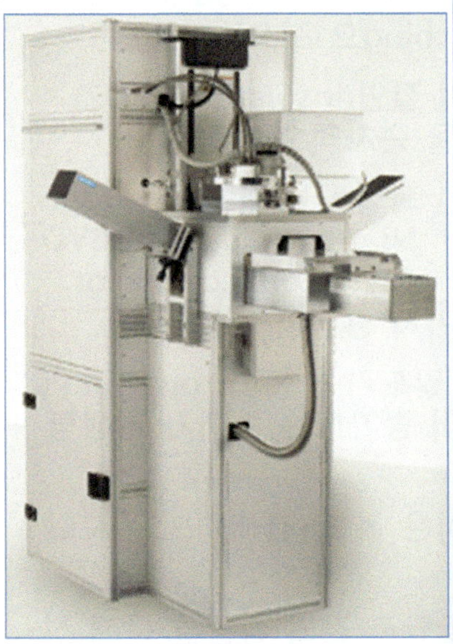

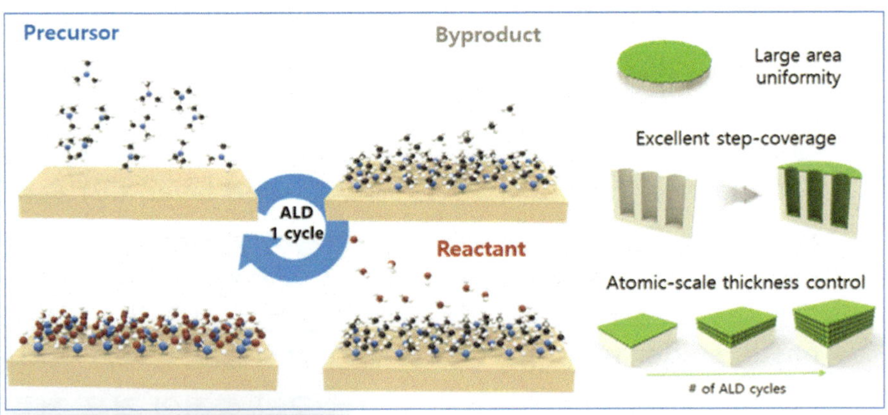

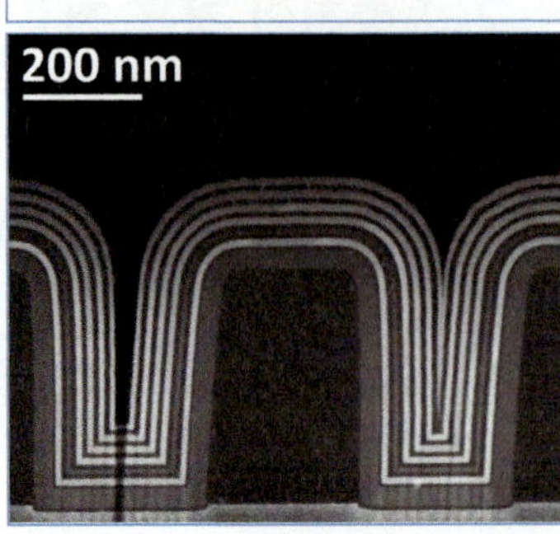

자료출처-LABINDIA, SEMICOREX

2. RDL

● RDL (Redistribution Layer)
반도체 chip의 I/O pad 위치나 간격을 재배치 하는 금속 배선층 즉, chip 상단의 bonding pad와 package 외부 입출력 단자(bump, ball 등)을 연결하기 위해 추가적으로 형성하는 금속 배선

- I/O Pad 위치 최적화
- Chip 설계 시 pad가 대부분 가장자리에 위치 → 실제 packaging 시 bump 배열과 맞지 않음 → RDL을 통해 pad를 원하는 위치로 재배치 가능
- Prich 변화
- Fan-In · Fan-Out 구조 구현

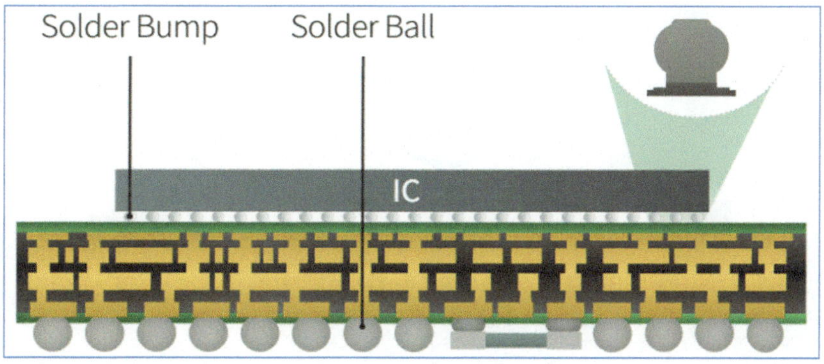

자료출처-Samsung Electro-Mechanics

2. RDL

● 적용
- WLCSP
- Fan Out WLP
- TSV 기반 3D IC
- HBM

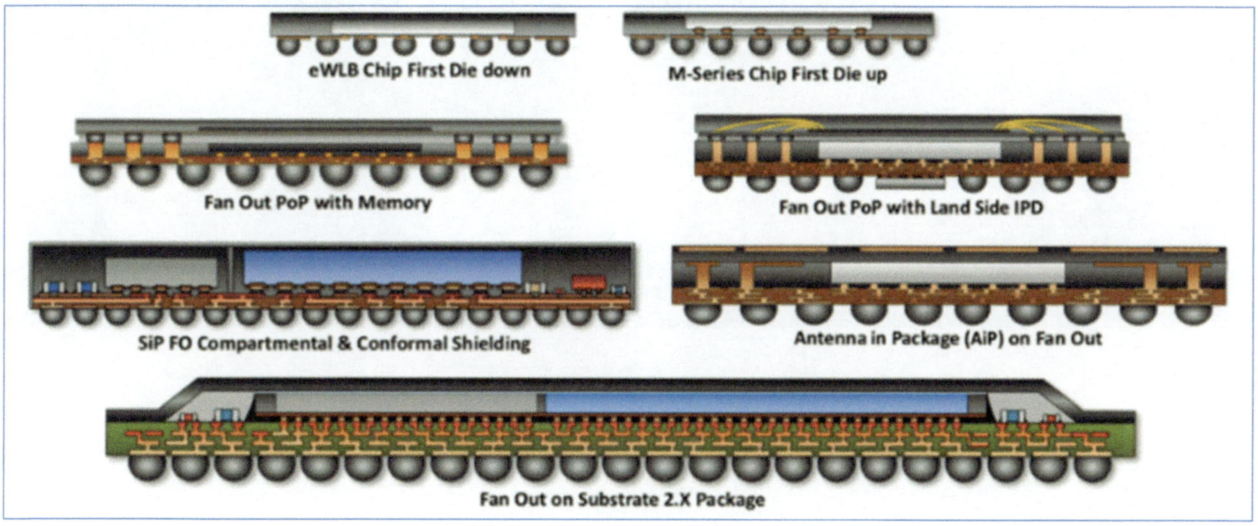

자료출처-YIC International, ASE

2. RDL

- **Interposer**

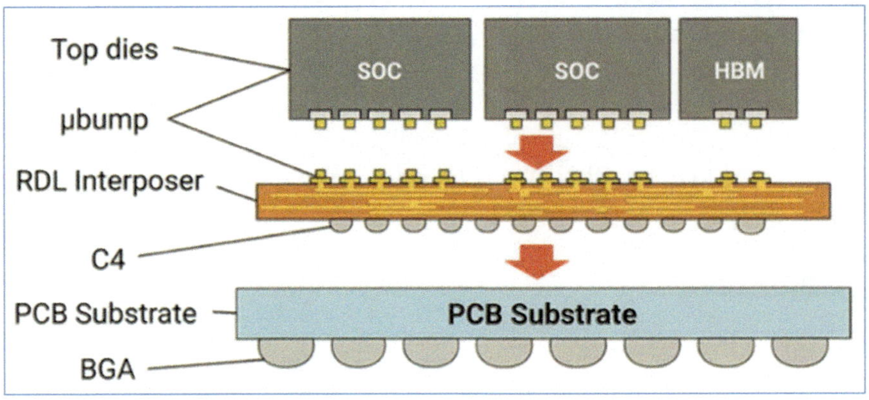

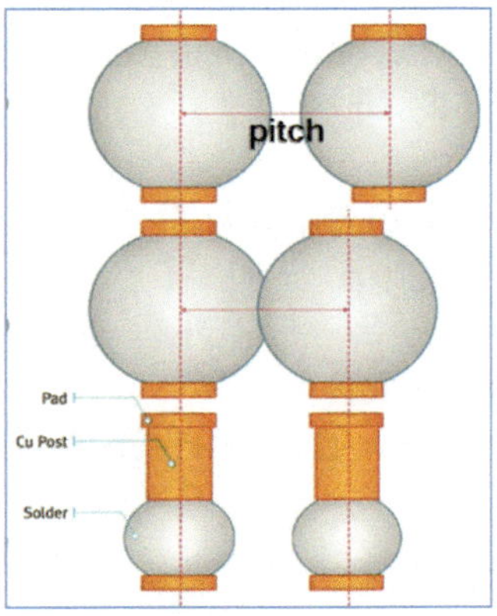

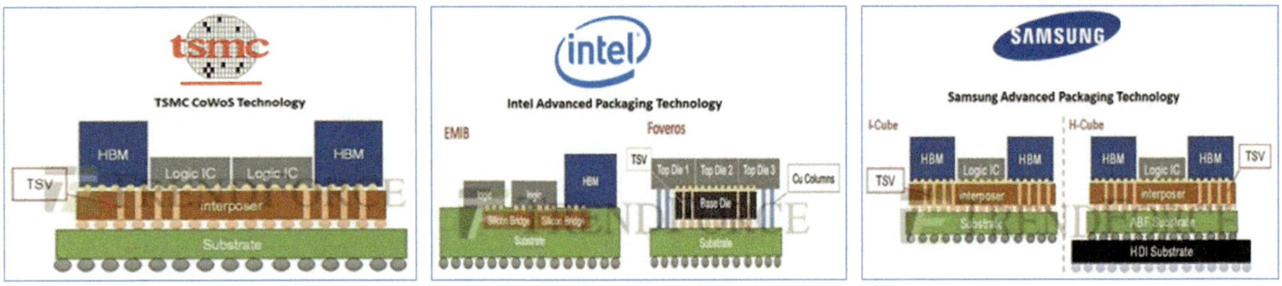

자료출처-TSMC, INTEL, Samsung Semiconductor

2. RDL

Solder joints @ 45um pitch at the GPU to silicon interposer

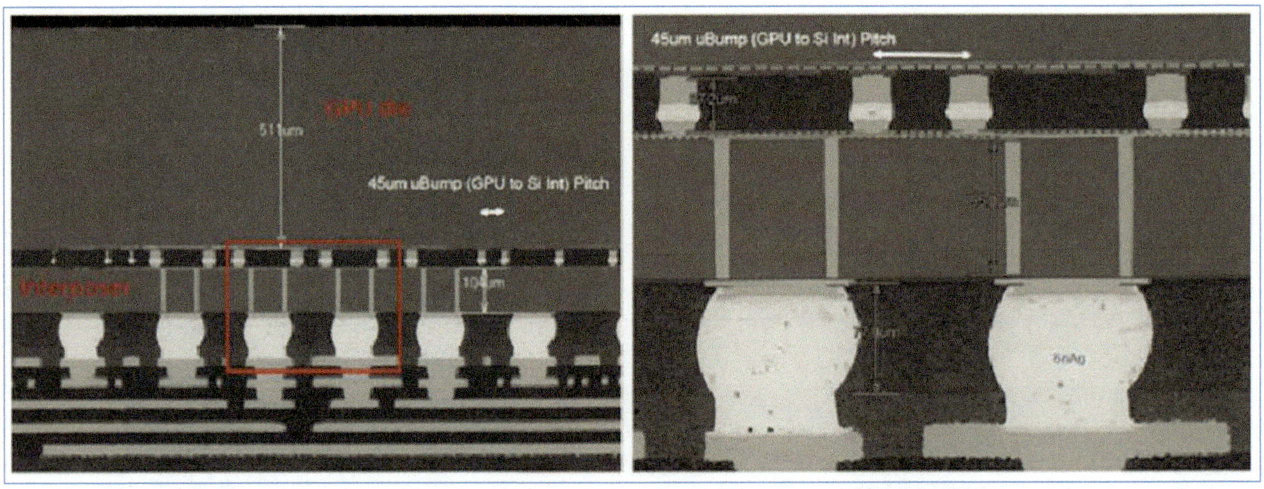

자료출처-서울과기대_좌성훈

2. RDL

Type	Silicon Interposer	Glass Interposer	Organic Interposer
Representative Structure	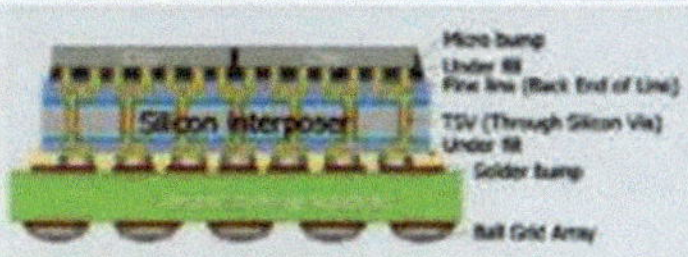		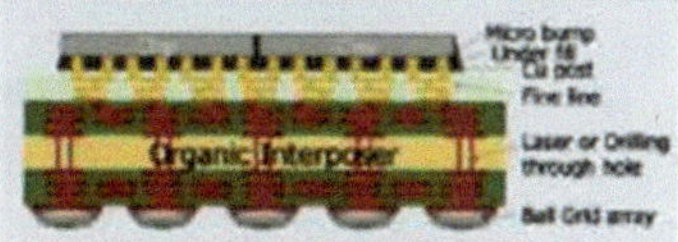
SiP structure	2.5D	2.5D	2.1D
Core material	Silicon	Glass	Organic
Through hole	TSV (Through Silicon Via)	TGV (Through Glass Via)	Drilling through hole
Fine line limitation	<1μm	<1μm enable	Min. 2μm
Base technology	Semiconductor	Display	Organic package substrate
Pros.	✓ Current standard ✓ Fine line enable ✓ No CTE mismatch between chip	✓ Large work size enable ✓ CTE control by selecting glass material ✓ Better insulation	✓ Die last process enable ✓ Large work size enable ✓ Low cost ✓ Electrical performance
Cons.	✓ Cost for TSV fabrication ✓ Limitation of interposer size ✓ CTE mismatch between organic package substrate	✓ Fatigue property of glass ✓ Heat dissipation	✓ CTE mismatch between chip ✓ Lead time for sequential build-up (due to 2.1D structure)

자료출처-천상천하블로그

2. RDL

- **Glass Substrate**

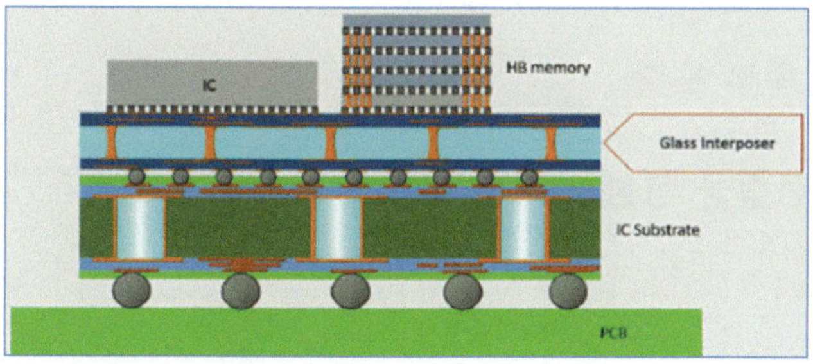

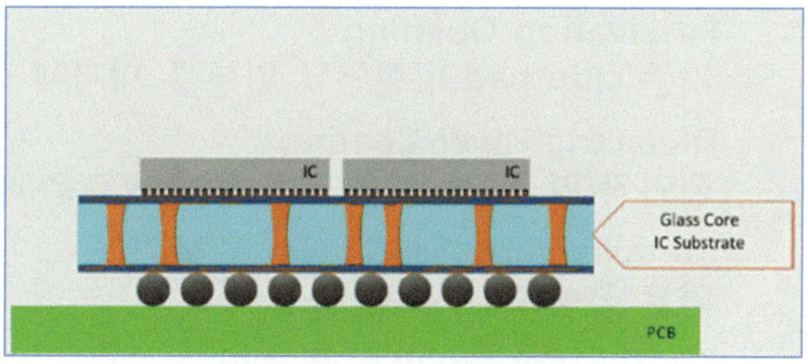

- **Glass CTE ~3**
- **Typical Thickness : ~200um**
- **비용이 많이 드는 대면적 silicon interposer를 대체하기 위해, 더 작은 직경과 더 얇은 기판으로의 전환이 진행**
- **높은 수준의 신뢰성, 청정도 및 공정 안정성이 요구되며, 더 큰 package로의 확장을 가능하게 함**

- **Glass CTE ~7**
- **Typical Thickness : 800um~**
- **Core 층은 추가적인 interposer가 필요 없도록 유기물 core보다 더 높은 via 밀도를 가져야 하며, 이러한 특성은 대형 package로의 확장을 가능하게 함**

자료출처-LPKF

2. RDL

- **Process**

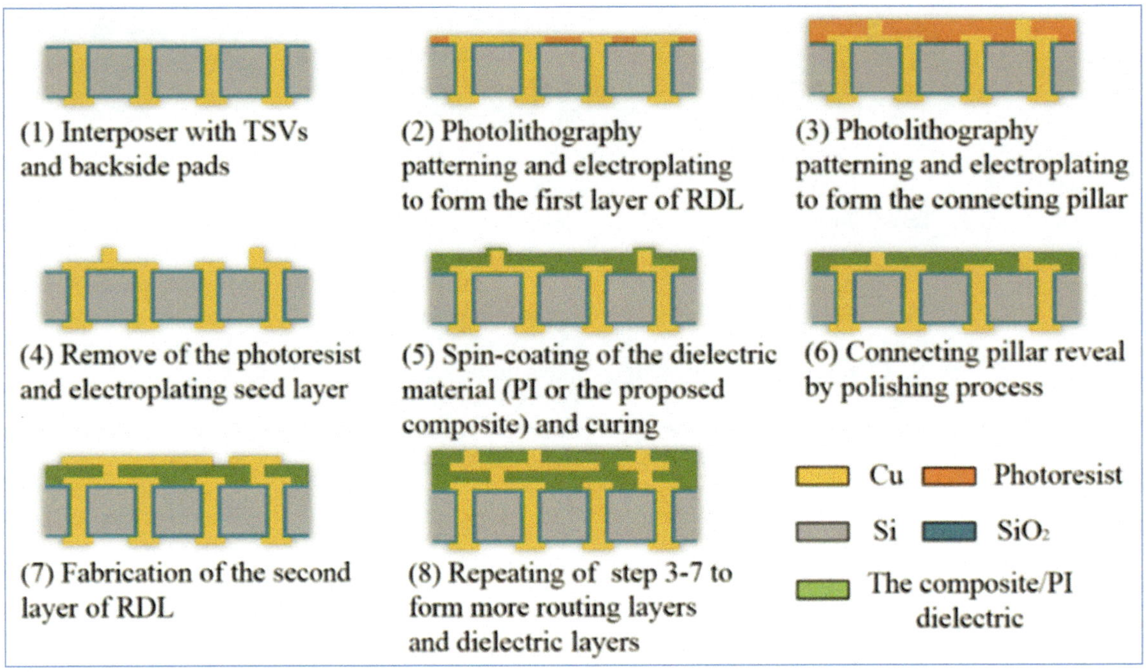

자료출처-ResearchGate

2. RDL

- **RDL 공정 순서 (일반적인 WLCSP 기준)**

- **Passivation Opening :**
  기존 chip pad의 절연막 일부를 제거해 접속부 노출
- **Dielectric Layer Coating :**
  절연막(PI, BCB 등)을 코팅하여 새로운 배선층을 형성할 기반 마련
- **Metallization (seed layer 증착) :**
  얇은 금속(Cu, Ti 등) 증착
- **Photolithography & Plating :**
  photo 공정으로 RDL pattern 형성 후, 구리 도금(Cu plating)으로 배선 제작
- **Passivation & Final Opening :**
  보호층 형성 후 bump나 solder ball 위치 노출

3. Fan-in/Fan-out WLP

- **Fan-in WLP(Wafer Level Package)**

I/O 단자(ball, pad 등)가 chip die 크기 내부로 배치, 배선이 chip 안쪽으로 모여들 듯이 (fan-in) 구성

- **Fan-out WLP(Wafer Level Package)**

Chip 주변 영역까지 I/O 단자를 확장해 배치, 배선이 chip 외부로 퍼져 나가듯이 (fan-out) 구성

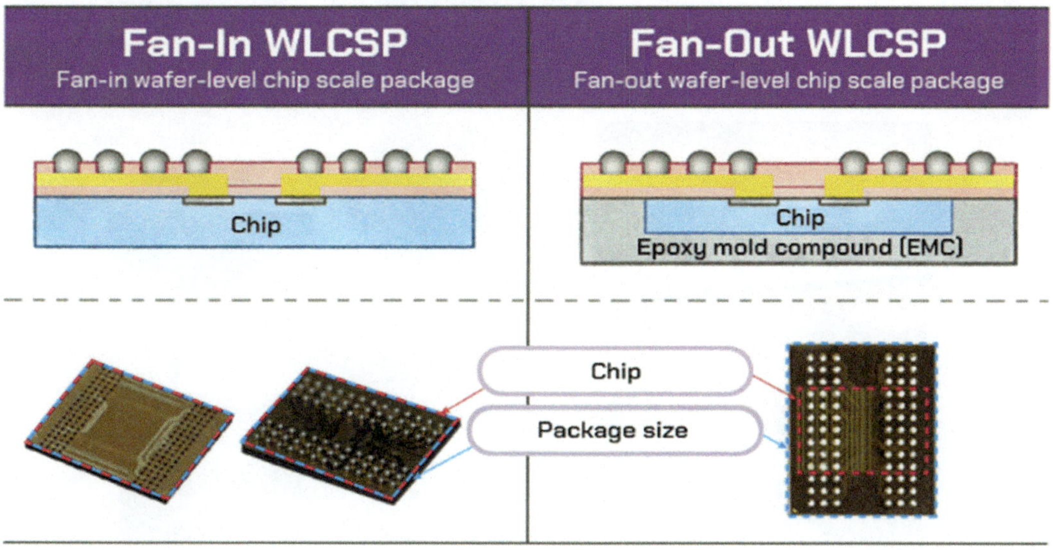

자료출처-Skhynix Newsroom

3. Fan-in/Fan-out WLP

Fan-in

- **특징**
  - Chip의 크기보다 큰 packaging 불가
  - 소형 chip에 적합, 공간 효율이 뛰어남
  - 일반적으로 ball 크기 · 수 제한 있음
- **장점**
  - 크기가 작고 경량
  - 신호 간섭 적음
  - 공정 단수 → 비용 낮음
- **단점**
  - I/O 수가 적어 확장성 낮음
  - 큰 chip에는 적용이 어려움
- **적용**
  - 스마트폰의 PMIC(Power Management IC), sensor 등 소형 Chip

Fan-out

- **특징**
  - Package가 chip 보다 커질 수 있음 → 더 많은 I/O 지원
  - 고성능, 고밀도 구현 가능
- **장점**
  - 더 많은 I/O → 고속 통신 가능
  - 낮은 전기 저항 및 더 좋은 열 방출
  - Package 두께 얇음
- **단점**
  - 공정 복잡 → 비용 높음
  - 수율 문제 발생 가능성 있음
- **적용**
  - 고성능 모바일 AP(Application Processor)
  - RF chip, baseband, AI chip 등

3. Fan-in/Fan-out WLP

- **Flip-out WLP Process**

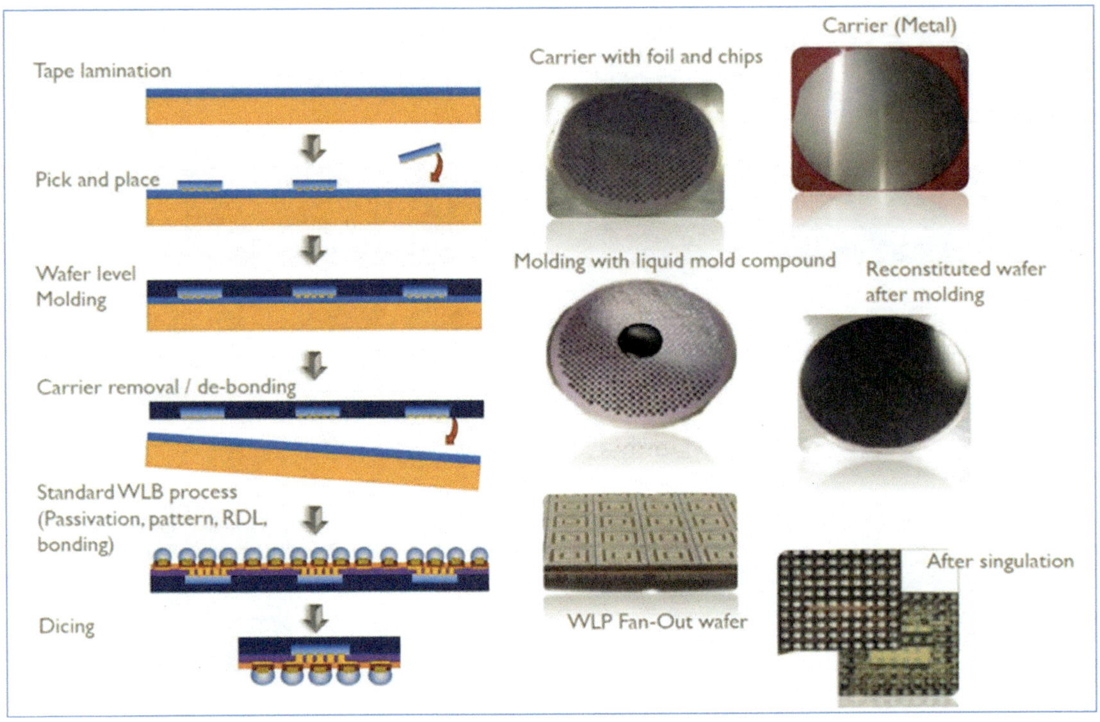

자료출처-패키지와테스트_서민석

3. Fan-in/Fan-out WLP

- **Flip Chip on Fan-out WLP : Assembly Process Flow**

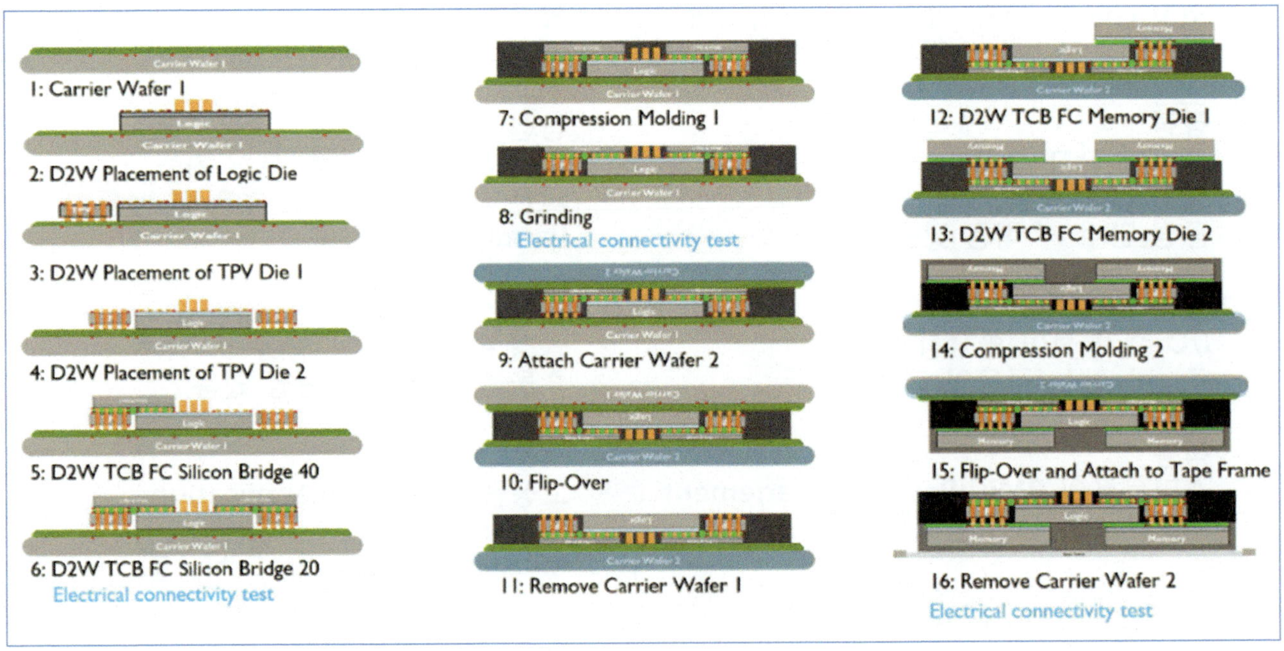

자료출처-IMEC

4. 2.5D/3D Package

● **2.5D Package**

TSV와 RDI 기술을 사용하여 여러 개의 chip을 한 개의 interposer 위에 수직/수평 배치하고 chip들 간을 연결하는 방식

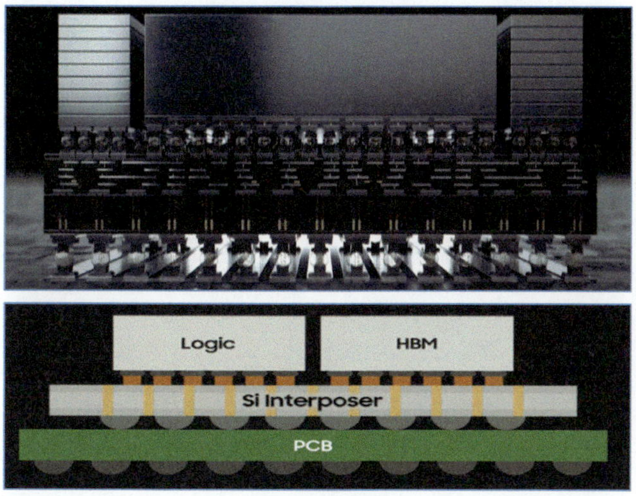

● **3D Package**

서로 다른 chip을 수직 방향으로 층층이 stack하는 방식

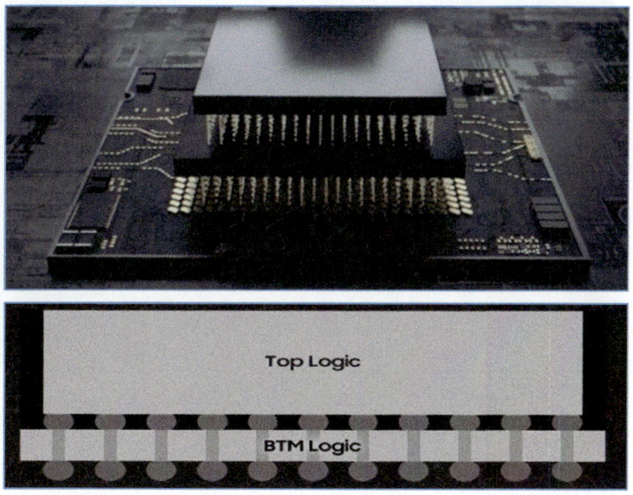

자료출처-Samsung Semiconductor

4. 2.5D/3D Package

● **2.5D Package**

HBM을 외부와 연결하는 pin은 일반적인 bump보다 크기가 작은 20um 크기의 micro bump로 이루어짐

HBM 1개당 micro bump의 수는 보통 5천 개 정도 (4개의 HBM 사용 → 2만 개) Logic chip은 2만 개 수준, 따라서 총 4만 개의 micro bump 사용

2.5D package는 3D package가 가진 발열 문제와 회로 간 좁은 간격으로 인한 누설전류에서 비교적 자유로움

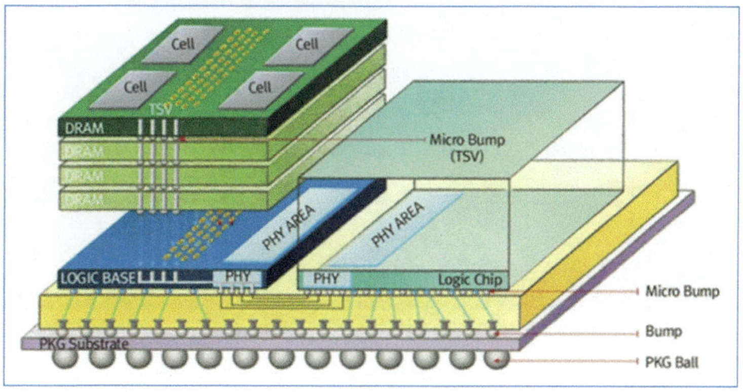

자료출처-SKhynix

4. 2.5D/3D Package

- **TSMC_CoWoS**

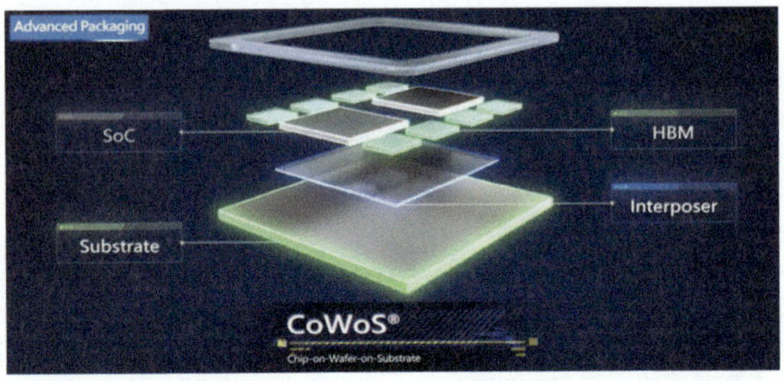

- **INTEL_2.5D Package**

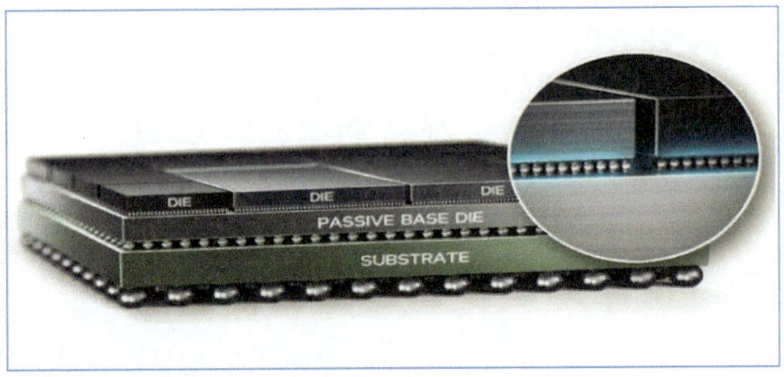

- **SAMSUNG_2.5D Package**

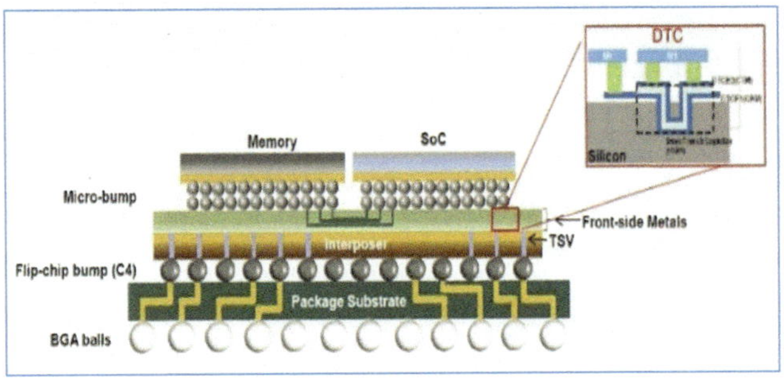

- **AMKOR_CoWoS**

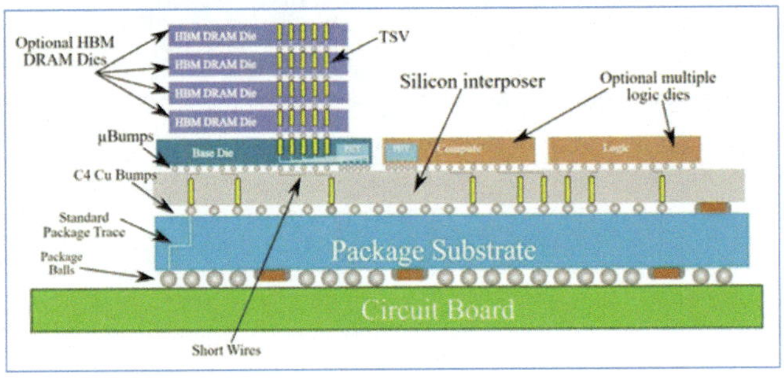

자료출처-TSMC, INTEL, Samsung Semiconductor, AMKOR

4. 2.5D/3D Package

- **3D Package**

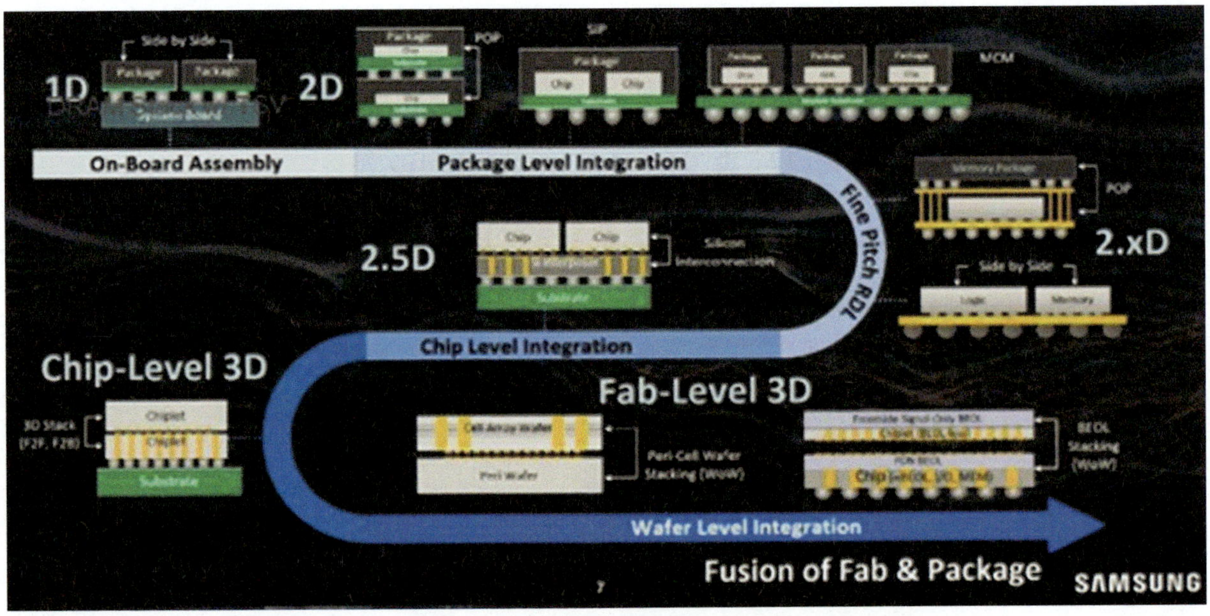

자료출처-SAMSUNG

4. 2.5D/3D Package

오늘날의 첨단 반도체 packaging 구조는 수천 개의 TSV를 통해 여러 chip을 연결
예를 들어, HBM은 TSV를 활용하여 여러 memory chip을 이종 집적한 가장 초기 기술
2019년에 도입된 HBM2는 12개의 memory chip을 적층하고 약 60,000개의 TSV를 interconnection으로 사용

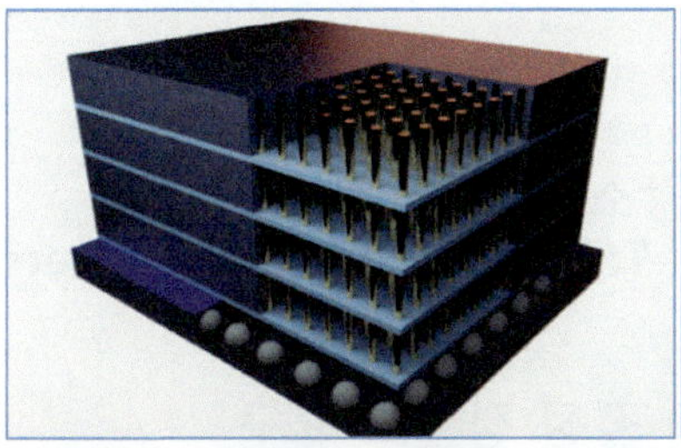

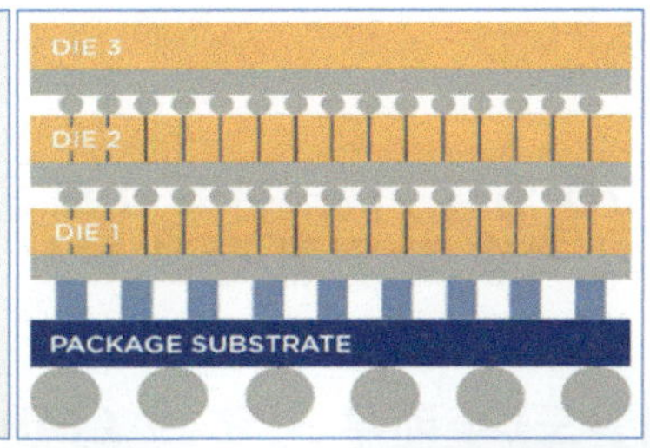

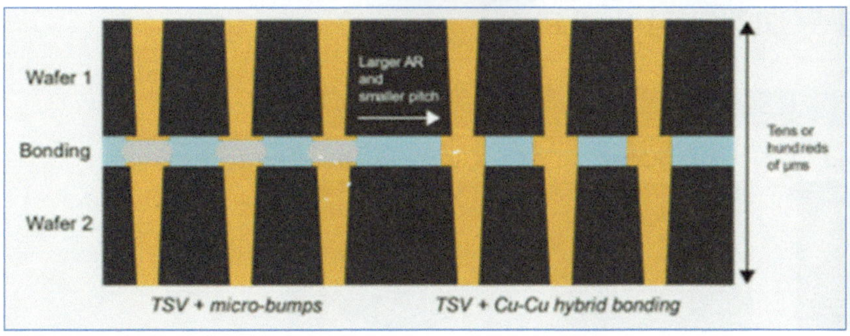

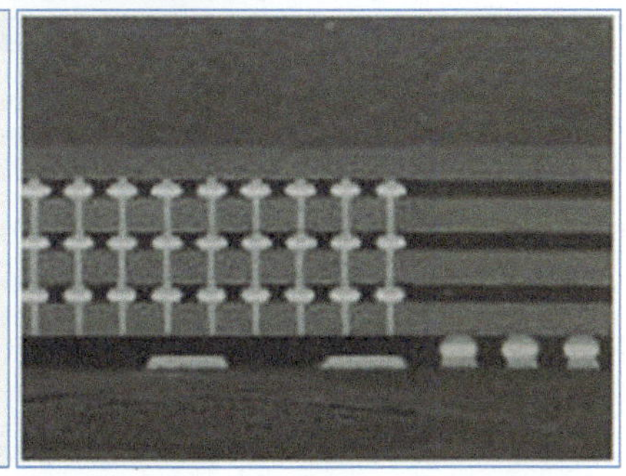

자료출처-ThermoFisher Scientfic

4. 2.5D/3D Package

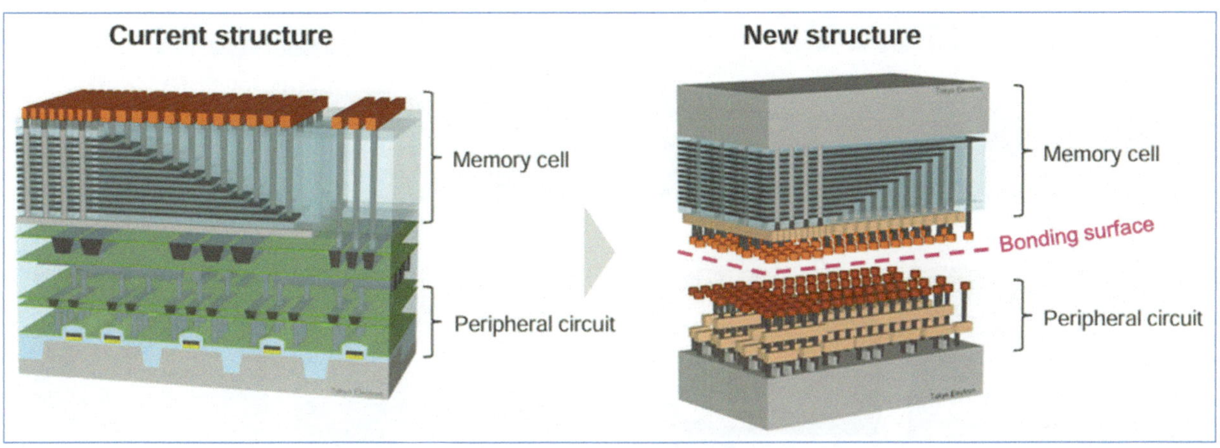

- **Memory cell 제조 과정에서 고온에 노출되면서 주변 회로의 성능이 저하됨**
- **Interconnection 배선이 길어짐**

- **주변 회로는 별도의 wafer에서 제조된 후, memory cell wafer와 bonding**
- **이를 통해 주변 회로의 성능이 향상되고, 공정의 처리 시간이 단축 됨**
- **Interconnection 배선도 짧아짐**

자료출처-TEL_최성우

5. Hybrid Bonding

- **Hybrid Bonding**

Hybrid Bonding은 금속-절연체 간 정밀한 표면 접합을 통해 chip과 chip, 혹은 wafer와 wafer를 직접 연결하는 기술
절연층(산화막)끼리 먼저 분자 수준으로 접합되고, 그 후에 금속 pad(Cu)가 정렬되어 전기적으로 연결됨

- **장점**
- **초고속·고밀도 I/O 연결 가능, 전력 소모 감소 및 성능 향상**
- **3D packaging의 적층 간 연결 품질 향상, TSV 없이 die-to-die interconnect 가능**

- **단점**
- **표면 정밀도(평탄도)가 매우 중요 → CMP 공정 정밀도 요구**
- **정렬 오차가 거의 없어야 함 → 고정밀 장비 필요**

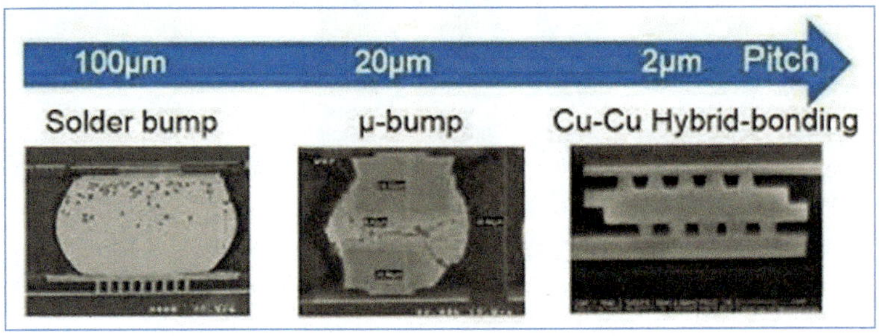

자료출처-태크엘_이명호

5. Hybrid Bonding

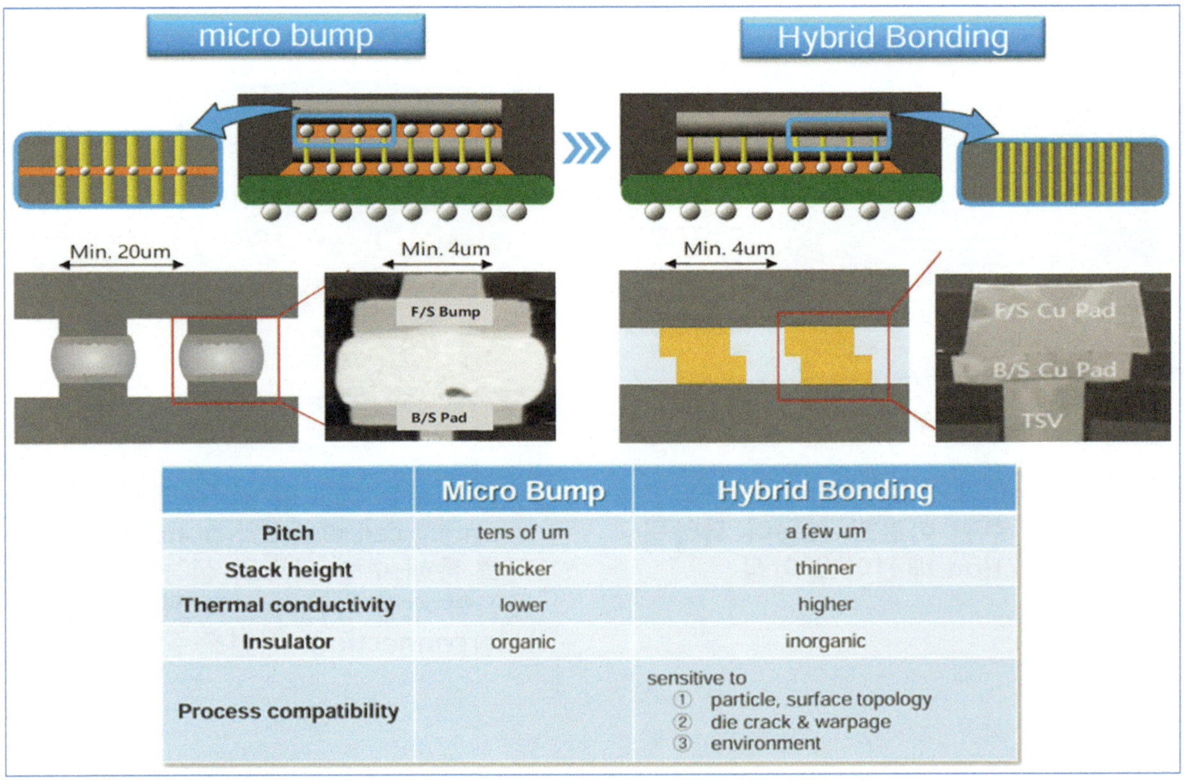

	Micro Bump	Hybrid Bonding
Pitch	tens of um	a few um
Stack height	thicker	thinner
Thermal conductivity	lower	higher
Insulator	organic	inorganic
Process compatibility		sensitive to ① particle, surface topology ② die crack & warpage ③ environment

자료출처-TEL_최성우, 반도체 패키징_서민석

5. Hybrid Bonding

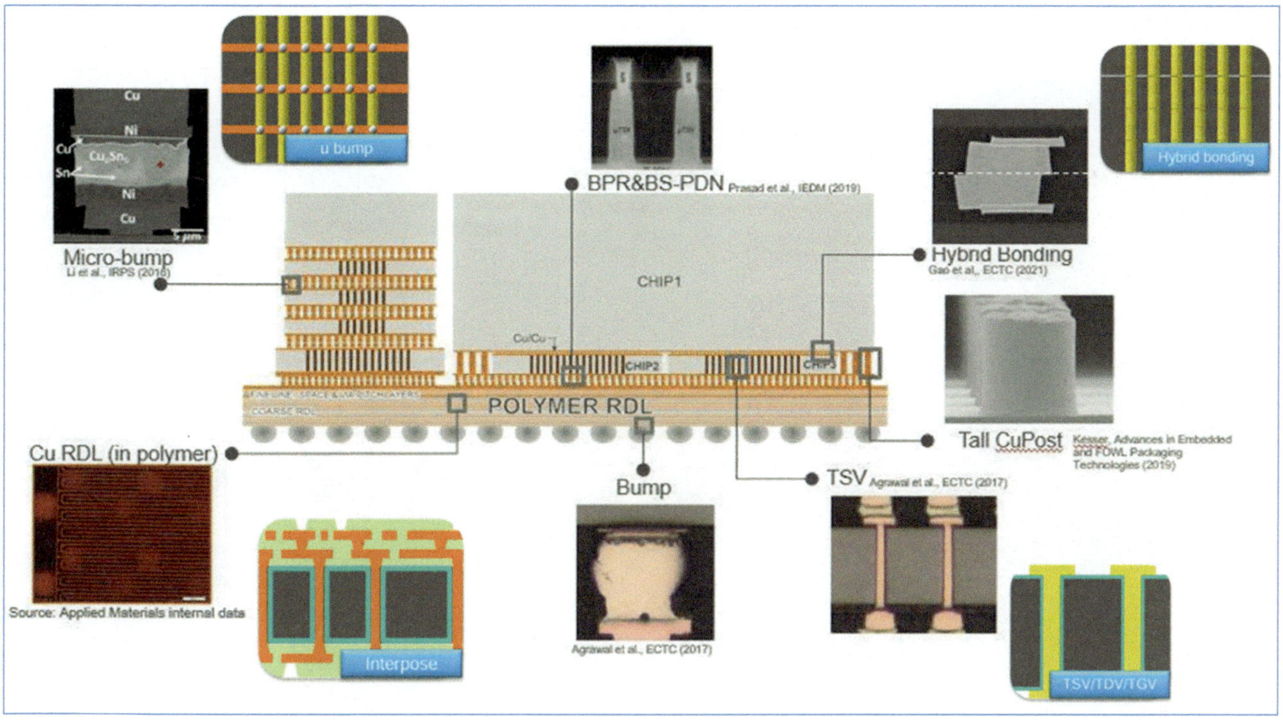

자료출처-APPLIED MATERIALS, TEL

5. Hybrid Bonding

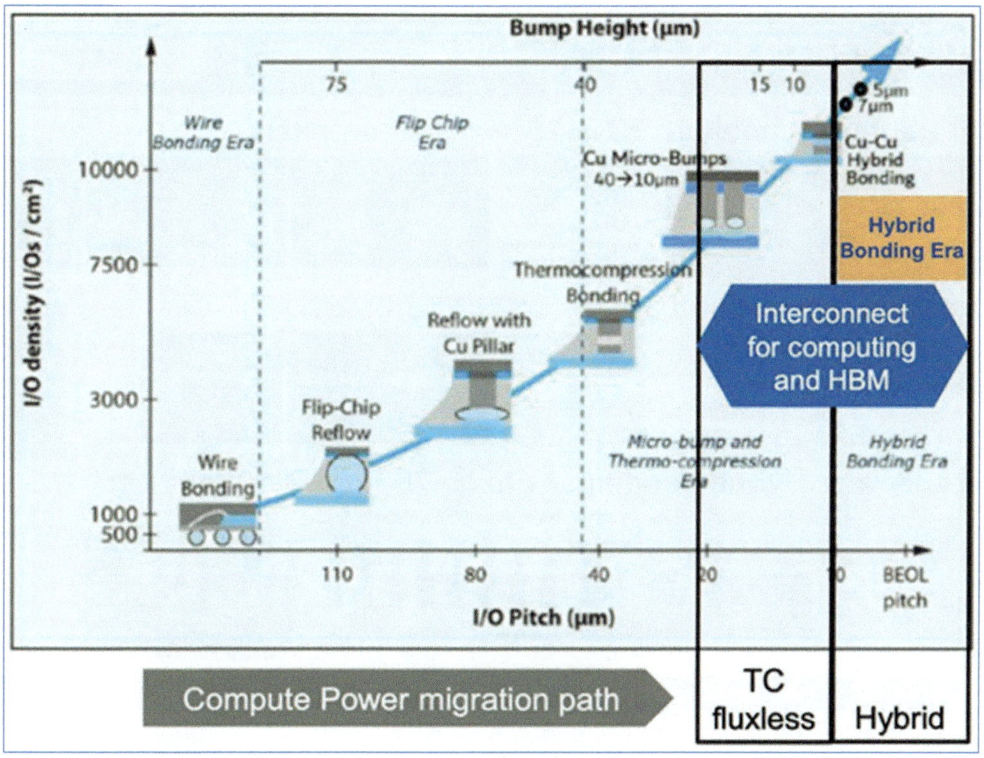

자료출처-Besi Investor Day 2024

5. Hybrid Bonding

- **Expansion of Hybrid Bonding**

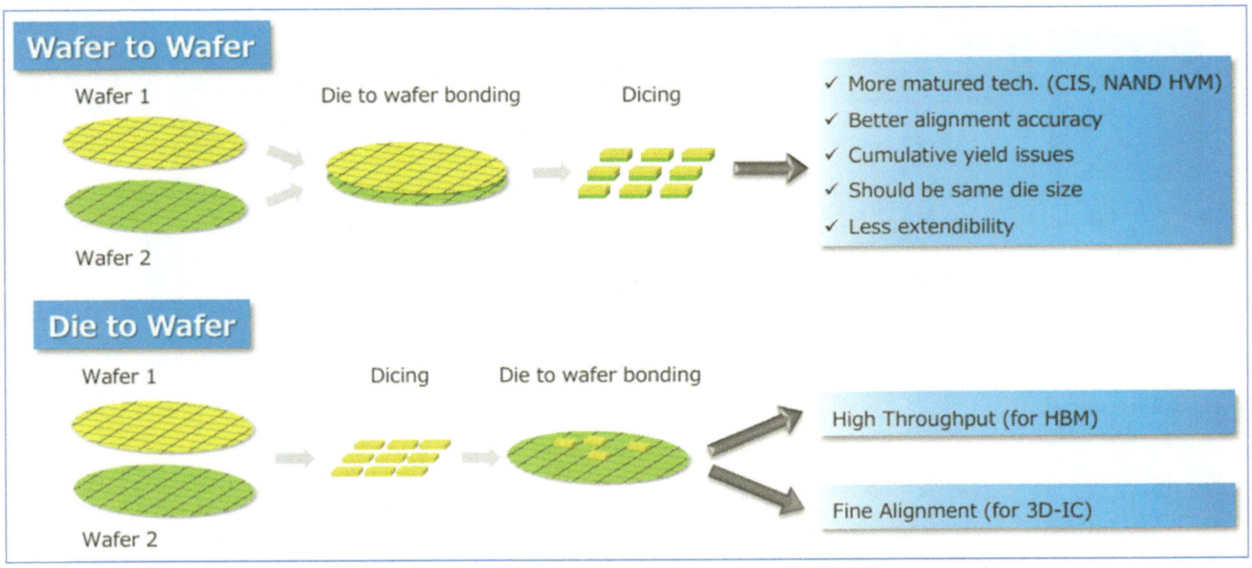

자료출처-TEL_최성우

5. Hybrid Bonding

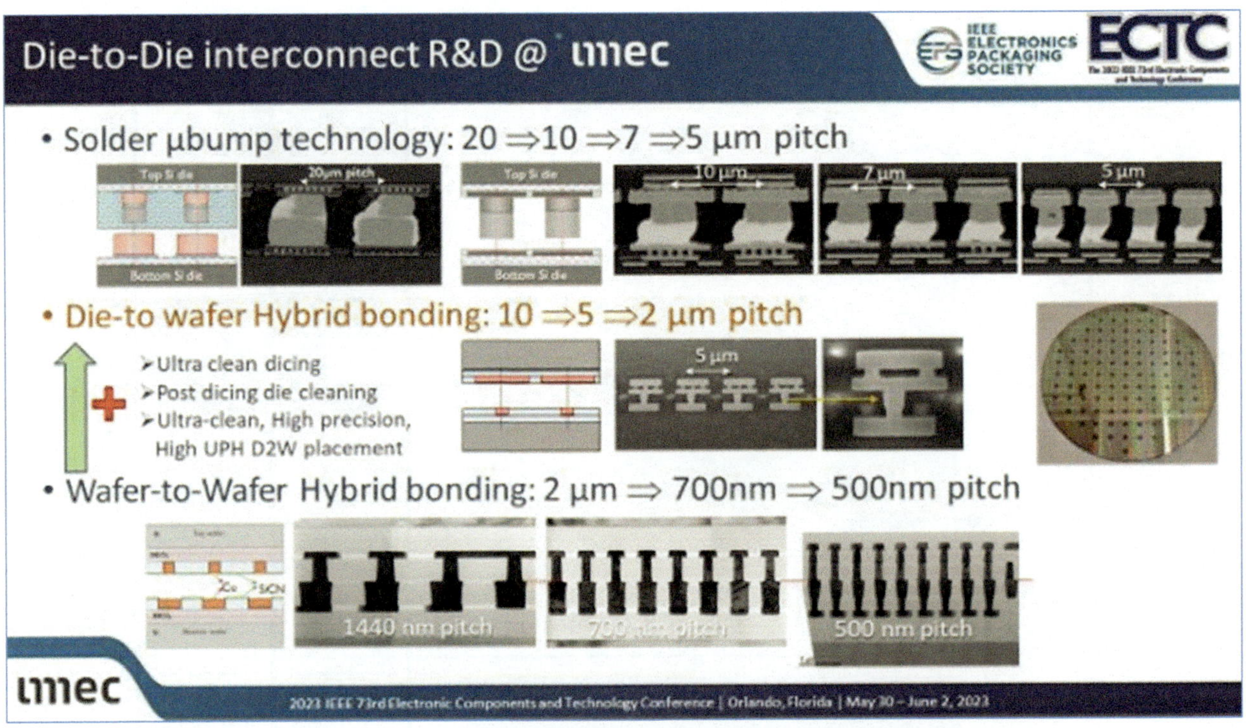

자료출처-IMEC

5. Hybrid Bonding

- **Cu-Cu Hybrid Bonding**

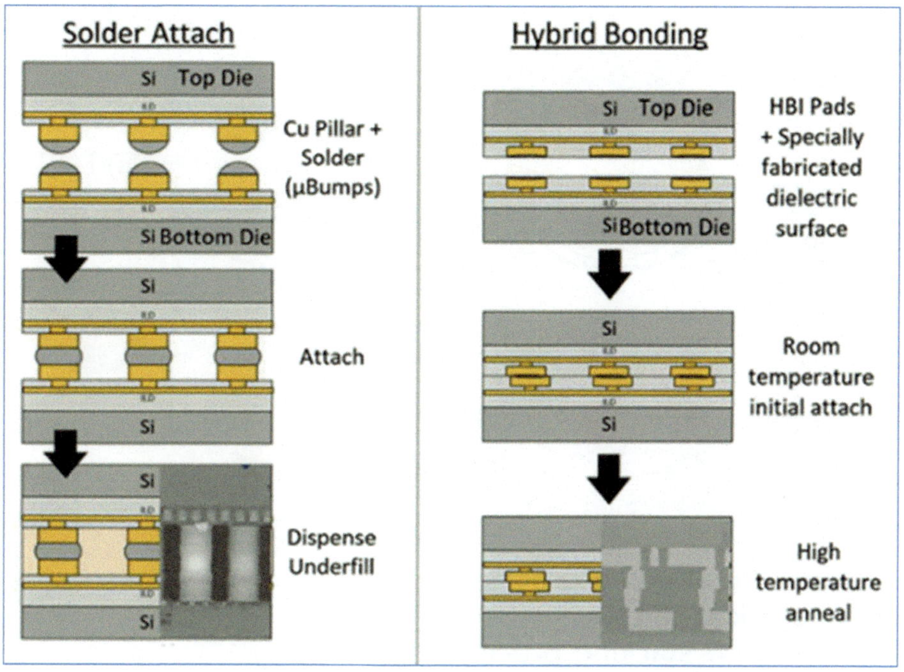

자료출처-INTEL

5. Hybrid Bonding

- **Process**

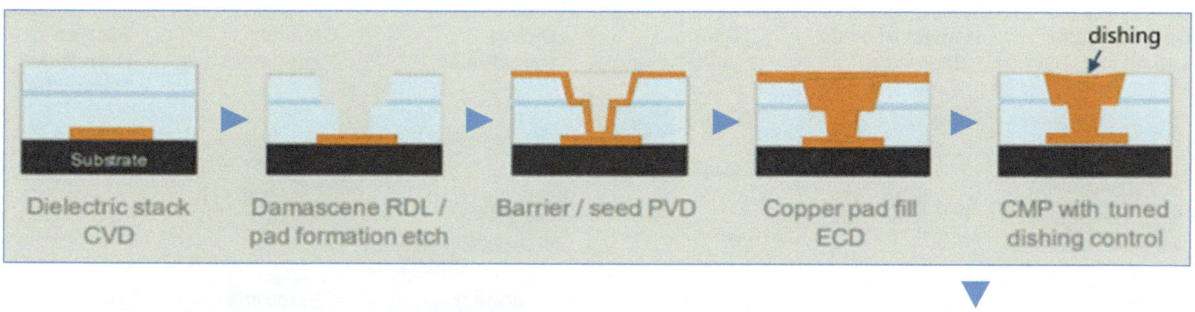

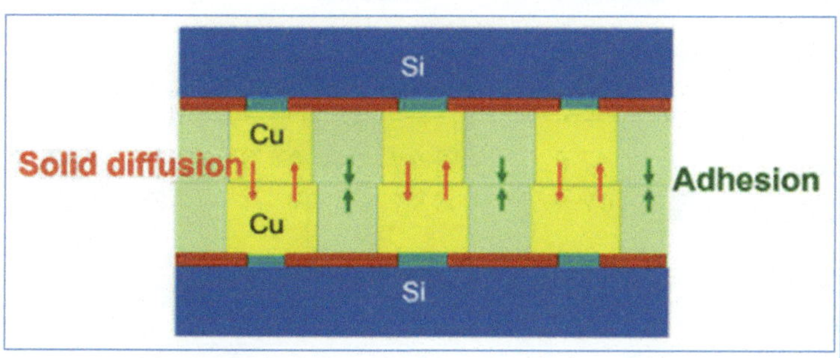

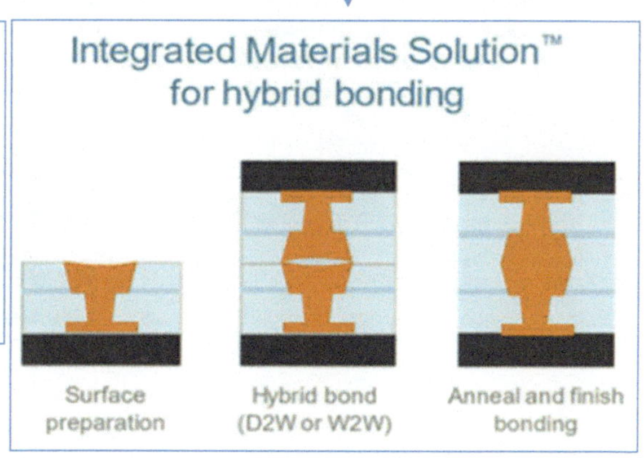

Hybrid Bonding =
copper and dielectric are bonded together

자료출처-APPLIED MATERIALS

5. Hybrid Bonding

- **Process (Die to Wafer)**

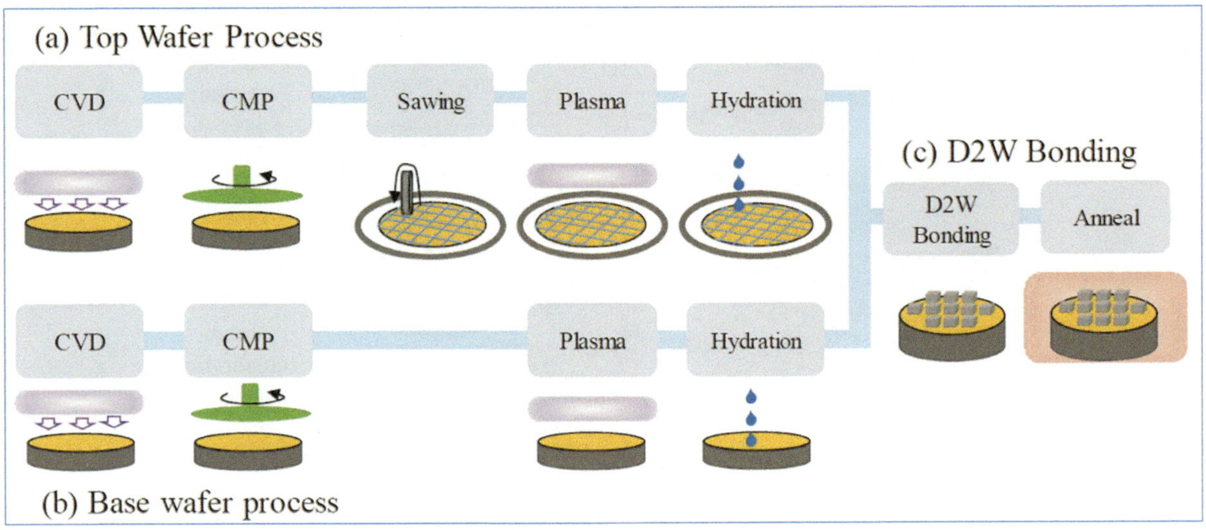

Die to wafer Hybrid Cu Bonding process
(a) Top wafer for stacked chips
(b) Base wafer, and D2W stacking process

자료출처-반도체 패키징_서민석

5. Hybrid Bonding

- **Risk**

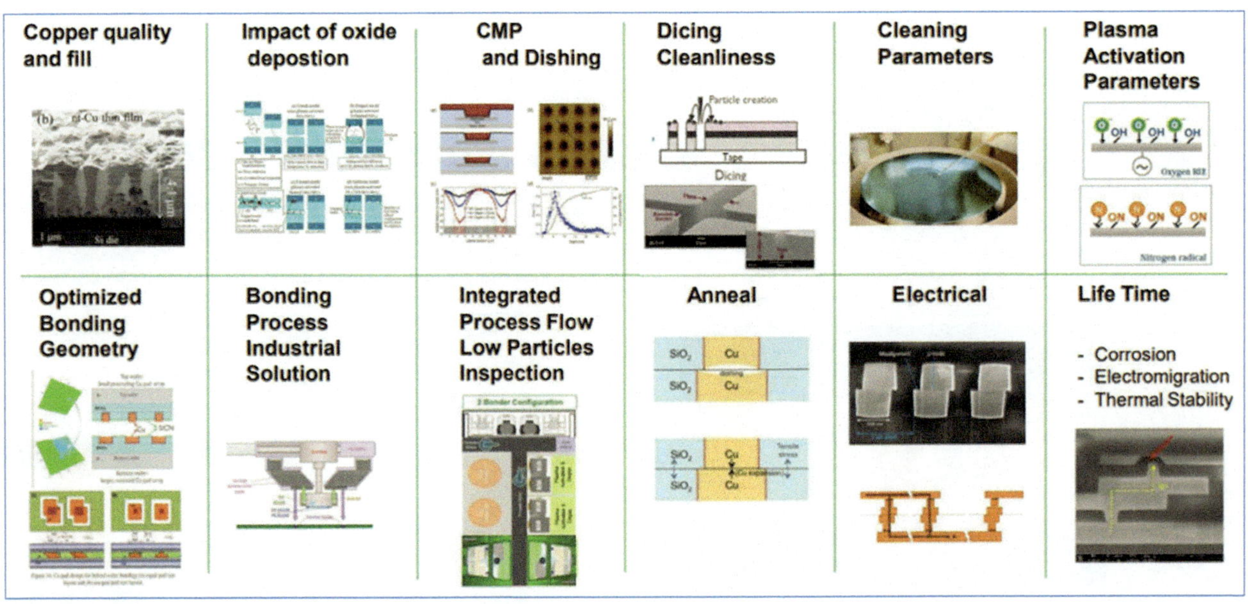

자료출처-BESI

부록 II

반도체 용어집

A

absolute maximum ratings - The range of voltages, currents, temperatures, etc., outside of which the device's performance or reliability is expected to seriously degrade or the device will cease to function. Unless otherwise specified, these ratings are given for TA = + 25°C. Combinations of maximum ratings may not be applied simultaneously.

absorption - To take up a substance into or throughout a material or fabric by physical or chemical means. A particular piece of protective clothing may act more like a sponge and absorb certain liquids rather than act active barrier.

accept number - The maximum number of devices which may fail a sample test without causing rejection of the lot.

acceptor - An impurity that can make a semiconductor P-type by accepting valence electrons, thereby leaving 'holes' in the valence band of the semiconductor device. The holes act like carriers of positive charge.

access control - The process of granting or denying specific requests to: 1. obtain and use information and related to information processing services; and 2. enter specific physical facilities (e.g., Federal buildings, military establishments, and border crossing entrances).

access control system format - The algorithm that specifies how data transmitted by the system is to be interpreted. The format specifies how many bits make up the data stream and which bits represent different types of information. For example, the first few bits might transmit the facility code, the next few the unique ID number, the next few parity, and so on.

access management - The processes and technologies for controlling and monitoring access privileges to resources, consistent with governing policies. Access management includes authentication, authorization, trust, and security auditing.

access right - The privilege or permission for an individual to access a controlled resource or entity(physical or logical).

ac signal - A signal that has alternating polarity, typically a sinusoidal wave of constant frequency.

active circuit area - All areas from outside edge of the bond pads inward, except where there is an active line in the device located beyond the outside edge of the bond pads.

active Components - Semiconductor devices, such as transistors and diodes, that can change its basic characteristics in an powered electrical circuit, such as amplifiers and rectifiers.

active device - A device which, when subjected to a current or voltage, exhibits either gain(amplification) and/or control characteristics, or a device which converts input signal energy into output signal energy through interaction with the energy from an auxiliary source(s).

active filter - An electronic filter that combines active devices such as operational amplifiers with passive components like resistors and capacitors; active filters are typically better than purely passive filters.

active load - A programmable circuit that can serve as a pullup or pulldown load for a DUT(device under test) pi.

active test site - an operational test site that has its tester channel numbers included in the test program's pin lists.

a/d or d/c - Analog-to-Digital donverter. this device is what all digital imaging systems use to get real-world pictures from a TV camera, for example into a computer.

adapter card - Circuit board or other hardware in data terminal equipment(DTE) that provides the physical interface to the communications network.

ADC - See 'Analog-to-Digital Converter'.

ADM - Acronym for 'Add/Drop Multiplexer'; A device that adds(inserts) or drops(removes) lower-data-rate channel traffic from a higher-rate aggregated channel.

ADPCM - Acronym for 'Adaptive Differential Pulse Code Modulation'; A compression technique that encodes only the difference between sequential samples.

ADSL - Acronym for 'Asymmetric Digital Subscriber Line'; A method of moving data over regular phone lines faster than a modem.

Advanced Substrates - Printed circuit board materials with superior thermal properties for products requiring high-frequency transmission.

AES - 'Advanced Encryption Standard', also known as Rijndael. A block cipher adopted as an encryption standard by the U.S. government.

AFE - Acronym for 'Analog Front End': the analog portion of a circuit which precedes analog-to-digital conversion.

AGC - Acronym for 'Automatic Gain Control'; A circuit that modulates an amplifier's gain in response to the relative strength of the input signal in order to maintain the output power.

air(coupling) bridge - A raised layer of metallization used for interconnection that is isolated from the die surface by only air.

algorithm - A set of rules with a finite number of steps for solving a problem or performing a task, Such as testing.

aliasing - The phenomenon wherein a signal is falsely represented as a lower-frequency signal by digital data obtained from digitization of the signal using an insufficient sampling frequency.

alias frequency - A false lower-frequency component that emerges when an analog signal is digitized at an insufficient sampling rate.

align - Position mask or reticle with respect to pattern on wafer.

alloy - A substance that exhibits metallic properties and is composed of two or more chemical elements, at least one of which is a metal.

alloy42 - An alloy composed of about 57.7% Fe, 41% Ni, 0.8% Mn, and 0.5% Co.

alpha particles - Helium nuclei emitted as a result of the radioactive decay of trace amounts of naturally occurring uranium and thorium found in semiconductor packaging materials. Alpha particles, if not properly controlled, can cause soft errors in dynamic memories.

ambient level - The intensity of noise and signals that are present at a test location when the device under test is not active.

ambient temperature - The temperature of the environment(air) around a suite, object or individual.

AML - 'Approved Manufacturer List'.

amplitude modulation(AM) - A modulation method in which the carrier amplitude changes with the input signal amplitude.

analog Circuit - An electrical circuit that provides a continuous quantitative output as a response from its input.

analog device - A microcircuit in which the output is a mathematical function of the input.

analog integrated circuit - A type of integrated circuit in which the signals are continuous and can take on any value within a range, instead of just one of two possible values(digital). Analog chips are often used for applications like multimedia and communications. Testing of analog chips must be done on a test designed to be able to handle analog signals.

analog signal - A variable and non-discrete electrical signal that can be transformed to represent something in the physical world for processing, transmission, amplification.

analog-to-digital conversion - The process of representing an analog signal with digital data.

analog-to-digital converter(ADC or A/D converter) - A semiconductor device or electronic circuit that converts an analog signal input into a digital code output.

anechoic chamber - An enclosure especially designed with walls that absorb sound or radiation, creating an essentially free-field environment for testing.

analog signals - Analog is a continuous signal, measuring features that are difficult to break into digital components, such as pressure, temperature, voltage, current and air and water-flow. The circuits are used in products that involve sound(radios, TVs) and pressure(automotive air bags, anti-lock brakes).

angstrom - One ten-billionth of a meter. Some chip layers are only 100 angstroms thick.

anode - 1. The electrode where oxidation takes place; 2. In lead finish, the source material for the metal plating.

annealing - A baking process typically used to incorporate doping atoms into the silicon crystal lattice.

annular rings - The conductive copper rings around the holes in a printed circuit board.

ANSI - 'American National Standards Institute'.

anti-alias filter - A low-pass filter that removes or attenuates noise and aliased high-frequency components of an analog signal prior to its conversion into a digital value

AOI - 'Automatic Optical Inspection' uses technology to inspect an object.

API - See 'application programming interface'.

APM - Acronym for 'Advanced Power Management'; Power management standard for computers that provides five power states: Ready, Stand-by, Suspended, Hibernation, Off.

applicant - An individual applying for an identity card/credential. In context of the Federal Personal Identity Verification(PIV) card, the applicant may be a current or prospective Federal hire, a Federal employee, or a contractor.

application - A hardware/software system implemented to satisfy a particular set of requirements. In the context of FIPS 201, an application incorporates a system used to satisfy a subset of requirements related to the verification or identification of an end user's identity so that the end user's identifier can be used to facilitate the end user's interaction with the system.

application authority - The entity that defines the rules of the application and attribute disclosure required from a subject to be disclosed in order to provide the service which may be delegated to a service provider.

application programming interface(API) - A source code interface that a computer system or program library provides in order to support requests for services to be made of it by other computer programs, and/or to allow data to be exchanged.

AQL - 'Acceptable Quality Level'. The maximum percent defective that can be considered acceptable as an average for all lots screened. The sample size used with a given AQL will prevent acceptance of 95% of all lots having a greater percent defective.

ARAM - 'Audio-grade DRAM' with 'bad bits'. an 'ARAM' can be mapped to avoid using bad bits, and therefore deliver good performance.

architecture - The functional design of a complex component, circuit or system, including both its hardware and its compatibility with external hardware and software.

ARM - 'advanced RISC machines'.

array - A set of elements(usually referring to leads or balls in the context of semiconductor assembly) arranged in rows and columns.

artwork - The design of a circuit board.

ashing - Removal of photoresist through dry processing.

ASIC - 'Application Specific Integrated Circuits'. designed to suit a customer's particular requirement, As opposed to DRAMs or microprocessors, Which are general-purpose semiconductors.

ASM - 'application-specific memory'.

ASPN - 'application-specific passive network'.

aspect ratio - The ratio of a video picture's width to its height.

ASQ - 'American Society For Quality'.

assembler - A program that translates mnemonic codes into binary data that can be executed by a computer.

assembly - The process of putting a semiconductor device or integrated circuit in a package of one form or another; It usually consists of a series of packaging steps that include: Die preparation, die attach, wirebonding, encapsulation or sealing, deflash, lead trimming/forming, and lead finish.

assembly file - A drawing indicating where components are placed on a 'PCB'.

ASSP - 'Application-Specific Standard Products'. An integrated circuit that performs functions for a single application.

assurance level - The degree of certainty that the user has presented an identifier (e.g., a credential) that refers to his or her identity. In the context of FIPS 201, assurance is defined as 1) the degree of confidence in the vetting process used to establish the identity of the individual to whom the credential was issued, and 2) the degree of confidence that the individual who uses the credential is the individual to whom the credential was issued.

ASTM - 'American Society for Testing and Materials'. Guidelines for safety and standardization of manufactured goods. Organized into 140 committees. Co F23 is made up of individuals representing both producers and users of protective clothing. The group develops test methods and voluntary standards assessing the performance of protective clothing against occupational hazards.

ASTM F1001 - Standard chemical test battery used to compare material resistance across like chemicals. Currently consists of 15 liquids and 6 gases with each chemical representing a different family of chemicals.

ASTM F1052 - Standard practice for pressure testing of 'Level A' totally encapsulating chemical protective suits. Test if suit has 'air leaks' which could possibly allow entry of hazardous substances.

ASTM F739 - Standard test method for resistance of protective clothing materials to permeation. Fives consistent and repeatable method to determine if material 'X' provides sufficient barrier to chemical 'Y'.

asymmetric cryptographic technique - A cryptographic technique that uses two related operations: a public operation defined by public numbers or by a public key and a private operation defined by private numbers or by a private key. (The two operations have the property that, given the public operation, it is computationally infeasible to derive the private operation.)

asymmetric keys - Two related keys, a public key and a private key, that are used to perform complementary operations, such as encryption and decryption or signature generation and signature verification.

asynchronous - An action that takes place at an arbitrary point in time, without being synchronized with a reference timer or event.

asynchronous transfer mode(ATM) - A fast-packet switching technology that uses asynchronous time-division multiplexing.

ATAPI - PC driver interface

ATE - 'Automatic Test Equipment'. Equipment designed to automatically analyze functional or static parameters in order to evaluate performance degradation. It may also be designed to perform fault isolation.

ATF - 'Automatic Track Finding'.

ATG - 'Automatic Test Generation'. Computer generation of a test program based solely on the circuit technology, requiring little or no manual programming effort.

ATM - 'Asynchronous Transfer Mode'.

atmospheric downstream plasma(ADP) - Direct current plasma in Argon flow in an atmospheric pressure chamber. Downstream means that the wafer is not subjected to the charged particles of typical plasmas. Applications include silicon wafer thinning, backside wafer etching for silicon oxide, silicon nitride and polysilicon film removal, backside damage and stress removal after grinding or lapping and isotropic etching through a mask.

atmospheric oxidation - A process of oxidation of silicon carried out at atmospheric pressure. The equipment used for thermal oxidation is the same as that used for thermal diffusion.

atomic force microscope(AFM) - A microscope that works by bringing a fine needle right up to the surface of a semiconductor and tracing the topography o f the material. AFM's are an alternative to scanning electron microscopes as a means of measuring and monitoring the widths and heights of critical geometries(critical dimensions – CDs) on a circuit.

ATP - 'Acceptance Test Plan'. A document developed for the purpose of detailing all of the testing involved in device and/or lot acceptance.

attenuation - The reduction of a signal's intensity or power from the time of its transmission to the time of its receipt.

attribute - A quality, characteristic or entity that defines properties of a subject (e.g., person), object or element.

attributes data - Gross quantitative data indicating the total number of devices subjected to and passing or failing the various screening steps in a test sequence.

audit - Random surveillance of processes, specifications, etc.

authenticate - To verify(guarantee) the identity of a person or entity. To ensure that the individual or organization is really who it says it is.

authentication - The process of validating the identity of a person or other entity.

authentication factors - Pieces of information used to verify a person's identity for security purposes. The three most commonly recognized factors are: Something you know, such as a password or personal identification number(PIN). Something you have, such as a credential, card or token. Something you are, such as a fingerprint or other biometric.

authorization - The assignment of a privilege or privileges (e.g., access to a building or network) verifying that a known person or entity has the authority to perform a specific operation. Authorization is provided after authentication.

automated test equipment(ATE) - Equipment that tests the PCB normally in its assembled state for functionality.

autorange - The automatic adjustment of the measurement range of a measuring instrument to maximize the accuracy of the measurement taken of a quantity at its input.

averaging - Mathematical smoothing of the results of several measurements by summing them up and dividing the sum by the number of samples.

AVL - 'Approved Vendor List'.

AWG - 'Arbitrary Waveform Generator'; An instrument that can be programmed to provide signals with special waveform characteristics.

axis - A plane through a device established for the purpose of orienting the application of force during such stresses as constant acceleration. The most widely used axis is the Y1 axis, in which the application of force is such it will tend to lift the die off the mounting surface or the wires off the die.

B

back-end - Refers collectively to later assembly process steps from molding to all steps succeeding it; Also known as 'end-of-line'.

back end manufacturing - The portion of semiconductor manufacturing that happens after the wafer has left the cleanroom. This includes testing the chips at wafer level, repairing the chips if necessary, dicing the wafers and putting the individual chips into packages. In short, back end manufacturing is test and assembly. There is a growing trend among semiconductor manufacturers to outsource the assembly, and often the testing too, to independent assembly houses.

backgrinding - The process of grinding the back side of a wafer until the wafer attains the desired thickness.

backlapping - Fine grinding or polishing of the bottom side of wafers prior to diffusion to reduce wafer stress and provide uniform thickness and planarity.

backplanes or backpanels - Multi-layer printed circuit boards typically used to connect other boards.

backside abrasion - A process whereby the backside of a finished wafer is cleaned using a fine-granular powder under air pressure in order to remove all oxidation or any other materials. The resulting level of wafer cleanliness allows better die attach of dice from the wafer.

ball bond - A bond that looks like a ball, having originated from a molten sphere at the end of the bond wire.

ball bonding - A thermocompression bonding technique. the wire end is melted to form a ball, which provides a larger area of contact than otherwise possible.

ball grid array(BGA) - 1. A packaging technology similar to a pad grid array, in which a device's external connections are arranged as an array of conducting pads on the base of the package. However, in the case of a ball grid array, small balls of solder are attached to the conducting pads: 2. A surface-mount package that utilizes an array of metal spheres or balls as the means of providing external electrical interconnection, as opposed to the pin-grid array(PGA) which uses an array of leads for that purpose.

ball lifting - A failure mechanism wherein a ball bond either becomes detached from its bonding site or fails to attach to it.

ball shear test(BST) - A process for testing the shear strength of a ball bond's adhesion to the bond pad that employs a needle to push the ball bond horizontally(parallel to the plane of the bond pad).

band-pass filter - A filter that passes only those signals with frequencies falling between two predefined frequencies.

bandwidth(BW) - A range of frequencies over which a system works without degrading the original signal.

bare board - An unpopulated 'PCB'.

bare die - an unpackaged discrete or integrated circuit.

bare die have bond pads on the upper surface suitable for interconnection to the substrate or package by wire bonding or soldered wiring.

bare PCB - An unassembled printed circuit board.

base - The lower half of a ceramic dual-in-line package.

baseband - The signal that is unmodulated in video and audio transmissions.

baseline - A detailed definition of a device's electrical and mechanical configuration, assembly, processing and testing used as a base from which to track subsequent changes.

BBT - 'Bare Board Test'. A test carried out on the PCB for continuity before any parts are assembled to the PCB

BCD - Aacronym for 'Binary-Coded Decimal'; Representation of a number in which each decimal digit(0-9) is encoded in binary, with four bits per decimal digit.

BCDMOS - 'bipolar/CMOS/DMOS'.

BECMOS - 'bipolar enhanced CMOS'.

BER - Acronym for 'Bit Error Rate'; A measure of the number of erroneous bits which can be expected in a specified number of bits in a serial stream.

BiCMOS - 'Bipolar Complementary Metal Oxide Semiconductors'. This relatively new process combines both bipolar and 'CMOS' technologies on the same chip, yielding products with the benefits of both technologies.

bidirectional - The ability to accommodate signals traveling in either direction though a single channel.

bill of materials(BOM) - A detailed list of all the necessary subassemblies, components, and raw materials for an assembly.

bimetallic contamination - A corrosion that results from the interaction of gold with aluminum that contains more than 2% silicon. At temperatures greater than 167°C, the silicon will act as a catalyst to create an aluminum-gold alloy. The resulting metallic migration results in gaps(called Kirkendall voids) in the gold-aluminum interface. Bimetallic contamination can decrease bond wire adhesion and can lower current carrying capability at the interface. In extreme cases, bond wires will actually lift from the pad. Bimetallic contamination is frequently referred to a 'purple plague'.

binary - Characteristic of having only two states, such as current on and current off. The binary number system uses only ones and zeros.

binary logic - Logic using two logic states(ON and OFF, or Logic '0' and Logic 'V').

binning - Classifying chips by their performance (usually speed) the analogy is to physically drop things into different bins. This happens at the final test. Once the chops have been packaged, they are tested one more time to see if they work and how well they perform.

biometric - A measurable, physical characteristic or personal behavioral trait used to recognize the identity, or verify the claimed identity, of an individual. Facial images, fingerprints, and iris scan samples are all examples of biometrics.

biometric data - Data encoding a feature or features used in biometric verification.

biometric information - The stored electronic information pertaining to a biometric. This information can be in terms of raw or compressed pixels or in terms of some characteristic (e.g., patterns).

biometric reference data - Data stored on the card for the purpose of comparison with the biometric verification data.

biometric system - An automated system capable of the following: Capturing a biometric sample from an end user. Extracting biometric data from that sample. Comparing the extracted biometric data with data contained in one or more references. Deciding how well they match. Indicating whether or not an identification or verification of identity has been achieved

biometric template - The formatted digital record used to store an individual's biometric attributes. This record typically is a translation of the individual's biometric attributes and is created using a specific algorithm.

biometric verification - The process of verifying, using a one-to-one comparison, the biometric verification data against biometric reference data.

bipolar - 1. A signal that includes positive and negative values; 2. A type of semiconductor device whose operation depends on the movement of two types of carriers, i.e., electrons and holes; 3. A device that can operate with both positive and negative voltages.

bipolar mode - The mode of operation of a converter

wherein both positive and negative analog values are used.

bipolar offset - The deviation of the actual value of a converter's major carry transition from '011111111111' to '100000000000' from its ideal value, i.e., an analog input value that is 1/2 LSB below the analog common.

BIST - Acronym for 'Built-in Self Test'; the technological approach of building tiny tester models onto the integrated circuit so that it can test itself.

bit - Binary digit. The basic unit of all digital communications. A bit is a '1' or '0' in a binary language.

bit error ratio - The number of erroneous bits divided by the total number of bits transmitted, received, or processed over a specified duration.

bit map - A set of data that define the colors or gray levels in an image.

blackpad - Poor solderability caused by contamination between the gold and nickel plating.

blind or buried vias - Holes within complex PCBs which connect inner layers.

blob - A continuous region in an image in which all pixels have the same gray level.

blooming - Saturation of light-sensing elements in a TV camera, leading to clipping when the camera is at the maximum brightness level.

bluetooth - A technology that allows voice and data connections between a wide range of mobile and stationary devices through short-range digital two-way radio.

bluetoothtm - A wireless personal area network(PAN) technology from the bluetoothtm special interest group, founded in 1998 by ericsson, TBM, Intel, Nokia and Toshiba. It is an open standard for short-range transmission of digital voice and data between mobile and desktop devices.

board cleaner - A production line machine used to remove solder residue and other foreign material acquired during assembly from the 'PCB'.

boat - Pieces of quartz joined together to form a supporting structure for wafers during high -temperature processing steps. OR A Teflon or plastic assemblage used to hold wafers during wet processing steps.

body box test - This is a test to determine how particle shed a garment has. During the body box test, a subject is placed in a Class 10 room and performs a series of activities during a 10 minute test period. The activities include arm extensions for 3 minutes, walking for 3 minutes and doing 5 deep knee bends in 1 minute. These activities are separated by 1 minute intervals of standing still. The data is reported as the average number of particles .5 micron and larger counted per minute during the 10 minute test period.

boiling point - The temperature at which a liquid turns to gas in standard atmospheric pressure. For example, the boiling point of water at sea level is 100°C, 212°F.

bonding diagram - A diagram showing how a device is to be wire-bonded.

bonding die - Attaching of a semiconductor die to the package or substrate. Also called die attachment.

bonding pad - An expanded metallization area on the surface of a die where the bonding wire will be placed.

bonding wire - Fine wire used for making electrical interconnection between various bonding pads to device terminal.

bond-off - An extra bond attached to the edge of the post or land area of a package (but never to the bonding pad on the die) for the purpose of clearing the bonding machine.

bond pull - Pulling of the bond wires to destruction to determine the strength of the bonds. (See MIL-STD-883, Method 2011.) See also Nondestructive bond pull.

boost - To produce an output voltage that is higher than the input voltage.

bootie - A sock-like extension of the suit leg designed to protect the wearer's feet. Allows the wearer to use his own boots while ensuring the chemical protection provided by the primary suit material.

boron - The P-type dominant dopant commonly used for the isolation and base diffusion in standard bipolar integrated circuit processing.

bottom-brazed flat - A flat pack with the leads brazed to feedthroughs on the bottom of the package rather than passing through the package side.

boundary scan - A generic term for IEEE 1149.1, Which is a methodology allowing complete controllability and observability of the boundary (I/O) pins via a standard interface.

bound seam - A clean-finished binding that

encapsulates the raw edges of two plies of fabric. All layers are sewn through with a chain stitch.

breakthrough time - The time that elapses between the time the challenge chemical first contacts the test specimen (e.g. suit fabric) and the time at which the chemical is detected on the collection side of the permeation cell. Basically, how long dies the suit material 'X' holds out challenge chemical 'Y'. This is determined by permeation testing. Also referred to as 'Chemical Detection Time'.

breeder document - A document used as an original source of identity to apply for (or breed) other forms of identity credentials.

brightener - An electroplating additive that promotes the formation of fine crystal deposits that make the lead finish look brighter.

brittle fracture - A type of fracture that exhibits minimal or no amount of plastic deformation prior to the rupture; usually induced by 'fast-acting' forces such as impact stresses.

broadband - A transmission medium with enough bandwidth to carry multiple voice, video, or data channels simultaneously.

buck - To produce an output voltage that is lower than the input voltage.

buckyball - A sphere of 60 carbon atoms in an arrangement that looks like a soccer ball. A popular name for a buckminsterfullerene(named after buckminster fuller, inventor of the geodesic dome). This nanostructure's unique properties could be useful in nanotechnology.

buffered oxide etch - A mix of hydrogen fluoride and ammonium fluoride used to allow oxide etching to occur at a slow controlled rate.

built-in self test - An electrical testing method that enables devices to test themselves.

bulk CMOS - Conventional CMOS integrated circuit processes so called because they are diffused into bulk silicon rather than on a substrate such as sapphire.

bulk impurities - Random impurities of uncontrolled location and density present in the bulk silicon of the wafer prior to the diffusion processes. Bulk impurities are of concern because of the growth of the various oxide layers employed during the diffusion process can result in impurity relocations and concentrations. Concentrated impurities(which are typically oxygen, carbon, or sulphur) can create unwanted parasitic or various types of latent defects that can lead to premature failure.

bump processing - A method of placing 'bumps', typically solder or other conducting material, onto IC bond pads so that the IC is mounted to either a package or printed circuit board directly.

buried layer - The N+ diffusion in the P-type substrate done just prior to growing the epitaxial layer. The buried layer provides a low resistance path for current flowing in a device.

burn-in - The application of electrical biases to a device while operating it at an elevated temperature (usually 125°C), normally as a 100% screening test. Standard burn-in durations are 160 hours for Class B devices and 240 hours for Class S. This test is designed to 'weed out' devices subject to infant mortality or excessive parametric drift. (See MIL-STD-883, Method 1015.)

burn-in testing - A product functionality test that powers products for an extended period of time.

burst mode - A temporary very high-speed data -transfer mode.

burst radiation - Large amounts of rapid dose rate ionizing radiation [normally in excess of 108 rads (Si)/sec] resulting in device latch-up, data upset, threshold shift or other performance degradation. Burst radiation is usually associated with nuclear weapon detonation.

bus - Electrical connections between integrated circuits and peripheral semiconductors.

byte - A data unit of eight bits.

butyl - Synthetic or man-made rubber. Invented during the 1950's for use in everything from car tires to chemical warfare suits. Considered a durable fabric, it has good barrier to a limited number of chemicals.

C

cable - A term that refers to any of a number of wires or wire groups capable of carrying voice or data transmissions.

CAD - 'Computer Aided Design'.

CAE - 'Computer Aided Engineering'.

CAM - 'Computer Aided Manufacturing'.

CAM files - Files provided for manufacturing 'PCB'.

candidate device - A term used by MIL-M-38510 to designate a device which has been or will be subjected to a specified test or screening flow but has not yet successfully completed that testing.

cap - 1. The upper half of a ceramic dual-in-line package; 2. The cover of a metal can or header package.

capacitive decoupling - Protection of a device from voltage transients or 'spikes', or the isolation of a device from an AC voltage by decoupling the voltage source(s) to ground through a capacitor.

Capacitors - Simple, non-semiconductor electrical components.

capillary - A tool employed by the wirebonding machine to form ball bonds.

capture - The method of taking a biometric sample from an end user.

card - A type of physical form factor designed to carry electronic information and/or human readable data. Under FIPS 201, a dual interface smart card-based ID badge for both physical and logical access that contains within it an integrated circuit chip.

card issuer - The organization or entity that issues cards. Card management system (CMS). A smart card/token and digital credential management solution that is used to issue, manage, personalize and support cryptographic smart cards and PKI certificates for identity-based applications throughout an organization.

card reader - Any device that reads encoded information from a card, token, or other identity device and communicates to a host such as a control panel/processor or database for further action.

card serial number - An identifier which is guaranteed to be unique among all identifiers used for a specific purpose (see unique identifier).

cardholder - An individual to whom an ID card is issued or assigned.

carrier gas - An inert gas which will transport atoms or molecules of a desired substance to a reaction chamber.

CATE - 'Computer Aided Test Engineering'. The use of computer automation for the preparation of electronic test programs.

CATV - 'cable television'.

cathode - 1. The electrode where reduction takes place; 2. The material to be plated, i.e., in lead finish, the leads of the package are the cathode.

cavity - 1. The open space inside a hermetic package; 2. The recession in a mold chase that holds the leadframes for molding.

cavity device - A semiconductor device containing an internal cavity (as opposed to a molded device).

CBA - 'Cell Based Array'.

CBGA - Acronym for 'Ceramic Ball Grid Array'.

CBP - 'Complementary Bipolar'.

CCD - 'Charge-Coupled Device'.

CD - 'Compact Disk'.

CDC - 'Clock Distribution Circuits'.

CDMA - 'Code Division Multiple Access', also called spread spectrum, a term for a form of digital spread spectrum cellular phone service that assigns a code to all speech bits, sends a scrambled transmission of the encoded speech over the air and reassembles the speech into its original format. 'CDMA' has up to 20 times the capacity of analog cellular service and is best known for its superior call quality and long battery life.

CD_R/E - 'Recordable and Rrasable Compact Disk'.

CD-R - 'Recordable Compact Disk'.

CD-ROM - 'CD Read Only Memory'.

CD-RW - 'Rewritable Compact Disk'.

cell array - An integrated circuit formed through the positioning and interconnection of a number of functional blocks, or cells, on a die.

centralized processing - In digital data systems, a system which utilizes a single large processor, normally in multiprocessing or multiprogramming modes, to perform all required system computations.

centrifuge - See 'Constant acceleration'.

ceramic - An organic, non-metallic material processed and used at high temperatures.

ceramic ball grid array(CBGA) - A ball grid array package with a ceramic substrate.

cerdip - Ceramic dual-in-line package; a hermetic package consisting of leads sandwiched by a ceramic base and a ceramic cap sealed together by glass.

cerpac - Ceramic flat package with a glass seal. (The conventional metal flat package and the bottom-brazed flat pack have solder seals.)

certificate - See 'digital certificate'.

certificate authority(CA) - A trusted third party that is responsible for issuing and revoking digital certificates within the public key infrastructure.

certificate of conformance - A certificate provided by a manufacturer's QA department to the procuring activity with a lot of material to confirm that all material in the lot conforms with all applicable specifications.

certificate revocation list(CRL) - A list of certificates that have been revoked before their expiration by a certificate authority.

CF - 'Compact Flash'.

CFC - 'Chlorinated Fluorocarbon'; illegal to use.

chain of trust - An attribute of a secure ID system that encompasses all of the system's components and processes and assures that the system as a whole is worthy of trust. A chain of trust should guarantee the authenticity of the people, issuing organizations, devices, equipment, networks, and other components of a secure ID system. The chain of trust must also ensure that information within the system is verified, authenticated, protected, and used appropriately.

challenge - The demand for disclosure of one or more attributes related to a subject made by service authority.

challenge/response - A family of protocols in which one party (e.g., a reader) presents a question ("challenge") and another party (e.g., a credential) must provide a valid answer ("response") in order to be authenticated.

challenge agent - The chemical or mixture to which a material is exposed. Also called 'attacking chemical'.

change control - See Configuration control.

channel - A single testing path dedicated by an automatic test equipment to one device-under-test (DUT) pin.

channeling - A phenomenon in which an ion beam will penetrate into the crystal planes of the wafer.

channel-to-channel skew - A phenomenon wherein the signal on one channel has a different phase than the same signal on another channel.

characterization - Electrical testing performed for the purpose of determining typical device performance characteristics and/or parametric limits.

characterization test - A test or series of tests designed to determine the operating regions and reliability of a device under varied operating conditions.

charge carrier - A carrier of electrical charge within the crystal of a solid state device, such as an electron or a hole.

checksum - The sum of a group of data values usually transmitted with the data to assist in error detection.

chemical etching - Selective removal of material by means of liquid reactants. The precision of the etch is controlled by the temperature of the etchant, the time of contact and the composition.

chemical mechanical planarization(CMP) - A polishing process, which utilizes a chemical slurry formulation and mechanical polishing process to remove unwanted conductive or dielectric materials on the silicon wafer, achieving a near-perfect flat and smooth surface upon which layers of integrated circuitry are built.

chemical vapor deposition(CVD) - A gaseous process that deposits insulating films or metal onto a wafer at elevated temperature. Often, reduced pressure is used to promote the chemical reaction.

chip - See 'die'.

chip carrier - A leadless package used in the construction of both hybrids and boards. The chip carrier has a body configuration similar to a flat pack, but electrical connection is made through contacts on the package base rather than through conventional leads.

chip on board(COB) - Technology where bare die are bonded to boards/substrates and wire bond connections are made from board to die.

chip-on-lead(COL) - A packaging technology wherein the die is mounted directly on the leadframe.

chip-out - A failure attribute wherein a small piece or block of the die(or package) breaks off from the die(or package).

chip-scale package(CSP) - 1. Any package whose dimensions do not exceed the die's dimensions by 20%; 2. A way of packaging integrated circuits without using epoxy that takes up less board space.

chrominance - the color information of a video signal that defines the hue and saturation, but not the brightness or luminance, of the signal.

CHUID - 'Cardholder Unique Identifier'. Part of the standardized data model for cardholder identification data for FIPS 201.

circuit board - Same as printed circuit board. A board with microprocessors, transistors and other electronic components. also called a circuit card.

claim - An assertion by a subject about the value of an attribute.

clamp voltage - the maximum limit for voltage excursions exhibited at a node, usually set by a clamping circuit.

CLASIC - 'Custom Linear ASIC'.

class (electrical classification testing) - Post assembly 100% electrical sort testing; not to be confused with the product assurance classes defined by MIL-STD-883.

class (product assurance class) - Per MIL-STD-883, there are two product assurance classes representing different levels of anticipated device reliability: Class B, which is intended for airborne equipment; and Class S, which is intended for space flight. For further details on these classes, see Chapter 4.

class 10, 100, etc - See Particle count.

cleaning - Removal of unwanted material(residues, polymers) from the wafer surface.

clean room - An area in which a high degree of cleanliness is achieved and maintained by controlling the generation and distribution of particulate matter inside the room. Cleanliness is achieved by air filtering and/or dilution systems in a controlled environment.

cloning - The process of creating an identical copy of something.

Cm^2 - Square centimeter. Measure of area about equal to the size of a standard shirt button.

CMOS - 'Complementary Metal Oxide Semiconductors'. combine both positive-and negative -channel transistors on the same circuit design. 'CMOS' circuits consume relatively low amounts of power.

CMRR - See 'Common-Mode Rejection Ratio'.

coating - A thin layer deposit on a substance surface.

COB - 'Chip-on-Board'. A situation where the silicon IC chip is mounted directly to the electronic assembly substrate or PWB without an intermediate packaging step. Connections between the chip and the board are generally made with bond wired (also sometime called chip and wire), but the terminology is occasionally used for any chip connection technique such as flip chip (solderable bumps or tape automated bonding).

C of C - 'Certificate of Compliance'.

codec - An abbreviation of coder-decoder; A device that can encode and as well as decode information.

coefficient of thermal expansion(CTE) - The fractional change in dimensions of a material per unit change in its temperature; Usually expressed in parts per million per deg C; Also known as 'Thermal Coefficient of Expansion'(TCE).

cold-junction compensation - An artificial reference level that compensates for ambient temperature variations in thermocouple circuits.

collet - A tool for picking up die for die attach.

color bars - Standard test pattern on a display screen of fully saturated colors(red, green, blue, magenta, cyan, and yellow) plus black and white.

combo lid - A piece of metal that covers certain types of ceramic packages by being soldered onto the seal ring of the package.

common-mode rejection ratio(CMRR) - A measure of a device or instrument's ability to ignore or reject a signal that is common to its inputs, relative to ground.

comparator - A circuit or device whose output is a digital logic state that depends on whether its input signal is above or below a given threshold level during a specified time interval.

compiler - A program that translates high-level -language statements into machine language codes that a computer can execute.

complex hybrid - A hybrid having an inner seal perimeter(that is, cavity perimeter) of greater than 2 inches (as defined in MIL-STD-883, Method 5008).

compliance voltage - The voltage range that a current source or sink can produce within its constant current specifications.

component - An element of a larger system. In the FIPS 201 context, a component can be an identity card, PIV issuer, PIV registrar, card reader, or identity verification support, within the PIV system.

component side - The side of a printed circuit board which has the most mounted components.

composite(Films/Materials) - Refers to materials constructed with two or more layers of dissimilar (different) materials. Generally exhibit broad chemical resistance. Adding more layers increases the barrier protection of chemical protective clothing.

composite sync - A video signal that contains horizontal-sync pulses, vertical-sync pulses, and equalizing pulses only, with a no-signal reference level.

composite video - A video signal composed of luminance(black and white) information, chrominance (color) information, blanking pulses, sync pulses, and a color-burst signal.

compound bond - In hybrids, the monometallic bonding of one band on top of another.

concurrent testing - The process of performing different tests simultaneously on one or more devices that may be different from each other; see also 'parallel testing'.

conductive adhesive - An adhesive material(usually epoxy) that has metal powder(usually silver) added to increase electrical conductivity.

cone of logic - The combinational logic in a circuit that resolves to a single observe point.

conducted emission - Electromagnetic energy that is propagated along a conductor.

conducted interference - Conducted emission that is undesired.

conductors - A material which has a high conductivity and low resistivity. Examples of common conductors include copper, gold and silver.

confidence level - The degree of likelihood that an identifier refers to a specific individual.

configuration control - A requirement that a vendor notify the procuring and/or qualifying activity of a change in product manufacture or test. In some cases, the requirement will include delay of change implementation until after formal approval of the change.

contact angle(wetting angle) - The angle created on the contact surfaces when two objects are bonded together.

contact smart card - A smart card that connects to the reading device through direct physical contact between the smart card chip and the smart card reader. (See ISO/IEC 7816.)

contact step - The drop from the surface of the passivation to the surface of the contact itself.

contact window - The opening in the surface passivation through which the device metallization makes contact with the circuit elements.

constant acceleration - The subjection of devices to a G force(typically 30,000 G's) in a centrifuge for a short duration in order to test die-attach, lead bond and package integrity. (See MIL-STD-883, Method 2001.)

contactless smart card - A smart card that communicates with a reader through a radio frequency interface.

control panel - The access control system component that connects to all door readers, door locks and the access control server. The control panel validates the reader and accepts data. Depending on the overall system design, the control panel may next send the data to the access control server or may have enough local intelligence to determine the user's rights and make the final access authorization. The control panel can be called the controller or panel.

control point - Any device which is controlled by a physical access system (for example, doors, turnstiles, gates, lights, cameras, elevators). There may be multiple control points for a single access requirement.

convection - Reflow Soldering using forced hot air

conversion time - The time required by an ADC or DAC to provide its final output.

convolution - The integration of the product of two functions in time; Convolution in the time domain is equivalent to multiplication in the frequency domain.

copper foil(base copper weight) - Coated copper layer on the board measured by weight or thickness.

coprocessor - A processor that operates with the CPU to boost speed.

corrosion - Electrochemical degradation of metals.

counter - 1. In hardware, a circuit that counts pulses; 2. In software, a memory location used to store a count of event occurrences.

counterpoise - The reference-plane portion (grounded or ungrounded) of an unbalanced antenna.

CPLD - 'Complex PLD'.

CPU - 'Central Processing Unit'.

cratering - A failure mechanism wherein the silicon under a bond pad becomes fractured and, in extreme cases, experiences displacement that leaves a crater behind.

crazing - The propagation of small cracks in the glassivation layer of a semiconductor device.

CRC - See 'Cyclic Redundancy Check'.

credential - Evidence attesting to one's rights, privileges or evidence of authority. In FIPS 201, the PIV card and data elements associated with an individual that authoritatively binds an identity (and, optionally, additional attributes) to that individual. A smart card can store multiple digital credentials.

cross assembler - A program that runs on one computer and generates instructions for another type of computer.

cross coupling - The coupling of a signal from one channel, circuit, or conductor to another, where it becomes an undesired signal.

cross modulation - Modulation of a desired signal by an undesired signal.

crossover - The operating region of an output stage(that uses a high-side device to pull up the signal and a low-side device to pull down the signal) wherein the high-side device is turning on and the low-side device is turning off, or vice versa.

crosstalk - A phenomenon wherein one or more signals interfere with another signal.

crowbar current - Short-circuit current from the positive or the negative supply that occurs when both the P- and N-channel drivers of a complimentary output driver are 'on' simultaneously.

CRT - 'Cathode Ray Tube'.

cryptographic key - See 'key'.

cryptographic smart cards - Advanced smart cards that are equipped with specialized cryptographic hardware that lets algorithms such as RSA be used on the card. Today's cryptographic smart cards are also able to generate key pairs on the card, to avoid the risk of having more than one copy of the key(since by design(usually) there isn't a way to extract the keys from a smart card). Cryptographic smart cards are often used for digital signatures and secure identification.

CSA - 'Customer Structured Array'.

CSAM - 'C-Mode Scanning Acoustic Microscopy'; an acoustic microscopy mode wherein the scanning is done across a horizontal (X-Y) plane of the sample at a given depth (Z); CSAM is useful for inspecting delaminations between layers.

CSIC - 'Customer Specific Integrated Circuit'. An integrated circuit designed for one specific application for one customer. With the growth of semi-custom devices, such as gate arrays, this term has been discarded in favor of ASIC.

CSP - 'Chip Scale Package'. Active, multi-I/O package that is no larger than 125% of the size of the silicon IC.

CTE - See 'Coefficient of Thermal Expansion'.

current carrying edge - That portion of metal over a contact window that is closest to the point at which the metallization stripe enters the contact window.

current density - The amount of current flow per unit of cross-sectional area within device metallization. For example, a 1 mA current flowing through a metallization stripe that is 3 wide and 1 thick would result in a current density of 0.33×10^5 A/cm^2.

curing - A heat treatment step to promote molecular cross-linking in an adhesive or molding compound to harden it into its final form.

curing time - The time needed for an epoxy to fully cure at a given temperature.

current loop - A communications method that transmits data as current flow over relatively long distances and through environments with relatively high noise.

current-sense amplifier - A device that measures a current through a low-value sense resistor and outputs a proportional voltage or current.

CUT - Acronym for 'Circuit Under Test'; The target device or circuit undergoing electrical test; almost synonymous with DUT.

cycle time - The duration from the start of one cycle to the start of the next.

cyclic redundancy check(CRC) - A mathematically generated number that data receivers use to verify the proper bit arrangement in a bit stream.

cyclization - The process by which discrete time signals(such as supplied in VCD) are mapped to a representation amenable to automatic test equipment.

D

DA - 'Digital-to-Analog'.

DAC - See 'Digital-to-Analog Converter'.

DAC - 'Digital Access Cross Connect Systems'.

damage - Effects which can adversely impact the functionality and performance of the IC.

damascene process - A way of making metal lines which involves depositing an insulator(oxide), etching a trench in the oxide, depositing metal everywhere and then polishing back with CMP so there is just metal left in the trench. This is the opposite of the traditional sequence that has metal being deposited first, the metal being patterned through etching, and the oxide being deposited to try to fill the gaps between the metal.

data acquisition(DAQ) - The process of gathering information from sources such as sensors and transducers.

data collection - The process of collecting selected information in a file during a specified operation.

data check - Analysis and review of data after devices have been read-and-recorded to ensure that all readings have been properly performed and all rejects have been removed from the lot.

data integrity - The condition in which data is identically maintained during any operation, such as transfer, storage, and retrieval.

data logging - The recording of selected information during a specified operation, such as actual test parameter measurements and data for each device tested during automatic electrical testing.

data pack - The operation during which all of the various data generated during the process of screening a lot is verified and organized for shipment to the customer.

data reduction - The transformation of raw data, such as those logged during a device-test run, to human usable forms, such as graphical representations and tables.

data upset - The loss of stored data in a memory device as a result of burst radiation. The radiation either causes the activation of a parasitic circuit or the reversal of the stored data state.

date code - A three- or four-digit number identifying the inspection lot from which material was selected. The first two digits(or first digit for a three-digit code) identify the year, the last two the week. Normally, the date code is based upon week of seal for the first sublot of the inspection lot.

DBS - 'Direct Broadcast Satellite'.

DBT - Acronym for 'Defect-Based Test'; A test development philosophy that considers fab defect densities and device circuit layout in the development of tests which are focused primarily on uncovering defects that will most impact the yield.

DC/DC - 'Direct Current to Direct Current'.

debounce - To remove any ripple signals created by a mechanical switch, key, or pushbutton, thereby resulting in a cleaner output from the switch.

decibel(dB) - A logarithmic measure of the ratio of two signal levels, i.e., dB = 10 log(Power1 / Power2) or dB = 20 log(Voltage1 / Voltage2).

decoupling-network - An electrical circuit that prevents signals used on a device or system from affecting other devices or systems.

DECT - 'Digital European Cordless Telephone'.

defect - A chemical or structural irregularity that degrades the product. Defects can affect the product over time or interfere with manufacturing the chip correctly. Common causes of defects are flakes from skin or cosmetics, and droplets from a person's sneeze.

defective - A manufactured product that has one or more defects.

defect level - The proportion of electrical rejects inadvertently shipped to customers due to the inherent imperfection of any testing or inspection process; See also 'dpm'.

deflash - An assembly process step that removes flashes from a package; See 'DTFS'.

degradation - An unwanted change in the performance of a device or system. An unwanted change in a package or product.

delamination - An unwanted partial or complete loss of adhesion or separation between two layers or features; A term usually employed to refer to loss of adhesion between the plastic molding compound of the package and the leadframe or die.

delta - A limit applied to the amount of parametric drift that a unit may display across a screen or series of screens (usually applied to burn-in).

depletion layer - The region in a semiconductor where essentially all charge carriers have been swept out by the electrical field which exists there.

deposition - The next layer on the wafer. In chemical vapor deposition, gaseous or vaporous chemicals are used to deposit a thin film on a wafer surface. Physical vapor deposition uses a high voltage electrical charge to attract a thin layer of material from a target, usually metal, onto the wafer's surface.

DES - 'Data Encryption Standard'.

design for manufacturability(DFM) - An initial process to determine the feasibility of creating electronic products.

design rules - A set of rules(usually dimensional and lay-out rules) that governs how an integrated circuit must be fabricated(wafer fab design rules) or assembled(assembly design rules).

destructive physical analysis(DPA) - A series of destructive steps performed on test rejects to check for any physical damage or defects on the package or die.

destructive testing - Sample testing which is sufficiently severe to make further use of the tested devices questionable. Devices subjected to destructive testing may not actually be destroyed, but are sufficiently degraded that they should not be used in any system.

detectability - The degree to which it is possible to observe a faulty output behavior of a failing component.

devitrifying glass - Glass that crystallizes upon cooling making them unreworkable.

DFE - 'Decision-Feedback-Equalizer'.

DFM - 'Design for Manufacturability'.

DFP - 'Digital Filter Processor'.

DFP - Acronym for 'Dual Flat Pack'.

DFSM - 'Dry Film Solder Mask'.

DFT - Acronym for 'Design for Test'; The practice of adding hardware hooks or features to integrated circuits in order to facilitate effective and inexpensive testing.

DI - 'De-Ionized' water.

DI - 'Dielectric Isolation'.

diagnostic tests - Tests performed to check if a system(such as a test system) is malfunctioning and if so, to determine the possible cause(s) of the malfunction and the corresponding repair strategy.

dice - Plural of die. see 'Die'.

dicing - Cutting up the wafer into individual chips. This is usually done with a circular saw called a dicing saw.

die - 1. A single chip from the wafer; 2. A small block of semiconductor material containing the device circuit: 3. A single square or rectangular piece of semiconductor material into which a specific electrical circuit has been fabricated.

die attach - The assembly process step wherein the die is mounted on the support structure of the package, e.g., the leadframe die pad, cavity, or substrate.

die attach - Bonding of die to a substrate or package. Attaching a die to its mount in its package. This is often done with a metal-based glue-like silver epoxy for good conduction of heat way from the chip. Chips get hot when they are running in normal operation, so packages must be designed to help dissipate the heat.

die bonder - The machine placement of IC chips onto a chip-on-board substrate.

dielectric breakdown - The damage occurring within an oxide layer when a voltage greater than its breakdown strength is applied across it.

dielectric - The insulating medium between conductors.

dielectric isolation - A semiconductor fabrication process in which each circuit element is enclosed within an oxide barrier that completely isolates the element from all other diffused elements.

die lifting - The detachment of the die from its mounting.

die-on-tape - Dice mounted on flexible ribbon tape by bonding the bonding pads of each die to contacts on a lead frame on the tape, thus allowing electrical and other testing prior to assembly of the die into packages or onto hybrid substrates.

die overcoat - The assembly process step wherein the die is covered completely or selectively with a silicone layer to protect it from package stress and moisture.

die pad - The part of a leadframe or package substrate where the die is mounted.

die preparation - The assembly process step wherein

each die is singulated from the wafer in preparation for die attach.

die products - Includes IC devices that are sold on the open market in bare die, flip chip or wafer level chip scale package formats.

die shear - The application of sufficient force to shear a die from the die attach medium in order to demonstrate die attach integrity. (See MIL-STD-883, Method 2019.)

die shear test(DST) - A process for testing the shear strength of the die's adhesion to the die pad that employs an indenting tool that pushes the die horizontally(parallel to the plane of the die pad).

die sort - Electrically, a probe to sort the dice on a wafer according to predetermined electrical limits. Visually, a sort into Condition A, Condition B, or commercial grade dice.

differential non-linearity - The maximum deviation between two adjacent steps(a transition of 1 LSB) that is exhibited by a DAC or ADC.

diffused area - A portion of the die where impurities have been diffused into the surface of the silicon at high temperature to change its electrical characteristics through the creation of a concentration of N or P charge carriers.

diffusion - The process of baking or bonding new thin layers onto the silicon wafer. This is done using diffusion furnaces, high-pressure oxidation and rapid thermal processing.

digital - The method of representing information as numbers with discrete (non-continuous) values, usually expressed as a sequence of binary digits(ones and zeros).

digital cellular - State of the art in cellular communications technology, up to 15 times the capacity of analog technology with significantly less static, loss/interruption of the signal when passing between cells and connection problems because of congested relays.

digital certificate(or public key certificate) - Digital documents (e.g., information such as the name of the person or an organization and their address) attesting to the binding of a public key to an individual or other entity. Digital certificates allow verification of the claim that a specific public key does in fact belong to a specific individual.

digital device - A microcircuit in which the inputs accept logic states (such as 0 or 1) and convert these to logic states at the output(s) according to a predetermined set of logic equations or function tables.

digital modem - A term given to a piece of equipment that joins a digital phone line to a phone, PC or other hardware. It allows for testing, conditioning, circuit timing and other analysis of a phone line and is not used for communications purposes.

digital signal processing(DSP) - Digital circuits designed to address a broad class of problems in signal reception and analysis that have traditionally been solved using analog components. DSP is used to enhance, analyze, filter, modulate or otherwise manipulate standard analog functions, such as images, sounds, radar pulses, and other such signals by analyzing and transforming wave-forms (e.g., transmitting data over phone lines via modem).

digital signature - Digital information used for the purpose of identification of an electronic message or documents. Digital signatures provide a way of authenticating the identity of creators or producers of digital information.

digital-to-analog conversion - The process of changing digital data or discrete values into an analog voltage or current.

digital-to-analog converter(DAC or D/A converter) - A semiconductor device or electronic circuit that converts digital information into a corresponding analog voltage or current.

DiNOR - 'Divided bitline NOR'.

DIP - Acronym for 'Dual-In-Line Package'; a through-hole rectangular package consisting of two parallel sets of leads arranged along its two sides.

dipole - an antenna made of a straight conductor (usually not longer than half a wavelength) that is divided at its electrical center and connected to a transmission line.

diode - a signal and switching device that allows current in one direction and blocks it in the opposite direction. one use: regulating load voltages.

direct chip attach(DCA) - A name applied to any of the chip-to-substrate connections used to eliminate the first level of packaging: See also 'Chip-on-Board'.

direct memory access(DMA) - The direct transfer of information between a computer's memory and a device while the computer's CPU does something else.

discrete - A semiconductor or semiconductor die containing only one active device, such as a transistor or a diode.

discrete device - A device that contains one active element, such as a transistor or diode, although a hybrid might contain more than one active element. In comparison, an integrated circuit could contain millions of active elements on a single chip.

discretionary access control(DAC) - Access restriction based solely on an individual's identity.

distributed processing - In digital data systems, the utilization of a number of dedicated processors distributed throughout the system for the purpose of doing computation locally.

dithering - A technique for improving digitization when quantization noise or error can no longer be treated as random.

DMA - 'Direct Memory Access'.

DMOS - 'Dallas Metal Oxide Semiconductor', facility name for TI fab

DMOS - 'Double-Diffused MOS'.

DOE - Acronym for 'Design of Experiments'; A process for systematically designing a factorial experiment usually aimed at optimizing a process by varying its critical process inputs and determining which combination of input settings or values will give the most desired process output response.

doffing - Taking off a protective suit.

donor - An impurity that can make a semiconductor N-type by donating extra 'free electrons'.

donning - Putting on a protective suit.

door reader - The device on each door that communicates with a card or credential and sends data from the card to the controller for decision on access rights.

door strike - The electronic lock on each door that is connected to the controller.

dopant - An element that alters the conductivity of a semiconducting material by contributing a free-hole (P-type) or electron(N-type) to the crystal. Boron is commonly used for P-type and phosphorous, arsenic and antimony is used for N-type doping.

doping - A wafer fabrication process in which exposed areas of silicon are bombarded with chemical impurities to alter the way the silicon conducts electricity in those areas.

double-sided assembly - 'PCB' assembly with components on both sides of the board.

down bonding - A wire bond operation carried out from a higher to a lower level or plane.

downstream - As related to plasma processing, the wafer is located in a separate or isolated environment from the plasma region.

DPA - See 'Destructive Physical Analysis'.

DPM - 1. Acronym for 'defective parts per million' or the defect level expressed as the number of defective parts per million units produced; 2. Acronym for 'defects per million' or the defect level expressed as the number of defects observed per million units produced.

DPMO - 'Defects Per Million Opportunities'.

DRAM - 'Dynamic Random Access Memory'. A type of memory component. 'dynamic' means the device's memory cells must be recharged periodically. Information stored in the memory cells is accessed randomly. Memory is a key component of most electronic products.

DRC - 'Design Rule Check'. Carried out to make sure the data given to manufacture a 'PCB' follows good practise before the artworks are made to produce the printed circuit board.

driver - 1. A circuit that amplifies and conditions input signals for application to a DUT pin 2. Software that controls a specific piece of hardware or device.

dry etching - A process resulting in the selective removal of material achieved by use of gas.

dry-film resist - Photosensitive film is used on the copper foil of the 'PCB'. This film is resistant to the chemicals used in 'PCB' manufacture.

dry Ox - The growth of silicon dioxide using oxygen and hydrogen, which form water vapor at process temperatures, rather than using water vapor directly.

DSA - 'Digital Signature Algorithm'.

DSL - 'Digital Subscriber Line'. A technology that increases the digital speed of ordinary phone lines by a substantial factor over common dial-up modems. Offers symmetrical and asymmetrical operation. Asymmetrical versions(ADSL, RADSL, VDSL, etc.) provide higher downstream transmission than upstream and are better suited for Internet usage and video on demand applications. Symmetric DLS (HDLS, SDSL, IDSL, etc.) provide the same speed in both directions. All DSL have distance limitations of around two or three miles between the telephone company's central office and the customer site.

DSP - 'Digital Signal Processors'.

DTADS - 'Digital Tapeless Answering Devices'.

DTFS - Acronym for 'Deflash Trim Form Singulate'.

DTMF - 'Dual Tone Multi-Frequency'.

dual-in-line package - A package(either hermetic or molded) with its leads emanating from both sides of the package, then turning downward. (See also Side-brazed dip.)

dual interface card - A smart card that has a single smart card chip with two interfaces–a contact and a contactless interface–using shared memory and chip resources.

ductile fracture - A type of fracture characterized by a considerable amount of plastic deformation prior to the rupture; Usually induced by 'slow-acting' forces such as thermal stresses.

DUT - Acronym for 'Device Under Test'; The target device undergoing electrical test.

DUT fixture or DUT board - A circuit board that interfaces the test head of the tester to a device-under-test(DUT) socket, a probe card, or a connector for the device handler.

DVD - 'Digital Video Disks'.

dynamic RAM - See 'RAM'.

dynamic range - The ratio of the full-scale range(FSR) of a data converter to the smallest step that the converter can resolve.

E

EAROM - 'Electronically Alterable Read Only Memory' Functionally similar to EEPROM.

eavesdropping - The interception of communications between a reader and a credential during transmission by unintended recipients. Messages can be protected against eavesdropping by employing a security service usually implemented by encryption.

E-beam - 'Elect ron Beam' refers to a machine that produces a stream of electrons that can be used to expose photoresists directly on a wafer or on a mask. Electron-beam lithography is a microprinting technique.

ECC - 'Elliptic Curve Cryptography'.

ECL - 'Emitter Coupler Logic'.

EDA - Acronym for 'Electronic Design Automation'; A system consisting of design tools and environment utilized to render the logic, schematics, insert scan, insert BIST, etc. for a new chip design.

edge - An abrupt voltage or current change, i.e., the step transition point of a pulse.

edge clearance - The smallest distance from any conductors or components to the edge of the PCB.

edge connector - A connector on the circuit-board edge used to connect to other circuit board or electronic device.

edge clearance - The smallest distance a component or track is from the edge of a PCB.

edge detection - A technique that locates an edge by examining an image for abrupt changes in pixel values.

edge-placement accuracy - A measure of how close an edge can be positioned on a desired point with respect to a reference.

EDRAM - 'Enhanced DRAM'.

EDX analysis - Stands for 'Energy Dispersive X-ray analysis'; A SEM-based technique for identifying elements present on a sample often used in semiconductor manufacturing for distinguishing contaminants; Also known as EDAX or EDS analysis.

EEPROM - 'Electronically-Erasable Programmable Read-Only Memory'. A memory device whose content can be established through a programming process (usually the tunneling of electrons across a thin layer of silicon dioxide to a floating gate. Each memory cell of an EEPROM can be individually erased by imposing a voltage to reverse the flow of electrons to move them away from the floating gate. That cell can then be reprogrammed. Both programming and erasing can be performed without removal of the device from the system in which it is used.

effectivity date - The date upon which a new military document or a new revision of an existing document goes into effect (see Implementation date).

EIA - 'Electronic Industries Alliance'.

EL - 'Electroluminescent Lamp'.

elastomeric - 'Rubber' based materials; e.g. Butyl, Neoprene, and Viton. Typically durable but have limited chemical resistance.

electrochemical potential - The voltage needed for electroplating to proceed.

electroless deposition - The coating of normally Gold or Silver on to the track of a PCB by the reduction of metal ions in a chemical solution without using electrodes.

electromagnetic compatibility(EMC) - The ability of an electronic equipment to operate in its intended operating environment without any degradation caused by ambient electromagnetic interference, and without interfering with other equipment in the same environment.

electromigration - The diffusion of electrons in electric fields set up in the lead while the circuit is in operation. It occurs in aluminum and is exhibited as a field nature, not as a process defect. The metal thins and eventually separates completely, causing an opening in the circuit.

electroplating - The process of depositing a metal coat or layer by passing current through a conductive medium.

electrostatic sensitivity - Susceptibility to damage or degradation as the result of subjection to electrostatic discharge. Typically much higher for MOS devices than for bipolar.

electrostatic discharge - The discharge of accumulated static charge (typically of high voltage at low current) from one collector to another, usually by jumping the air gap between the two. Element: A topographically distinguishable part of a microcircuit which contributes directly to its electrical characteristics.

elongation - Stretching without breaking. One of the physical properties used to compare fabrics.

embedded processor - A computer chip that controls the function of its product. while embedded processors sometimes refer to the type of chips used in simple electronic toys, 'talking' greeting cards and similar consumer products, they are also high-functioning microcontrollers that are the brains of products such as laser printers.

EMI - 'Electromagnetic Interference'.

EMV - 'Europay MasterCard Visa'. Specifications developed by Europay, MasterCard and Visa that define a set of requirements to ensure interoperability between payment chip cards and terminals.

encapsulate - Sealing or covering of a microcircuit to provide mechanical and environmental protection.

encapsulation - See 'molding'.

encryption - The process of translating information into a code that can only be read if the reader has access to the key that was used to encrypt it. There are two main types of encryption—asymmetric(or public key) and symmetric(or secret key).

end-of-line(EOL) - See 'back-end'.

endothermic - (Reactions) A process or chemical reaction that is characterized by the absorption of heat.

end point products - As defined in NIST SP 800-73, products that employ a unified card edge interface that is technology independent and compliant with current international standards.

enhanced global alignment - Alignment performed at a few pre-selected sites on the wafer, before blindly stepping and exposing the rest of the wafer.

ENIG - 'Electroless Nickel / Immersion Gold'.

enrollment - The process of entering the appropriate identity data for an individual into a system and associating the identity with the privileges being granted by the system.

enterprise single sign-on(ESSO) - A system designed to minimize the number of times that a user must type their ID and password to sign into multiple applications. The E-SSO solution automatically logs users in and acts as a password filler where automatic login is not possible. Each client is typically given a token that handles the authentication; in other E-SSO solutions each client has E-SSO software stored on their computer to handle the authentication. An E-SSO authentication server is also typically implemented into the enterprise network.

environmental stress screening - A way for detecting defects using extreme high and low temperatures and/or voltages.

EOL(end-of-line testing) - Those tests performed in assembly after the seal operation in order to confirm the quality of the device assembly. Testing would normally include such screens as stabilization bake, constant acceleration, temperature cycle, and hermeticity testing.

e-passport - A travel document that contains an integrated circuit chip based on international standard ISO/IEC 14443 and that can securely store and communicate the ePassport holder's personal information to authorized reading devices.

epitaxy(epi) - The deposition of a thin film of silicon on a silicon wafer, in such a way that the deposited layer forms a single continuous crystal with the underlying wafer. This method is used to create a high quality, low doped surface in which to make transistors and other devices on top of a highly doped substrate with a low electrical resistance..

epitaxial layer - A monocrystalline layer of material deposited onto a substrate in such a manner that the layer being formed has the same crystal orientation as the substrate material. (Often referred to as 'epi'.)

EPLD - 'Electrically Programmable Logic Device'.

epoxy - A low-temperature cure, high-strength adhesive; Used extensively as die attach material.

EPROM - 'Erasable Programmable Read Only Memory'. Allows stored information to be erased by exposure to ultraviolet light.

error - A discrepancy between the actual or real value and the measured value.

ESD - 'Electrostatic Discharge'. A transfer of electrostatic charge between bodies at different electrostatic potentials caused by direct contact or induced by an electrostatic field.

ESDRAM - 'Enhanced Synchronous DRAM'.

ESR - 'Electro-statically applied Solder Resist'.

ESS - 'Environmental Stress Screening'. Manufacturing stage in which all assemblies are subjected to thermal stresses, with the aim of forcing all early failures to occur. Also known as reliability testing.

etch - The removal of selected portions of materials to define patterned layers on chips. The process of removing material(such as thin films or oxides) by chemical, electrolytic, or plasma(ion bombardment). The high tech version of photographic print developing

ethernet - A local area network used for connecting computer, printers, workstations, terminals, servers and other computer hardware within the same company. Ethernet operates over twisted wire and over coaxial cable at speeds up to 10 million bits per second(Mbps).

eutectic - An alloy of two or more metals with the lowest melting point that is possible from any combination of those metals. The melting point of the eutectic will normally be lower than the melting point of either metal in its pure state.

eutectic alloy - The alloy with the lowest possible melting point that can be formed from a given combination of metals.

eutectic die attach - A die attach process that uses a eutectic alloy as die attach material.

eutectic temperature - The temperature at which a eutectic alloy solidifies or melts.

evaporation - One of the final steps in processing a wafer during which conductive metal, usually aluminum, is deposited on the surface of the wafer in order to provide electrical interconnection of the various active elements on each die. Metallization may also be accomplished through sputtering.

event counter - A circuit that counts the occurrences of a certain condition.

excite field - The RF field or electromagnetic field constantly transmitted by a contactless door reader. When a contactless card is within range of the excite field, the internal antenna on the card converts the field energy into electricity that powers the chip. The chip then uses the antenna to transmit data to the reader.

exothermal (reactions) - A process or chemical reaction that is characterized by release of heat, for example, combustion reactions.

expose - Transfers pattern to mask blank using electron beam or laser writing system.

extreme ultraviolet technology - A technology for extending ultraviolet lithography by manufacturing a lens with concave and convex mirrors. This type of manufacturing allows the lens to focus patterns on a chip that are too small to be lithographed.

F

fab - The fabrication facility, or fab, is the manufacturing plant where the front-end process of making semiconductors on silicon wafers is completed. The package and assembly(back end) stages are typically completed at other facilities.

fabless - A semiconductor company with no wafer fabrication capability.

fabrication - The process of making devices in semiconductor wafers, but usually does not include the package assembly(back-end) stages.

failure - The inability of a product to meet any of its specifications, whether electrical or visual-mechanical.

failure analysis - A post-mortem examination of failed devices for the purpose of verifying the reported failure and identifying the mode or mechanism of failure. Failure analysis techniques may range from simple electrical and/or visual examination to some of the more advanced techniques of physics, metallurgy, and chemistry. (See MIL-STD-883, Method 5003.)

failure rate - The calculated rate at which device failures will occur within a total device population (normally expressed in terms of percent per thousand hours or devices per 106 unit hours).

fair information practices - The basis for privacy best practices, both online and offline. The Practices originated in the Privacy Act of 1974, the legislation that protects personal information collected and maintained by the U.S. government. The Fair Information Practices include notice, choice, access, onward transfer, security, data integrity, and remedy.

false accept - A unit that is electrically bad but nonetheless accepted by the test equipment for one reason or another, e.g., incorrect test guardbands, poor test designs, insufficient test coverage, equipment problems, etc.

false color - Color added to an image to call attention to details that aren't readily perceptible or to create special effects.

false reject - A unit that is electrically good but nonetheless rejected by the test equipment for one reason or another, e.g., contact issues, incorrect test guardbands, equipment problems, etc.

faraday cage - An enclosure formed by conducting material, or by a mesh of such material, that blocks out external static electrical fields. Any electric field will cause the charges to rearrange so as to completely cancel the field's(RF signal) effects in the cage's interior.

far field - The region in which the power flux density from an antenna obeys the inverse-square law, e.g., for a dipole antenna, distances beyond L/2 are far-field regions.

FASC-N - 'Federal Agency Smart Credential Number'. The data element that is the main identifier on the PIV card and that is used by a physical access control system.

fatigue failure - Failure due to the application of repeating or cyclical loads or stresses.

fault - A software model of a defect, or class of defects.

fault coverage - The ability of a test or set of tests to actually detect faults or failures that are theoretically detectable based on a particular fault model.

fault dominance - The phenomenon wherein a fault causes a device to exhibit a more serious deviation from device specifications, in comparison to another fault (or other faults) on the same device.

fault equivalence - The phenomenon wherein two different faults affect the same device in the same way and to the same extent.

fault isolation diagnostics - A feature(normally associated with built-in test) that allows identification of a malfunctioning subcircuit or circuits within a complex device.

FCOL - Acronym for 'Flip Chip on Lead'; A flip chip package wherein the die is mounted directly on the leadframe.

FDDI - 'Fiber Distributed Data Interface'.

FDDI - 'Fiber Optic Distributor Interface'. (fiber optic data link)

feature size - The dimensions of the smallest images produced on the wafer surface.

FEC - 'Forward Error Correction'.

FED - 'Field Emission Display'.

federal Information Processing Standard(FIPS) - A standard for adoption and use by Federal departments and agencies that has been developed within the Information Technology Laboratory and published by NIST, a part of the U.S. Department of Commerce. A FIPS publication covers some topic in information technology to achieve a minimum level of quality or interoperability.

federated identity - In information technology(IT), federated identity has two general meanings: The virtual reunion, or assembled identity, of a person's user information(or principal), stored across multiple distinct identity management systems. Data is joined together by use of the common token, usually the user name.The process of a user's authentication across multiple IT systems or even organizations.

FEP - 'Fluorinated ethylenepropylene' type of material commonly known as Teflon® – used in clear form as an overlay for chemical suit visors, to provide extra chemical protection. (Also known as Fluoroethylene Polymer).

FET - 'Field Effect Transistor'.

FID - See 'Fault isolation diagnostics'.

field - Since a photolithographic stepper cannot accurately deal with imaging the microscopic circuit features over all of a wafer at one time, it exposes an area it can easily manage. This is called a field. The stepper will keep moving the wafer and exposing a new area the size of a field till the whole wafer is done(about 80 fields on an 8-inch wafer).

field of view - The area of the object under view as represented at the focal plane of a camera.

field strength - The measurement of either the electric field or the magnetic field that is made in the far field.

FIFO - 'First-In First-Out'. (memory ICs)

filament short - The growth of a filament between two conductive areas as the result of high thermal or voltage stress, shorting the two areas together.

file transfer protocol(FTP) - A protocol that transfers files over the Internet.

fillers - Inert materials usually included in molding compounds; Fillers do not change chemically during mold curing but affects the molding compound's properties such as flexibility and thermal expansion.

film - (products/fabrics) Usually refers to materials composed of multiple layers. Such products generally are less durable, but present a wider range of chemical holdout than elastomeric fabrics.

filter - A mathematical operation or an actual circuit or device that selectively removes noise from a signal; see also low-pass, band-pass, and high-pass filters.

fine leak(FL) test - A hermeticity test done to check for the presence of very minute leakage paths in a hermetic package.

fine pitch - Used when referring to surface-mount components with a lead pitch of 25 mils or less.

finger - A card-edge connector.

FIPS 201 - 'Federal Information Processing Standard Publication 201', Personal Identity Verification(PIV) of Federal Employees and Contractors.

FIR - 'Finite Impulse Response'.

firewall - Hardware or software that protects a network from unauthorized access.

firmware - A program permanently recorded in ROM.

first bond - The bond formed on the die or the first bond formed during a wirebonding cycle.

flame resistant - Material that inherently resists ignition(burning), melting or other degradation when exposed to heat or flame.

flame retardant - Material that is typically treated to extinguish itself upon ignition from a flame source.

flashes - Excess molding compound at the parting of the package due to improper mold set-up or worn-out molds.

flash converter - A converter that performs its conversion directly, making it the fastest converter.

flash memory - A faster form of 'EPROM' that permits more erase/write cycles. Flash memory is increasingly used instead of 'EPROM' when there is a requirement for large amounts of non-volatile program memory.

flat package - A thin package with ribbon leads coming out opposite sides of the package. (See also Bottom-brazed flat.)

flaw detection - An image analysis technique that checks an object for unwanted features of unknown shapes at unknown positions.

flex circuit assembly - A way of attaching electrical components to a flexible circuit.

flexural fatigue test - Physical test used to measure the durability of a suit material. NFPA test consists of twisting a fabric many times.

flip-chip - An integrated circuit which is designed to electrically and mechanically interconnect by means of an appropriate number of bumps and is intended for facedown mounting.

flow rate - The rate at which a quantity of fluid or gas passes a given point, expressed as volume over time(ft^3/min, cm^2/min).

flux - 1. A material used to promote fusions or joining of metals during soldering, welding, or smelting; 2. In soldering, a material used to break down the oxides on a metal surface.

flying lead - On a flat pack device, a lead which exits from the end rather than the side of the package, then makes a right-angle turn to parallel the other leads.

FMEA - acronym for 'Failure Mode and Effects Analysis'; a methodology for identifying the potential failure modes that a product or process may encounter and addressing them based on a priority ranking determined by the risks they pose.

focus center - Created from the focus center research program, a focus center is a university center that leads a consortium of other universities in researching a particular challenge to the long-term advancement of semiconductor technologies.

footprint - The area a machine takes up in the cleanroom. This is important because cleanroom space is expensive, and so minimizing the footprint of a machine is a good thing to do. There are two numbers that semiconductor manufacturers are interested in the footprint and the linear frontage number (length of the front of the machine). The linear frontage number w many machines will fit into a bay since the machines are all lined up side by side.

force - To apply a specific stimulus to a DUT pin; See also 'sense' and 'force/sense'.

force/sense - A measurement technique wherein a voltage(or current) is forced at a point in the circuit and the resulting current(or voltage) is measured at the same point.

forcing function - The applied voltage(s) or current(s) at which a parametric or functional test is performed.

foreign material - Any material that is foreign to the microcircuit or package, or any non-foreign material that is displaced from its original or intended position within the microcircuit package.

format - To produce a waveform from pattern data and timing information in accordance with a given format mode.

form factor - The physical device that contains the smart card chip. Smart chip-based devices can come in a variety of form factors, including plastic cards, key fobs, wristbands, wristwatches, PDAs, and mobile phones.

forming - The process of bending the leads into their final shape; see 'DTFS'.

foundry - A wafer production and processing plant. usually used to denote a facility that is available on a contract basis to companies that do not have wafer fab capability of their own, or that wish to supplement their own capabilities.

FP - 'Flat Pack'. A low profile IC package, which typically has gull wing type of leads on two or four sides.

FPAA - 'Field Programmable Analog Array'.

FPD - 'Flat Panel Display'.

FPGA - 'Field Programmable Gate Array'.

FPT - 'Fine Pitch Technology'. The portion of surface mount technology that included components that typically have lead pitch, or center-to-center spacing, between 0.4mm and 0.8mm.

fr4 - The most common base material a PCB is made from. Made from woven glass fibre impregnated with epoxy resin.

fracture - To break or to crack.

fractography - A scientific and systematic analysis of the fracture surface to determine where the fracture originated and how it propagated.

FRAM - 'Ferroelectric RAM'.

frame grabber - A device that digitizes an image and stores it in a computer's memory.

frame relay - A technology for transmitting data packets in high-speed bursts across a digital network.

frit seal - Sealing accomplished through the melting and re-hardening of a glass seal ring(or frit) between the package base and lid. The package leads typically pass through the sealing area.

front-end - refers collectively to early assembly process steps, i.e., assembly steps prior to molding; Also known as 'front-of-line'.

front-end manufacturing - This refers to wafer processing that takes place in the cleanroom, as opposed to processing that happens after the wafer has been essentially finished. Once the wafer is done with its cleanroom processing, it moves into the back end manufacturing which involves test and assembly (packaging). There is potential for confusion with this terminology because semiconductor engineers also divide the front end manufacturing into two parts, called front end processing and back end processing. Front end processing is the device formation part, and the back end processing(in the wafer fab) is the part in which all the interconnect wires of the integrated circuit are laid down and defined.

front-of-line(FOL) - See 'front-end'.

FSK - Acronym for 'Frequency Shift Keying'; A method of transmitting digital data by shifting the frequency of a carrier signal to represent binary 1's and 0's.

FTIR Analysis - Stands for 'Fourier Transform Infrared Analysis'; A technique for identifying contaminants through the analysis of the sample's transmittance and reflectance of infrared rays at different frequencies.

functional circuit elements - Diodes, transistors, crossunders, capacitors, and resistors.

functional test - 1. The process of testing a device for its ability to perform its intended function (examples: output swing tests for op amps, conversion tests for ADC's/DAC's, read/write tests for memories); 2. A process that applies pattern vectors to a device and checks the output to determine if the device is operating according to its truth table; See also 'parametric test'.

furnace - A long glass(quartz) tube that can be heated to high temperatures. Furnaces are used for giving wafers heat treatments, oxidizing them, or reacting gases in the vicinity of the wafers to result in the deposition of thin films on the wafers(CVD). Furnaces used to be horizontal(long direction parallel to the floor) but current generation ones built for eight inch wafers are mostly vertical(tubes standing upright).

G

gallium arsenide(GaAs) - Microelectronics wafer material typically used for high- speed circuit designs.

gas - One of the three physical states(gas/solid/liquid) in which a chemical or substance can appear. This state is characterized by very low density. The gas phase of a substance is dependent on temperature and pressure. Many chemicals appear commercially in liquid and gas state, and require different levels of protection accordingly.

gas immersion laser snnealing(GILA) - A self-aligned silicide(SALICIDE) process for forming low resistance contacts at sub- critical dimension spacing as part of high-performance 'CMOS' logic fabrication.

gate array - A semi-custom chip. the integrated circuit is preprocessed to the first interconnect level. The remainder of the interconnect is customized to meet specific requirements of the customer.

gate equivalent - The basic unit of measure for digital circuit complexity, based upon the number of individual logic gates that would have to be interconnected to perform the same circuit function.

gate oxide - A thin film of dielectric oxide material bridging the source and drain regions of an MOS semiconductor.

generic data - Qualification or quality conformance data on devices from the same generic product family as the device shipped.

generic family - A group of devices manufactured and assembled on the same line(s), using the same processes and materials, and designed to perform the same basic function (e.g., operational amplifiers, TTL gates, etc.).

genlock - Extraction of horizontal-sync and vertical -sync signals from a video signal and the use of those signals in synchronizing video equipment.

gerber file - Data file used to control a photoplotter.

gh-line - Exposure wavelength of 436 nanometers.

gi - Woven glass fiber laminate with polyimide resin.

glass - A supercooled liquid that exhibits tremendous viscosity if cooled below its glass transition temperature; Solder glass is commonly used as a sealing material for certain ceramic packages.

glass frit seal - See 'frit seal'.

glassivation - Top layer of transparent insulating material that covers active area except for bond pads.

glass transition temperature(Tg) - The temperature beyond which a polymer loses its glass properties and acquires elastomeric(rubber-like) properties.

glitch - An undesirable momentary pulse that can accidentally trigger events or errors.

go/no-go test - A test that simply indicates whether the product passes or fails.

GPS - 'Global Positioning System'.

grain boundary - Interface between two crystal regions that differ in the orientation of their atomic arrangements.

gramm-leach-bliley - The Financial Services Modernization Act of 1999(also known as the Gramm

-Leach-Bliley Act), enacted to facilitate affiliation among banks, securities firms, and insurance companies. The Act includes provisions to protect consumers' personal financial information held by financial institutions.

gray level - The brightness value assigned to a pixel; Values range from black, through gray, to white.

gray scale - The set of discrete gray levels defined for an imaging system or imaging software, e.g., in an eight-bit system, the gray scale runs from 0 to 255.

gross leak(GL) test - a hermeticity test done to check for the presence of large leakage paths in a hermetic package.

ground - 1. A common reference point for an electrical system; 2. An electrically neutral, non-current-carrying wire that has the same potential as the surrounding earth used for electrical safety purposes.

ground plane - A conducting surface or plate used as a common electrical reference point for circuits.

grown junction - A PN junction made by controlling the type of impurity in a single crystal while it is being grown from a melt.

GSM - 'Global Systems Mobile'.

GTL - 'Gunning Transceiver Logic'.

GTV - 'Graphic TV'.

guard band - An adjustment made to a DUT's test program limit to take into account tester accuracy, tester repeatability, tester reproducibility, and tester-to-tester correlation in testing the DUT against the corresponding published datasheet limit.

GUI - 'Graphical User Interface'.

H

hacking - The act of gaining illegal or unauthorized access to a computer system or network.

HAD - 'High-Density Array'.

half-duplex - Data transmission over a circuit that's capable of transmitting in either direction, but not simultaneously.

hardware - The physical elements and interfaces that constitute a component or system.

harmonic distortion(HD) - A form of distortion in analog circuits involving harmonics, i.e., signals whose frequencies are integer multiples of the input signal; Calculated as the ratio of a single harmonic to the level of the original signal; See also 'total harmonic distortion'.

hash algorithm - A software algorithm that computes a value(hash) from a particular data unit in a manner that enables detection of intentional/unauthorized or unintentional/accidental data modification by the recipient of the data.

HASL - 'Hot Air Soldered Leveled'. Hot air is used to blow off the excess after the TWS is dipped in solder. Typically used to the SMOBC process.

hazardous chemical - Any substance that can cause physical harm.

HBT - 'Hetero-junction Bipolar Technology'.

HC/HCT - 'High speed CMOS logic'.

HDD - 'High Density Disk'.

HDI - 'High Density Interconnect'.

HDL - 'Hardware design language', a software tool used for hardware design (see 'CAD').

HDMOS - 'High Performance DMOS'.

HDRAM - 'High-Density DRAM'.

HDSL - 'High Speed DSL'.

HDTV - 'High Definition Television'.

head-end system - The physical access control server, software and database(s) used in a physical access control system.

header - Sometimes called metal can package-A cylindrical semiconductor package with a metal lid and with leads emanating from the package base. A header may or may not have a ceramic standoff to prevent contact with the mounting surface.

helmke drum test - A test for measuring particle shedding of a suit used for cleanroom applications. The suit is tumbled for 10 minutes at 10 revolutions per minute in a stainless steel drum having an enclosed volume of 1 cubic foot to determine the average rate of release of particles 0.3 microns and larger. An automatic particle counter is used to sample the air at the rate of one cubic foot per minute during the ten minute test period. The particle counts are then summarized.

HEMT - 'High Electron Mobility Transistor'.

hermetic - Airtight sealing of an object.

hermetic device - See 'cavity device'.

hermeticity - Leak or seal testing performed on all hermetic packages to confirm seal integrity. This is done in two steps, fine leak, which looks at leak rates in the 5 x 10-8 cc/sec range, and gross leak, which looks for devices with gross seal defects. (See MIL-STD-883, Method 1014.)

hermetic seal - A gas tight seal.

hermeticity test - A test done to determine how air-tight a hermetically-sealed package is; See also 'fine leak test' and 'gross leak test'.

hexadecimal - The base-16 numbering system: 0,1,2,3,4,5,6,7,8,9,10,A,B,C,D,E,F.

high k e dielectric - An insulator which will not conduct electricity but which when sandwiched between metal plates will easily allow these plates to talk to each other via electric fields (this is called a capacitor structure). While high k dielectrics are good for capacitors, the opposite is true of the insulators used to separate metal lines, for which low k dielectrics are desirable.

high-density plasma(HDP) - Plasma that contains a high concentration of reactive elements. High-density plasmas are used in advanced plasma etchers and CVD machines.

high-density olasma CVD(HDPCVD) - A chemical vapor deposition technique in which a concentrated plasma is created. This suppresses the bulging at outside corners that standard CVD films tend to show. HDPCVD is thus a good solution to the problem of getting insulating films to fill in between narrowly spaced metal lines(the gap fill problem). Gap fill is becoming more and more of an issue as semiconductor manufacturers scale down circuit dimensions.

high-density plasma etcher - An advanced etcher that uses high-density plasma. This results in a better capability for etching small geometries with straight vertical walls(especially difficult for small deep holes) and good selectivity(etching only the layer to be patterned and not attacking the layer beneath.)

high frequency(HF) - Radio frequencies(RF) in the range of 3 MHz to 30 MHz. When used in an RF-based identification system, the high frequency used is typically 13.56 MHz

high-pass filter - 1. A circuit that attenuates low-frequency components in an analog signal; 2. A mathematical operation that emphasizes details in an image

high side component - A component connected between the positive power supply and the load; See also 'low side component'.

high temperature storage - A high temperature (150°C typically) bake performed for an extended period(usually 1000 hours) without electrical power applied. Notice 2 to Revision A of MIL-STD-883 deleted this test from Group C. (See MIL-STD-883, Method 1008.)

HIPAA - 'Health Insurance Portability and Accountability Act' of 1996. HIPAA was passed to protect health insurance coverage for workers and their families and to encourage the development of a health information system by establishing standards and requirements for the secure electronic transmission of certain health information. HIPAA mandates that the design and implementation of the electronic systems guarantee the privacy and security of patient information gathered as part of providing health care.

hipot - High-potential.

histogram - A frequency plot of data from a normal distribution often used in analyzing the performance of a given process.

HMOS - 'High-performance MOS'.

hole - The absence of a valence electron in a semiconductor crystal. The movement of a hole is equivalent to the movement of a positive charge.

hole density - The number of holes per unit area on a 'PCB'.

hook and loop - Fastening technique for storm flap closures. Common trade name is Velcro.

horizontal blanking - The blanking signal that occurs at the end of each video scanning line.

horizontal sync - The portion of a video signal that indicates the end of a line of video information.

HSPD-12 - 'Homeland Security Presidential Directive 12'. The primary objective of HSPD-12 is the development and deployment of a Federal government -wide common and reliable identification verification system that will be interoperable among all government agencies and serve as the basis for reciprocity among those agencies.

HSTL - 'High Speed CMOS Logic'.

HTOT - 'High Temperature Operating Test'. A burn-in performed at very high temperature (typically 250°C) for the purpose of determining long-term reliability of a lot of devices on a sample basis under extremely accelerated conditions. (See MIL-STD-883, Method 1005, Condition F.)

HTS - Acronym for 'High Temperature Storage'; A reliability test that subjects samples to a high temperature(usually 150 deg C) environment over a specified period of time(usually 168 H).

hue - The distinction between colors, such as red, blue, green, and yellow; white, black, and gray are not considered to be intensities, not hues.

HVAC - 'High Voltage Alternating Current'.

HVIC - 'High Voltage IC'.

hybrid card - A smart card that contains two smart card chips-both contact and contactless chips-that are not interconnected.

hybrid circuit - A component containing one or more bare die and at least two circuit elements.

hybrid microcircuit - A microcircuit composed of thin or thick film components and semiconductor chips (either integrated circuits or discretes) on a substrate.

I

IAB - Government Smart Card 'Interagency Advisory Board'.

IC - 'Integrated Circuit'. A chip etched or imprinted with network or electronic components such as transistors, diodes and resistors along with their interconnections.

ICC - 'Image Compression Coprocessor'.

ICC - 'Integrated Circuit Card'. ICC typically refers to a plastic(or other material) card containing an integrated circuit which is compatible to ISO/IEC 7816.

IDE - 'Integrated Device Eectronics'.

identification - The process of using claimed or observed attributes of an entity to deduce who the entity is. The evidence of identity or fact of proof showing the attributes of the individual presenting the identification.

identification card - Card identifying its holder and issuer which may carry data required as input for the intended use of the card and for transactions based thereon.

identifier - Unique data used to represent a person's identity and associated attributes. Names and card numbers are examples of identifiers.

identity - The subset of physical and/or behavioral characteristics by which an individual is uniquely recognizable. Identity is information concerning the person, not the actual person. Identity and access management (IAM). The combination of processes, technologies, and policies to manage digital identities and specify how digital identities are used to access resources.

identity data - The data associated with an individual's identity within a specific system and used by that system to verify the individual's identity.

identity document - A piece of documentation designed to verify aspects of a person's identity. (See also 'breeder document'.)

identity management - In information systems, the management of the identity life cycle of entities. Identity management is sometimes used in conjunction with authorization in the IT industry. Within the life cycle: The identity is established: a name(or number) is connected to the subject. The identity is re-established: a new or additional name(or number) is connected to the subject. The identity is described: one or more attributes which are applicable to this particular subject may be assigned to the identity. The identity is newly described: one or more attributes which are applicable to this particular subject may be changed. The identity is destroyed.

identity management system(IDMS) - System composed of one or more computer systems or applications that manage the identity registration, verification, validation, and issuance process, as well as the provisioning and deprovisioning of identity credentials.

identity proofing - The process of providing sufficient information (e.g., breeder documents, identity history, credentials, documents) to establish an identity to an organization that can issue identity credentials.

identity registration - The process of making a person's identity known to a system, associating a unique identifier with that identity, and collecting and recording the person's relevant attributes into the system.

identity theft - The appropriation of another's personal information to commit fraud, steal the person's assets, or pretend to be the person.

identity verification - The process of confirming or denying that a claimed identity is correct by comparing the credentials (something you know, something you have, something you are) of a person requesting access with those previously proven and stored in an ID card or system and associated with the identity being claimed.

IEC - 'International Electrotechnical Commission'. International civil aviation organization(ICAO) 'MRTD'. International civil aviation organization machine readable travel documents. 'ICAO' establishes international standards for travel documents. An 'MRTD' is an international travel document (e.g., a passport or visa) containing eye- and machine-readable data. 'ICAO' Document 9303 is the international standard for MRTDs.

IEEE - 'Institute of Electrical and Electronics Engineers'. A world-wide engineering publishing and standards -making body for the electronics industry.

IGBT - 'Insulated Gate Bipolar Transistors'.

i-line - Exposure wavelength of 365 nanometers.

IMC - Acronym for 'Intermetallic Coverage' or 'Intermetallic Compound'.

image analysis - A technique that extracts features and descriptions from images.

image processing - Improvement of a source image, or transformation of a source image into one that provides more information about specific properties of the source image.

IMAPS - 'International Microelectronics and Packaging Society'.

IMB - 'Intermetallic Bond', thin layer of chemical bonding in metals - see 'IMC'.

IMC - 'Intermetallic Compound'. Metallic compounds that form at the interfaces between different metals, such as copper-tin compounds that form at the interface of a solder joint and a copper lead. IMCs typically have significantly different properties, such as tensile strength.

IMFET - 'Internally Matched Field Effect Transistor'.

immunity - The ability of a piece of equipment to reject or not be affected by an electrical disturbance.

impulse - An electromagnetic pulse of very short duration, i.e, shorter than one cycle at the highest frequency being considered.

inches of water (or cm of water) - A measure of pressure.

in-circuit test - The testing of specific components or parts of a circuit rather than testing the whole circuit. Used for early-stage defect detection.

incomplete fill - A failure attribute wherein a certain part of the package was not covered by a sufficient amount of molding compound.

inductive thin film head - An electromechanical device that records(writes) data on and retrieves(reads) data from the magnetic recording layer of the disk inside.

ingot - A cylindrical piece of semiconductor material from which individual wafers will subsequently be sliced.

ingot growth - The process through which an ingot of semiconductor material is created.

inhibit - To turn off a driver, placing it in a state that approximates an open circuit.

inking - The process of marking bad dice on a wafer with dots of ink so that these dice will be discarded without the expense of putting them in packages.

input bias current - The amount of current flowing in or out of each of a non-ideal operational amplifier's inputs.

input isolation - Any mechanism for isolating a circuit or device's inputs from other circuits.

input offset current - The mismatch or difference between the input bias currents flowing through the inputs of an operational amplifier.

input offset voltage - The slight voltage present across a non-ideal operational amplifier's inputs brought about by its non-zero input offset current.

instrumentation amplifier - A closed-loop amplifier with high-impedance differential inputs and an output that is single-ended with respect to the reference terminal.

inspect - Evaluate accuracy of pattern feature size and pattern placement and inspect for defects.

inspection - Actual performance of a screening step, as opposed to surveillance.

inspection lot - A lot of devices which is considered a single lot for qualification or quality conformance inspection purposes. An inspection lot may consist of more than one device type if they are from the same generic family. The most generally accepted definition of an inspection lot is a group of devices in a single package type, outline, and lead finish manufactured on the same production line(s) through final seal by the same production techniques, using the same materials, and sealed within the same 6-week period.

insulator - A material that is a poor conductor of electricity or heat, and used to separate conductors from one another.

insulating layer - A dielectric layer used to isolate multilevel conductive and resistive material or to protect top level conductive resistive material (see Glassivation, Passivation).

integrated circuit - A semiconductor or semi-conductor die containing multiple elements (which may be located on the die or on a hybrid substrate) which act together to form the completed device circuit.

integral non-linearity - The maximum deviation exhibited by a DAC or ADC from the ideal straight line connecting its zero and full-scale analog value.

integrated circuit(IC) - An electronic circuit in which many active or passive elements are fabricated and connected together on a single substrate, as opposed to discrete devices such as transistors, resistors, capacitors, and diodes.

integrated process - Combining several sequential processing steps. Normally performed in separate systems, within one multi-process system, typically without removing the wafer from the vacuum.

inter bay automation - Automated transport of wafers throughout the entire fab, between the machine bays. One way of doing this is with an overhead monorail system.

interconnection - The conductive path required to achieve electrical connection from a circuit element to the rest of the circuit. The metallization connecting two or more active elements on the surface of a die; also, the wires connecting the die to the package leads.

intermetallic compound - A compound formed between two metals in intimate contact with each other; This phrase is often applied to compounds formed between the bond pad and the wirebond during wirebonding.

intermetallic coverage - The area on the bond pad covered with intermetallic compounds.

intermodulation distortion(IMD) - A phenomenon in which non-linear circuits or devices create unwanted frequency components that are not in the original RF signal.

internal visual - Visual inspection of the device prior to seal to insure that die, wires and package conform to all applicable specifications.

internal wafer vapor content - The amount of residual moisture trapped within a semiconductor package cavity after device sealing, usually stated in ppm at 100°C.

internet - A collection of networks interconnected by a set of routers which allow them to function as a single, large virtual network.

interoperability - The ability of two or more systems or components to exchange information and to use the information that has been exchanged. For the purposes of FIPS 201, the ability for any government facility or information system, regardless of the PIV issuer, to verify a cardholder's identity using the credentials on the PIV card.

interposer - An intermediate layer or structure that provides electrical connection between the die and the package.

interpreter - A program that translates a high-level -language program one instruction at a time into computer code, effecting the execution of the instruction as soon as it is translated.

interrupt - A input signal that requires and gets immediate attention from a computer's CPU.

interrupt handler - The software routine that handles an interrupt's request for service.

interrupt vector - A type of interrupt that immediately points a computer to a new series of instructions.

interstitial via hole - An embedded through-hole that connects two or more conductor layers in a 'PCB'.

intra bay automation - Automated transport of wafers within a bay of machines. There are a number of products that are used for this, as machine interfaces are not yet standardized. Mobile robots that run on rails, or are free standing, can be used. Another option is to extend a brand off a central inter bay overhead

invalid reject - An acceptable product that has been erroneously identified as unacceptable.

I/O address - A specific hardware circuit or software value that the CPU uses to distinguish between the different boards in a system.

I/O channel - An input/output tester port that is capable of both stimulating a device pin and monitoring a response from the same pin.

ion - An atom that has either gained or lost electrons making it a charged negative or positive particle.

ion implantation - One way that the surface of a chip is transformed. It is a method that fires beams of charged atoms at the surface of the wafer. The high level of energy of these ions allows them to penetrate the silicon to produce the desired doping effect.

IP - 'Intellectual Property'.

IPC - Acronym for 'Institute for Interconnecting and Packaging Electronic Circuits'; An electronic packaging organization that has already been renamed to: 'Association Connecting Electronic Industries'.

IPM - 'Intelligent Power Modules'.

IPS - 'Image Processing Systems'.

IR - 'InfraRed'. Soldering process that uses infrared energy as the primary method of heating.

ISA - 'Industry Standard Architecture'.

ISD - 'Information Storage Devices'.

ISDN - 'Integrated Services Digital Network'.

ISP - 'In-System Programmability'.

ISP - 'Internet Service Provider'. Any of a number of companies that sell Internet access to individuals or organizations.

iso - international standards organization.

ISO/IEC 7810 - The series of international standards describing the characteristics of identification cards, including physical characteristics, sizes, thickness, dimensions, construction, materials and other requirements.

ISO/IEC 7812 - The governing international standard for magnetic stripe identification cards, such as door entry cards, automated teller machine(ATM) cards, and credit cards.

ISO/IEC 7816 - The international standard for integrated circuit cards with contacts, as well as the command set for all smart cards.

ISO/IEC 14443 - The international standard, 'Identification Cards, Contactless Integrated Circuit(s) Cards, Proximity Cards' for contactless smart chips and cards that operate (i.e., can be read from or written to) at a distance of less than 10 centimeters (4 inches). This standard operates at 13.56 MHz.

ISO/IEC 15693 - The international standard, 'Identification Cards, Contactless Integrated Circuit(s) Cards, Vicinity Cards' for cards operating at the 13.56 MHz frequency which can be read from a greater distance as compared to proximity cards. (See ISO/IEC 14443.)

ISO/IEC 24727 - A set of programming interfaces for interactions between integrated circuit cards and external applications to include generic services for multi-sector use.

isolation amplifier - An amplifier that provides electrically isolated inputs and outputs that let it amplify a differential signal that is superimposed on a high common-mode voltage.

ion implantation - Introduction into a semiconductor of selected impurities in controlled regions(via high voltage ion bombardment) to achieve desired electronic properties.

isolation tub - An area of the die surrounded by an isolation diffusion(normally P+) to prevent electrical leakage between adjacent circuit elements.

isolation voltage - The voltage that an isolated circuit can normally withstand; Usually specified from input to input or from any input to the amplifier output.

isotropic - Having properties that have equal value in all directions.

issuer (or issuing authority) - The organization that issues an identity card to an individual after identity proofing, background checks and related approvals have been completed. Typically this is an organization for which the individual is working.

J

JAN - 'Joint Army Navy'. The trademarked designator used to indicate that a given device was manufactured and screened in accordance with a controlled government specification. The JAN mark is frequently abbreviated to J when used on smaller devices.

JEDEC - 'Joint Electronic Devices Engineering Council', a part of the Electronic Industries Association(EIA) that publishes specifications and standards for electronic components.

JFET - 'Junction Field Effect Transistor'.

JI-Bipolar - 'Junction Induced Bipolar Transistor'.

jitter - A slight deviation of a transmission signal in time or phase that can introduce errors and loss of synchronization.

JLCC - Acronym for 'J-Leaded Chip Carrier'; A ceramic surface-mount package with J-shaped leads along its four sides.

JTAG - Acronym for 'Joint Test Action Group'; Now essentially synonymous with the IEEE 1149.1 standard for test access port and boundary scan.

jump bond - See 'skip bond'.

junction - The boundary between a P-region and an N-region in a silicon substrate.

junction burnout – See' thermal secondary breakdown'.

K

kerf - That portion of the component area from which material has been removed or modified by trimming or dicing.

key - In encryption and digital signatures, a value used in combination with a cryptographic algorithm to encrypt or decrypt data.

KGB - 'Known Good Board'. A correctly operating PCB. It is used in learning or debugging a test program in development and for comparison testers where it serves as the standard unit by which other PCBs are compared.

KGD - Acronym for 'Known Good Die'; An unpackaged semiconductor chip known to meet all of its electrical specifications.

kirkendall voids - See 'Bimetallic contamination'.

known good die - A qualification or a process that indicates that a semiconductor die has been tested to a specified or determined level of quality or 'goodness'.

kovar - An alloy composed of about 53.48% Fe, 29% Ni, 17% Co, 0.2% Si, 0.3% Mn, and 0.02%C.

L

lambda - Similar to an 'LTPD', except that it is expressed in percent per thousand hours.

laminate - 1. A layer; 2. A sheet of plastic or other material with metal traces on one or both sides used as raw material for printed circuits.

lamination - The process creating laminate using pressure and heat.

LAN - 'Local Area Network'. A communications network that serves users within a confined geographical area, and made up of servers, workstations, a network operating system and a communications link.

land area - That portion of the package lead which is inside the package cavity and to which the bonding wire will be connected to make electrical contact with the die.

LASER - Acronym for 'Light Amplification by Stimulated Emission of Radiation'; A highly collimated and coherent beam of light.

laser direct imaging - A method that increases board density with laser technology.

latchup - A condition where the output of a circuit has become fixed near one of the two voltage extremes and will no longer react to changes in the input signal. Latchup may be radiation induced, but can also result from voltage overstresses and other causes.

layering - Provides layers of various materials to complete the fabrication of components on the silicon surface.

LBIST - Acronym for 'Logic Built In Self Test'; A form of BIST targeted at testing random logic.

LCC - Acronym for 'Leadless Chip Carrier'; A surface-mount package with no protruding leads; It instead has exposed metal pads for external interconnection.

LCD - 'Liquid Crystal Display'.

LCMOS - 'Liquid Crystal Metal Oxide Semiconductor Device'.

leakage current - A small amount of current that flows across a dielectric area between two adjacent conductors.

lead - A name for the metal prongs which stick out of a chip package, allowing electrical connection between the chip inside the package and the outside world

lead bend - 1. A torsion test for lead strength. (See 'lead fatigue'). 2. The process whereby flatpack leads are reformed to facilitate mounting on a PC board.

lead fatigue - Application of a repetitive bending force to the leads of sample devices to insure structural integrity of leads and packages. (See MIL-STD-883, Method 2004.)

lead finish - The assembly process step wherein the external leads of the package are covered with another metal for protection and better conductivity, solderability, and appearance.

lead forming - The assembly process step wherein the external leads of the package are mechanically formed into their final shape.

leadframe – 1. A metal frame structure used as skeleton support for many package types: 2. A metallic frame containing leads and a base to which an unpackaged integrated circuit is attached. After encapsulation, the outer part of the frame is cut away and the leads are bent into the required shapes.

lead-free - A process, such as lead finish, that doesn't use the element lead(Pb).

lead integrity - See 'lead fatigue'.

leadless package - See 'chip carrier'.

lead trimming - The assembly process step wherein all the leads of the package are cut and isolated from the lead frame.

leakage inductance - An inductive component present in a transformer that results from imperfect magnetic linking of one winding to another.

leak test - See 'hermeticity'.

least significant bit(LSB) - The smallest step that a converter can recognize.

LED - 'Light-Emitting Diode'.

legend - Printed letters or symbols on the 'PCB' indicating important information like part numbers or company identification.

length scale - The size range within which an object falls; e.g. nanscale, millimeter scale.

leveller - An electroplating additive used to ensure smooth deposits that are free of dendrites.

level translator - A device that translates a logic signal level from one type to another, e.g., ECL to TTL.

LFCSP - Acronym for 'Leadframe Chip Scale Package'; A CSP that employs a leadframe for its support.

LGA - 'Leadless Gate Array'.

library - A collection of routines, data, or other materials in a file from which a user can draw for use in a project such as a test program.

lid torque - A test which tests the integrity of the seal of a semiconductor device (usually one that employs a glass frit seal) by twisting the package and the lid in opposite but parallel directions.

lifted ball - A ball bond that failed to attach properly to the die or lead finger.

line - In imaging, the coordinate that defines the vertical location of a pixel in an image.

linear - Having an output that is directly proportional to the input, e.g., Vout=constant*Vin.

linearity - A measure of how close a device's linear response is to a straight line.

line of separation - Visible distance or space between two features that are observed not to touch at the magnification in use.

line regulation - The ability of a voltage regulator to maintain its output voltage despite variations in its input voltage.

line width - A measure of the horizontal dimensions of surface features of a semiconductor die, such as the separation between gate and drain diffusions on an MOS die.

liquid - A substance that, unlike a solid, flows readily, but unlike a gas, does not tend to expand indefinitely. Important to know state of chemicals – gas, liquid, or solid – when determining type of protective clothing necessary.

lithography - The transfer of a pattern or image from one medium to another, as from a mask to a wafer.

if light is used to effect the transfer, the term 'photolithography' applies. 'Microlithography' refers to the process as applied to images with features in the micrometer range.

LNA - 'Low Noise Amplifier'. (CMOS technology)

logical access - Access to online resources (e.g., networks, files, computers, databases).

logic chip - A chip that does computations, makes decisions, or makes things happen. Chips can be loosely defined as either logic chips or memory chips

loop profile - The path formed by a bond wire from one bond to the other.

loop height - The height of the loop formed by a bond wire.

lot - A group of similarly-processed semiconductor devices, usually from the same production run, treated as a homogeneous population.

lot acceptance test(LAT) - A test or series of tests to determine whether a lot is shippable to the customer or not.

low drop out(LDO) - A characteristic of a linear voltage regulator that allows it to operate even when the input voltage barely exceeds the desired output voltage.

low frequency(LF) - Radio frequencies(RF) in the range of 30 to 300 kHz. When used in an RF-based identification system, the low frequency is typically 125 kHz.

low k dielectric - A type of insulator that isolates metal connections, preventing these from interfering with each other. Metals that are close together can affect each other's signals through the electric fields that run between them.

low-pass filter - 1. A circuit that attenuates the high-frequency components of an analog signal; 2. An operation that blurs details in an image.

low side component - A component connected between the load and ground; See also "high side component".

LPGA - 'Laser Programmable Gate Array'.

LPI - 'Liquid Photo-Imageable' solder mask.

LQFP - Acronym for 'Low Profile Quad Flat Pack'; A thin plastic surface-mount package with leads along its four sides.

LSI - 'Large Scale Integration'. LSI devices are generally accepted to be those that contain between 100 and 1000 gate equivalents, or other circuitry of similar complexity. (See 'VLSI'.)

LTPD - 'Lot Tolerance Percent Defective'. A single lot sampling concept that statistically ensures rejection of 90% of all lots having a greater percent defective than the specified LTPD.

luminance - The brightness or intensity of a color.

M

MAC - 'Media-Access Controllers'.

machine readable travel documents - ICAO establishes international standards for travel documents. An MRTD is an international travel document (e.g., a passport or visa) containing eye- and machine-readable data. ICAO Document 9303 is the international standard for MRTDs.

machine visions system(MVS) - A pattern recognition alignment system that eliminates the need for large scribe lines to support dedicated alignment targets. Metal-Oxide-Semiconductor(MOS) transistor A transistor containing a metal gate or thermal oxide over silicon. The components of this device are the source, drain and gate.

macro - A set of program steps combined by a user or a programmer that act as a single and more powerful program step.

macro cell - Similar to a standard cell but larger. Macro cells contain predefined circuit elements that may be selected and arranged to create a custom or semi-custom integrated circuit more easily than through design. designers building ASICs use macro and standard cells.

magazine - A portable enclosure used to hold PCBs or product.

magneto-resistive - (MR) head Recording head that uses an inductive thin film element to write data onto the media and a separate MR element to read the data. The use of a separate but much more sensitive read element permits data to be recorded and, subsequently, read at much higher track densities than inductive thin film head technology.

majority carrier - The mobile charge carrier(hole or electron) that predominates in a semiconductor material. When a channel is created within the silicon, the channel will normally result from a change of majority carrier.

man-in-the-middle attack - An attack on an authentication protocol in which the attacker is positioned between the individual seeking authentication and the system verifying the authentication. In this attack, the attacker attempts to intercept and alter data traveling between the parties.

mandatory access control(MAC) - An access control technique that assigns a security level to all resources (e.g., information, parts of a building), assigns a clearance level to all potential users requiring access, and ensures that only users with the appropriate clearance level can access a requested resource.

manufacturing validation - A series of assembly runs to verify that a newly-released assembly process is meeting expected process outputs.

material review board(MRB) - A team that oversees the handling or dispositioning of abnormally processed or low-yielding lots.

mask - A transparent plate covered with an array of patterns used in making ICs. Each pattern consists of opaque areas that prevent light from passing through. The mask is used to expose photoresist that defines areas to be later etched on a wafer.

masking layer - A patterned layer associated with a semiconductor integrated circuit. A typical circuit will require between 12 and 25 masking layers for full definition.

match/matching - The process of comparing biometric information against previously stored biometric data and scoring the level of similarity.

MBIST - Acronym for 'Memory Built In Self Test'; A BIST approach that is specific to memory testing.

MCM - See 'Multi-Chip Module'. Multichip Module. A circuit comprised of two or more silicon devices bonded directly to a substrate by wire bond, TAB or flip chip.

MCM-C - Acronym for 'Multi-Chip Module-Ceramic'.

MCM-L - Acronym for 'Multi-Chip Module-Laminate'.

MCU – 'Micro Controller Unit'.

MD5 - One of the most popular hashing algorithms, developed by Professor Ronald L. Rivest of MIT, which produces a 128-bit hash from any input.

MDL - 'Minimum Detection Limit'. See 'system detection limit'.

MDRAM - 'Multibank DRAM'.

MEC - 'Motion Estimation Coprocessor'.

mechanical shock - An impact-type shock test to stress die attach, wire bonds, and seal integrity, normally performed on a sample basis. (See MIL-STD-883, Method 2002.)

megarad - Capable of withstanding total dose radiation of 106 rads(Si) or greater without significant performance degradation.

MELF - 'Metal Electrode Face Bonding'. A cylindrical leadless component with a round body and metals terminals on the ends.

memory card - Typically a smart card or any pocket-sized card with an embedded integrated circuit or circuits containing non-volatile memory storage components and perhaps some specific security logic.

memory chip - A chip that retains information for logic chips to use.

MEMS(Microelectromechanical systems) - Micromachining. Micromachining The application of integrated circuit fabrication processes to the manufacture of miniature machines, sensors and switches.

meniscus - The localized convex area of the package through which the lead protrudes.

MESFET - 'Metal Enhanced Semiconductor Field Effect Transistor'.

message authentication code(MAC) - A short piece of information used to support authentication of a message. A MAC algorithm accepts as input a secret key and an arbitrary-length message to be authenticated, and outputs a MAC(sometimes known as a tag or checksum). The MAC value protects both a message's integrity as well as its authenticity, by allowing verifiers(who also possess the secret key) to detect any changes to the message content. MACs are computed and verified with the same key, unlike digital signatures.

metal can package - See 'header'.

metal gate - An MOS process fabricated with a metal (usually aluminum) as the gate electrode.

metallization - One or more layers of microcircuit

metal conduction paths.

metallization melt - The melting of semiconductor metallization as a result of extreme power exposure, normally occurring as a result of short duration, high current pulses.

metallization run - A lot of wafers metallized at the same time. Since the number of wafers accommodated by an evaporation (i.e., metallization) chamber is frequently less than the number of wafers accommodated by a diffusion chamber, it is possible to have several metallization runs which came from the same wafer run.

meter - A unit of measure equaling about 3.3 feet.

MFLOPS - 'Million Floating-Point Operations per Second'.

micro ball grid array(MBGA) - The process for placing an integrated circuit or other component on a multi-layer 'PCB' using an array of extremely small solder balls(or columns) at each contact.

microbond - A bond of a small wire to a conductor or chip device.

microcircuit - A section of semiconductor wafer with circuitry and components etched into the top. Also called a die or chip.

microcontroller - A microcontroller is a stand-alone device that performs computer functions within an electronic system without the need of other support circuits. A microcontroller contains memory functions, unlike a microprocessor; which is typically paired with a chip that provides memory. Microcontrollers are used in TVs, VCRs, microwave ovens and automobile engines.

microprocessor card - Typically a smart card or any pocket-sized card with an embedded integrated circuit or circuits containing memory and microprocessor components.

microcrack - A very small crack within the metal or other material of a semiconductor device, typically not detectable using optical magnification. In the metallization area, microcracks most typically occur at contact steps. Microcracks can lead to discontinuities in the circuitry.

micron(um) - 1. A unit of length equal to one millionth of a meter: 2. Also referred to as a micrometer.

microperipheral - A device that works with a micro-controller or microprocessor. microperipherals are used in modems, ISDN and ethernet lines, in imaging equipment such as printers, computer mice and keyboards.

microprocessors - Integrated circuits that contain the CPU for a computing device.

microvias - Laser-created small holes, or vias.

MIDI - 'Musical Instrument Digital Interface'.

migration - The relocation or movement of physical materials into or across other adjacent materials. (See 'electromigration'.)

mil – A unit of measurement equal to 1/1000 or 0.001(x 10^{-3} inches) of an inch; 1 mil =25.4 microns.

millimeter - One thousandth of a meter. about 4/100 inch.

minimum conductor width - The smallest distance between any two adjacent conductors, such as traces, in a 'PCB'.

minority carrier - The nonpredominant mobile charge carrier in a semiconductor (such as electrons in a P-region, where the majority carrier would be holes).

MIPS - 'Millions of Instructions per Second'.

mismatch - A non-ideal coupling of two circuits, usually resulting in partial signal reflection of a signal that passes from one circuit to the other, subsequently leading to measurement error.

mix-and-match - The cost-effective strategy by which manufacturers use expensive reduction steppers for the critical layers of an integrated circuit and cost-effective 1X steppers for layers larger than 0.65 microns.

mixed signals - A class of ICs that have traditionally been considered analog semiconductors. they can also be defined as anything that combines analog and digital circuitry-and that includes many ASICs and DSPs.

MLF - 'Micro Lead Frame'.

MMIC - 'Monolithic Microwave Integrated Circuit'.

MML - 'Merged Memory Logic'.

MMU - 'Memory Management Unit'.

MMUI - 'Multimedia User Interface Profiles'.

MMX - 'Multimedia extension'.

model - A detailed description or scaled representation of one component of a larger system that can be created, operated, and analyzed to predict actual operational characteristics of the final produced component.

modem - A type of computer equipment that links computers via telephone lines and enables the transmission of data.

moisture resistance - Subjection of sample devices to a cycle of high humidity and temperature stresses to determine the ability of these devices to survive under severe environmental conditions. This is normally performed on a sample basis with 10 cycles of 24-hour duration. (See MIL-STD-883, Method 1004.)

molding - The assembly process step wherein the devices are encapsulated in plastic; also referred to as 'encapsulation'.

molding compound - Plastic material used for encapsulating IC's.

molded device - A device which is completely encapsulated in epoxy or an alternate molding compound, that is, with no internal cavity.

molecular electronics - Any system with atomically precise electronic devices of nanometer dimensions, especially if made of discrete molecular parts rather than the continuous materials found in today's semiconductor devices.

monochrome - An image represented by a single color.

monolithic device - A device whose circuitry is completed contained on a single die or chip.

monopole - An antenna that consists of a straight conductor usually measuring not more than one quarter of a wavelength long, mounted immediately above and at a right angle to a ground plane.

monotonicity - A characteristic of a DAC in which the analog output increases as the digital code input to it increases.

moore' s law - In 1965 Intel co-founder Gordon Moore predicted that the number of transistors (and capacity) that can be squeezed onto a chip would double every 18 months. if this trend continued, he reasoned, computing power would rise exponentially with each new generation of chips. His published observation holds to this day.

MOPS - 'Millions of Operations Per Second'.

MOS - 'Metal Oxide Semiconductor'.

MOSFET - 'Metal Oxide Semiconductor Field Effect Transistor'. A device that does not require as much power as bipolar devices because of its insulation. the term can be applied either to transistors in an IC or to discrete power devices. MOSFETs are easier to manufacture than bipolar devices and are a building block in the fabrication of CMOS chips.

most significant bit(MSB) - The biggest step (corresponding to just a single bit) that a converter can recognize.

MPEG - 'Moving Pictures Expert Group' (image compression standard)

MPGA - 'Mask-Programmed Gate Array'.

MPLD - 'Mask-Programmed Logic Device'.

MPU – 'Micro Processor Unit'.

MQFP - Acronym for 'Metal Quad Flat Pack'.

MSD - 'Moisture Sensitive Device'.

MSI - 'Medium Scale Integratio'. MSI devices are generally accepted to be those that contain 12 or more gate equivalents, but less than 100. (See LSI.)

MSL - Acronym for 'Moisture Sensitivity Level'; A number denoting the degree of vulnerability of a package to cracking caused by internal moisture vaporization during reflow or board mounting.

MSOP - Acronym for 'Micro Small Outline Package'.

MTBF - 'Mean Time Between Failure'. The average number of operating hours after a device has failed that would pass before the next device failure would be expected to occur.

MTP - 'Multi-Time Programmable'.

mullen burst test - A physical property test for material strength. Represents the force that would be applied when a bending elbow bursts through a shirt sleeve.

multi-application card - A smart card that runs multiple applications–for example, physical access, logical access, data storage and electronic purse–using a single card.

multichip device - A device containing two or more die, but no thin or thick film components on the substrate(such as the LH2111, which consists of two LM111 chips in a single package).

multi-chip module(MCM) - 1. A package containing more than a single chip inside: 2. A hybrid which contain at least two bare die.

multi-chip module laminates(MCML) - A pcb design for placing multiple integrated circuits or other components on a limited surface area.

multidie probing - The parallel testing of more than one die(on a wafer) at a time using several probes.

multi-factor authentication - The use of multiple techniques to authenticate an individual's identity. This usually involves combining two or more of the following: something the individual has (e.g., a card or token); something the individual knows (e.g., a password or personal identification number); something the individual is (e.g., a fingerprint or other biometric measurement).

multi-factor reader - A smart card reader that includes a PIN pad, biometric reader, or both to allow multi-factor authentication.

multilayer metallization - Metallization formed through the deposition of several layers of different metals to form a single metallization stripe on the surface of the device.

multilayer PCB - Circuit boards with three or more layers of printed circuits separated by laminate layers and bonded together with internal and external interconnections.

multilevel metallization - Two or more levels of metal or any other material used for interconnections that are isolated from each other by insulating material.

multiplexing - 1. The process of combining of two or more signals into one in such a way that they can later be separated again; 2. The process of using a single common output for several inputs, with only one of the inputs connected to the output at a time.

multiplexer(MUX) - A semiconductor device, circuit, or set of electromechanical switches arranged to select one of many inputs for connection to a single common output.

multi-technology card - An ID card that has two or more ID technologies that are independent and that don't interact or interfere with one another. An example is a card that contains a smart card chip and a magnetic stripe.

multi-technology reader - A card reader/writer that can accommodate more than one card technology in the same reader (e.g., both ISO/IEC 14443 and ISO/IEC 15693 contactless smart card technologies or both 13.56 MHz and 125 kHz contactless technologies).

multisite - Refers to a single test head with more than one test site.

multisite testing - The use of a single test program and a single 'multi-site' test head to test two or more devices in two or more test sites, either in parallel or in sequence.

mutual authentication - For applications requiring secure access, the process that is used for the smart card-based device to verify that the reader is authentic and to prove its own authenticity to the reader before starting a secure transaction.

MUX - 'Multiplexer'.

N

nailhead bonding - An alternate term for Ball bonding.

NAND - 'Not-AND Gate'.

nanocrystal - A nanoscale crystal whose size, shape and atomic composition are carefully controlled to yield specific properties, like absorption of specific wavelengths of light.

nanometer - A metric unit of linear measure which equals one billionth of a meter.

nanoscale - The size range of objects studied by nanotechnologists.

nanotechnology - The ability to see, measure and make objects that are within the same tiny size scale as atoms and molecules. The nanotechnology realm can be defined as being between 0.1 nanometer(about the size of a hydrogen atom) and 100 nanometers (about the size of a virus).

nanotube - A tube of nanoscale dimensions, but most frequently referring to carbon nanotubes. These tubes, which are stronger and lighter than steel, can have varying electrical properties with applications in computing, materials manufacturing and bio-technology.

NC drill - A 'Numeric Control drill' used to drill holes at exact locations.

n-channel - An MOS process in which MOS transistors are formed by bridging two adjacent N-type diffusions(source and drain) with a dielectric(gate). When the source and the substrate are grounded and a positive voltage is applied to the gate, a conductive sheet of negative charge(N-channel) is created in the surface of the substrate under the dielectric.

NDBP - Acronym for 'Non-Destructive Bond Pull'.

neckdown - The narrowing of leads or wire.

neoprene - Natural rubber, non-synthetic. A durable elastomeric material with moderate chemical resistance.

netlist - List of parts and their connection points.

network - An arrangement of objects that are interconnected. In communications, the transmission channels interconnecting all clients and server stations as well as all supporting hardware and software.

neutron radiation - Exposure of a device to neutron radiation during fabrication in order to reduce minority carrier lifetime in the substrate. This minimizes the probability of circuit latchup during exposure to burst radiation.

NFC—Near Field Communication - A short-range wireless standard(ISO/IEC 18092) that uses magnetic field induction to enable communication between devices when they are brought close together(within 10-20 centimeters or 4-8 inches). NFC technology is compatible with ISO/IEC 14443-based technology.

NFPA - 'National Fire Protection Association'.

NFPA 1991 - Performance standard for vapor protective clothing.

NFPA 1992 - Performance standard for splash protective garments.

NFPA 1993 - Performance standard for disposable protective garments used in decontamination procedures.

NIOSH - 'National Institute for Occupational Safety and Health'. A regulatory or respiratory protection; technical advisement for 'OSHA'.

NIST - 'National Institute of Standards and Technology'.

NMOS - 'Negative-channel Metal Oxide Semi-conductor'. 'NMOS' was the preferred technology for making leading-edge chips in the 1970's and early 1980's.

node - A pin or lead to which at least two components are connected through conductors.

Nodules - Metal debris in plated through holes that is plated over.

noise - Undesirable electrical interference to a signal.

noise distortion - The nonlinear behavior that circuits or devices exhibit when driven with a broadband noise signal.

noise floor - 1. The noise level below which no information can be obtained from a signal; 2. The minimum discernible signal that can be detected by a receiver.

non-conductive - A property of an object, substance or material which restricts or prevents the flow of electricity.

non-destructive bond pull - Pull stressing of all wires on all devices or a sample of devices from a given lot to a pull force which is lower than the minimum pull force limit imposed for destructive bond pull. (See MIL-STD-883, Method 2023.)

non-observable fault - A fault whose effects cannot be measured at any network output.

non-repudiation - The ability to ensure and have evidence that a specific action occurred in an electronic transaction (e.g., that a message originator cannot deny sending a message or that a party in a transaction cannot deny the authenticity of their signature).

non-standard part - A device procured to a contractor prepared specification rather than to a government prepared specification.

non-volatile memory - A storage device whose contents are preserved when its power is off. Storage using magnetic disks or tape is normally non-volatile. some semiconductor memories(ROM, EPROM, Flash memory) are non-volatile while other semiconductor memories(static RAM and especially dynamic RAM) are normally volatile but can be made into non-volatile storage by permanently connecting a (rechargeable) battery.

NOR - 'Not-OR Gate'; building structure of an IC

NPN transistor - A junction transistor constructed by placing a P-type base between an N-type emitter and an N-type collector. The emitter is normally negative with respect to the base and the collector is normally positive with respect to the base.

NPTH - 'Non-Plated Trough-Hole'.

NRE - 'Non-Recurring Engineering'.

NTSC - Acronym for 'National Television System Committee'; A 60-Hz standard for encoding color video signals used in North America, Canada, Japan, and most of South America.

n-type - Semiconductor material in which the majority carriers are electrons and are therefore negative.

NVRAM - 'Non-volatile Random Access Memory'.

NVRAM or NOVRAM - 'Non-Volatile RAM'.

NVSRAM - 'Non-Volatile SRAM'.

nyquist frequency - A sampling frequency that is twice the highest frequency component of the signal to be sampled.

nyquist sampling theorem - A theorem that states that a signal must be sampled at a rate that's twice the signal's highest frequency to prevent any loss of information about the signal.

O

OA - 'Organic aqueous', water soluble flux

OCAP - Acronym for 'Out-of-Control Plan'; A flow chart or a documented set of procedures defining the actions required if a process gets out of control.

OCSP - 'Online Certificate Status Protocol'. An online protocol used to determine the status of a public key certificate.

OEM - 'Original Equipment Manufacturer'.

off-card - Refers to data that is not stored on the ID card or to a computation that is not performed by the integrated circuit on the ID card.

offset voltage - See 'input offset voltage'.

on-card - Refers to data that is stored on the ID card or to a computation that is performed by the integrated circuit chip on the ID card.

one-time password/OTP - Passwords that are used once and then discarded. Each time the user authenticates to a system, a different password is used, after which that password is no longer valid. The password is computed either by software on the logon computer or by OTP hardware tokens in the user's possession that are coordinated through a trusted system.

open area - An open and flat test site used for measuring electromagnetic interference, requiring sufficiently low ambient radiation to permit testing.

open ID - A decentralized digital identity system, in which any user's online identity is given by, for example, a URL(such as for a blog or a home page) and can be verified by any server running the protocol. Users are able to clearly control what pieces of information can be shared such as their name, address, or phone number.

open loop gain - The ratio of an operational amplifier's output voltage to its differential input voltage without any external feedback.

operating life - Burn-in(that is, exposure to high temperature with electrical bias applied) performed for extended duration(usually one thousand hours at 125°C). Normally a sample test. (See MIL-STD-883, Method 1005.)

operational amplifier - An open-loop high gain amplifier with high-impedance differential inputs and a single output; An op amp can be configured to function in many different applications.

operational range - The maximum distance between a contactless smart card reader and a contactless smart card.

operational test site - aA test site on a multi-site test head declared in the test program to be functional and available for use.

optical isolator - A device that links two circuits through an optoelectronic transmitter and receiver, such that there is no direct electrical connection between the two circuits.

optoelectronics - A device that is responsive to or that emits or modifies light waves. examples are LEDs, optical couplers, laser diodes, and photo detectors.

original width - The width dimensions or distances that is intended by design.

OSP - 'Organic Solder Preservative'. Layers of organic coatings applied to entire board surfaces to prevent oxidation and to retain solderability.

OTP - 'One-Time Programmable'.

output isolation - Any mechanism for isolating a circuit or device's output from other circuits.

oxidation - The process of joining oxygen and heat in a furnace to form a layer of silicon dioxide.

oxide isolation - The separation of circuit elements on a semiconductor device through the construction of a barrier oxide between the elements(not to be confused with dielectric isolation, in which the isolation passes completely under the circuit element.

oxide layer - A layer of an integrated circuit created

to provide isolation between conductive layers.

P

package – 1. A structure that serves as a container or form of cover for the die to provide it with protection, a means of external electrical connection, and if necessary, a means of identification: 2. An enclosure for a single element, an integrated circuit, or a hybrid circuit. It provides hermetic or non-hermetic protection, determines the form factor, and serves as the first level interconnection externally for the device by means of package terminals. a package generally consists of a bottom part, called the case or header, and a top part, called the cover or lid. These are sealed into one unit.

packaging density - For integrated circuits, the number of semiconductor elements per unit area of chip size, frequently expressed in terms of number of gate equivalents.

package post - A generic term used to describe the bonding location on the inside of the package.

PACS - See 'Physical Access Control System'.

PACT - 'Personal Air Communications Technology'.

pad - The pattern indicating the appropriate connection and attachment of electronic components on the 'PCB'.

PAL - Acronym for 'Phase Alternation Line'; A 50-Hz composite color video standard used in Western Europe, India, China, and some Middle Eastern countries; See also 'NTSC, SECAM, RS-170'.

palette - The range of colors that a display can produce.

pallet / carrier - A frame used to hold a PCB during assembly.

parallel testing - The process of performing identical tests simultaneously on more than one device of the same type; See also 'concurrent testing'.

parametric test - The process of testing a device against a specification for a measured electrical characteristic or quantity, such as voltage or current.

parallel testing - The testing of a number of devices at the same time(normally accomplished by mounting the devices on printed circuit boards which interface with the tester) as opposed to serial testing which tests one device at a time.

parasitic device or element - An interaction between diffused circuit elements. A good example of a parasitic would be the collector series resistance(RSAT) of a transistor and the associated capacitance of the collector-to-substrate junction. In fact, the buried layer N+ diffusion is used to reduce collector resistance. The nature of current semiconductor technology makes it impossible to eliminate these parasitics. Where their effect on the circuit is significant, or when the circuit is designed to utilize these parasitics, they are shown on the schematic.

particle Count - A measurement scale for gas or liquid cleanliness, normally stated in parts per cubic foot. For example, a Class 10 working area would be one which contained no more than 10 particles greater than one micron in size per cubic foot of air.

passivation - Insulating layer directly over a circuit or circuit element to protect the surface from contaminants, moisture, or particles.

passive device - Devices such as resistors or capacitors which have no amplification or control characteristics.

passive filter - A filter that utilizes only passive components such as resistors, capacitors, and inductors.

pass through - A bulkhead coupling system or chamber that allows materials to be passed between the cleanroom and a corridor without causing contamination.

pattern - The binary data applied to and expected from a DUT during a functional test.

PBGA - 'Plastic Ball Grid Array'. A ball grid array component whose package substrate is made of plastic, most likely an FR-4 equivalent of epoxy-fiberglass, polyimidearramid, or similar resin-fiber combinations.

PCA - 'Printed Circuit Assembly'. The generic term for a PCB after all electrical components have been attached. Also referred to as a printed wiring assembly (PWA).

PCB – See 'Printed Circuit Board'.

p-channel - An MOS process in which MOS transistors are formed by bridging two adjacent P-type diffusions (source and drain) with a dielectric(gate). When the source and the substrate are grounded and a negative voltage is applied to the gate, a conductive sheet of positive charge(P-channel) is created in the surface of the substrate under the dielectric.

PCI - 'Peripheral Component Interconnect'.

PCMCIA - 'Personal Computer Memory Card International Association'. The organization that has developed the early standards for the various sizes of modules which were initially for memory expansion but are now used for many different electronic functions.

PCS - 'Personal Communication Services'.

PC/SC - 'Personal Computer/Smart Card'. The PC/SC specification defines how to integrate smart card readers and smart cards with the computing environment and how to allow multiple applications to share smart card devices.

PCSC Lite - 'Personal Computer/Smart Card Lite'. PCSC Lite is open source software that implements the PC/SC specification for Linux.

PDA - 'Personal Digital Assistant'. The maximum percentage of a lot which may fail a 100% screening step without rejecting the lot. The PDA is predicted on the possibility that a failure mechanism which appears in an abnormally high percentage of a lot might appear at a later time in the balance of the lot. It should, therefore, not be used for screens where all defective devices can be observed and removed(such as internal visual or X-ray).

PDH - 'Plesiochronous Digital Hierarchy'. (multiplexing and de-multiplexing hierarchy)

PDIP - Acronym for 'Plastic Dual-in-Line Package'; See 'DIP'.

PEC - 'Printed Electronic Component'.

pedestal - The mounting portion of a hybrid substrate when it is smaller than the main portion of the substrate.

peg bonding - A thermocompression bonding technique. The wire end is compressed into the pad or conductor area.

pellicilize - Optically transparent membrane mounted on a machined metal frame is attached to photomask or reticle to prevent airborne or handling contamination. Contaminants on the membrane surface are out-of-focus driving exposure.

penetration - Visible physical entry of a chemical in liquid form through an opening such as a seam, zipper, or similar area. Not on a molecular level as with permeation.

peripheral device - A device within a microprocessor device family whose function is required to support the operation of a CPU.

permeation rate - The rate at which permeation occurs. Commonly expressed a micrograms per square centimeter per minute(μg/m2/min). Permeation Refers to the passage of a chemical through a protective clothing material on a molecular level. Gases may be passing through the material leaving no detectable physical signs of damage to the clothing. Unlike degradation, testing for permeation involves elaborate gas detection instruments. It is the highest level of testing available for protective clothing fabrics.

personal identification number(PIN) - A secret that an individual memorizes and uses to authenticate his or her identity or to unlock certain information stored on an ID card (e.g., the biometric information). PINs are generally only decimal digits.

personal identity verification(PIV) card - The physical artifact (e.g., identity card, smart card) issued to an individual that contains printed and stored identity credentials (e.g., photograph, cryptographic keys, digitized fingerprint representation) so that the claimed identity of the cardholder can be verified against the stored credentials by another person (human-readable and verifiable) or an automated process(computer-readable and verifiable).

personally identifiable information(PII) - In information security and privacy, any piece of information which can potentially be used to uniquely identify, locate, or contact a person or steal the identity of a person.

PGA - 'Pin Grid Array'. Similar to a pin grid array. An IC package that has solderable connections in a grid layout on the bottom of the package, and is soldered to the surface of the substrate(PWB) with butt solder joints.

p-gild - Projection-Gas Immersion Laser Doping. This process merges photolithography, doping and annealing.

pharming - A cyber attack that directs people to a fraudulent website by poisoning the domain name system server.

PHEMT - 'Pseudomorphic High-Electron Mobility Transistor'.

phishing - A cyber attack that directs people to a fraudulent website to collect personal information for identity theft.

photolithographic process - A technique utilized in the manufacture of microcircuits which uses light and selective masking to develop a fine-scaled pattern of areas of photoresist on the surface of the die.

photolithography - The photographic process used to transfer circuit patterns onto a semiconductor wafer. This is done by projecting light through a patterned reticle, onto a silicon wafer covered with a photosensitive material(photoresist). A reticle is a glass plate with a layer of chrome on one side.

photomask - Also know as 'reticle' or 'mask', this glass plate contains the patterns used for photolithographic manufacture of integrated circuits.

photoresist - A photoactive film also known as resist. Liquid photoresist is applied to a wafer to create a thin, uniform film. This film reacts with light energy from the stepper to define a circuit or component pattern to the substrate.

photosensitive polymide - A stress buffer overcoat used in the manufacture of devices designated for advanced packaging applications. The photosensitive properties of the material enable manufacturers to achieve in only four steps what would otherwise require nine steps for non photo-sensitive polymide.

physical access - Access to facilities (e.g., buildings, rooms, airports, warehouses).

physical access control system(PACS) - A system composed of hardware and software components that controls access to physical facilities (e.g., buildings, rooms, airports, warehouses).

physical vapor deposition(PVD) - Deposition of thin films by physical means as opposed to chemical means. This is most often used for deposition of metals. The most common firm of PVD is sputtering, in which a metal target is exposed to a plasma gas like argon which is not chemically reactive. The excited gas atoms hit the target and knock off metal atoms that deposit onto a wafer place below, building up the desired metal film.

pick & place machine - Automatically 'picks' components from a supply and 'places' them on the 'PCB' in the correct location.

pick-and-place - An assembly process in which components are selected and placed onto specific locations according to the assembly file.

PIN - 'Personal Identification Number'. A numeric code that is associated with an ID card and that adds a second factor of authentication to the identity verification process.

PIND - Acronym for 'Particle Impact Noise Detection'; A technique for detecting any loose particles inside a hermetic package.

pin grid array(PGA) - A surface-mount package that utilizes an array of metal pins as the means of providing external electrical interconnection, as opposed to the ball grid array(BGA) which uses an array of balls for that purpose.

pinholes - Small localized areas in the oxide layer with low dielectric strength, usually as a result of contamination.

pin list - An array of pin-name/channel-number pairs.

pin-out - The listing or diagrammatic description of the functions assigned to the various package pins of a semiconductor device.

pin-through-hole(PTH) - A method of fusing low-density components to a printed circuit board using pin-through-hole connections.

pitch - The center-to-center distance between adjacent leads on a semiconductor package.

PIV - See 'personal identity verification'.

pixel - Abbreviation for 'picture element'; 1. The fundamental picture element in a digital image; 2. The coordinate unit used to define the horizontal location of a pixel in an image.

PKCS #11 - 'Public Key Cryptography Standard #11'. This standard defines the interface for cryptography operations with hardware tokens.

PKI - 'Public key infrastructure'. See public key infrastructure.

planarization - Flattening the surface of the wafer. Both the devices and the metal wires used in the circuits have height. Several layers have to be built up, one on top of another, to make a complete circuit. It is difficult to create the lithography and etching layers if the surface of the wafer is not flat. Thus, every so often process steps must be added in to flatten the surface of the wafer. This is called planarization, and in modern advanced processes it is often down with chemical mechanical polishing(CMP).

planar structure - A flat-surfaced device structure with the junctions terminating on a single plane.

plasma - An ionized gas composed of equal number of positive and negative charges.

plasma ashing - A variant of plasma etching, used specifically for removal of photoresist. A plasma of oxygen ions is created and these ions react with the oxygen and carbon which make up photoresist to create water vapor and carbon dioxide. The photoresist is thus burned away or ashed, not so much because of high temperature, like in a fire, but because the oxygen is made particularly reactive when it becomes a charged ion in the plasma.

plasma enhanced chemical vapor deposition (PECVD) - Chemical vapor deposition in which a plasma is created from the reactant gases. The ions in the plasma are in an excited state and so will easily react with the silicon wafer, without the need for elevated temperatures as in conventional(thermal) CVD.

plasma etching - Also called dry etching. This involves using plasma gas to etch a semiconductor layer. Plasma contains highly excited molecules (reactive ions) that easily react chemically. There is also a physical bombardment mechanism in that the ions are accelerated towards the wafer with an electric field. Plasma etching is usually anisotropic, which means that the etching takes place in only in one direction(line of sight). This is a key advantage over wet etching with chemicals.

platform - The frame of the machine, including robotic handling apparatus, needed to feed wafers from their loading station into the individual process modules in which the processing will occur. Cluster tools are machines in which more than one process chamber is mounted on the platform, so that several wafers can be processed at a time(with identical or different processes).

plating - Resist Material used on an area to prevent plating.

plating resist - Other wise known as solder resist which is the normally green material used to stop the PCB being covered with solder. This also provides electrical insulation to the tracks.

PLC - 'Programmable Logic Controller' (Simple Computer)

PLCC - Acronym for 'Plastic Leaded Chip Carrier'; A plastic surface-mount package with leads all around its periphery.

PLD - 'Programmable Logic Device'.

PLL - 'Phase Locked-Loop' technology

PMOS - See 'p-channel'.

PNP transistor - A junction transistor constructed by placing an N-type base between a P-type emitter and a P-type collector. The emitter is normally positive with respect to the base and the collector is normally negative with respect to the base.

polymer - A general term used to define chemical compounds such as polyethylene or polypropylene. Technically they are long chains of molecular bonded repeating structural units of the original molecules. Polysilicon Silicon that is deposited on wafers in a form that is crystalline, but is not one continuous crystal like the silicon wafers are.

polysilicon - Shortened version of the phrase poly-crystaline silicon. It is normally used in semiconductor applications as a high resistance conductor.

pogo pin - A kind of spring-loaded pin used to contact pads on a circuit board; it consists of two small tubular sections(the smaller one of which has the contactor at its end) joined together by an internal spring.

polarization - The orientation of the field vector in a radiated field.

polling - A round-robin canvassing of the computer inputs to determine which ones are active or have fresh data, often synchronized in software to a clock or external trigger.

polyimide - A high-temperature polymer that requires multi-step curing.

polymer - A material that consists of long chains of similar molecular combinations of carbon, oxygen, hydrogen, nitrogen, etc..

popcorn cracking - Oackage cracking caused by the sudden vaporization of the internal moisture of the package during reflow or board mounting.

population - The set of users for an application.

post - See 'land area'.

power supply rejection ratio(PSRR) - The ability of a device to prevent its output from being affected by power supply noise, ripples, spikes, and excursions.

PPM - 'Parts-Per-Million'. A measurement scale for defect rates in components or impurity levels in materials.

PQFP - Acronym for 'Plastic Quad Flat Pack'. An FP with leads on four sides generally refers to a plastic quad flat package that is built to SEDEC standards.

precap - See 'internal visual'.

preform - A small and thin piece of metal used as raw material for eutectic die attach.

pressure testing - Standard test used is ASTM Method F1052. Tests for leaks that would compromise the vapor protection of a chemical suit.

primary lithography - A lithography market including the manufacture of low cost IC's, consumer products, micromachining devices and various semiconductor processes with minimum line-width requirements of 0.65 micron. This market also includes scanner replacement for capacity expansion, wafer size upgrades and new process integration.

primary suit material - The material that is used for the main body parts of a garment.

printed circuit - A circuit in which the wires or components have been replaced by a conductive pattern printed upon or bonded to the surface of an insulating board.

printed circuit board(PCB) - Made from insulating, non-conductive material, this board has metal tracks which connect soldered on devices and components.

privacy - The ability of an individual or group to keep their lives and personal affairs out of public view, or to control the flow of information about themselves.

private key - The secret part of an asymmetric key pair that is used to create digital signatures and, depending upon the algorithm, to decrypt messages, files or other information encrypted(for confidentiality) with the corresponding public key.

privilege - An authorization or right granted by an application authority for an individual or group to perform an action.

probe - Electrical test of semiconductor devices at the wafer level, so named because a metal probe is used to make electrical contact with each of the device's bonding pads.

prober - A machine for aligning contacting pins(probe cards) to the dice(chips) on a wafer, so that these chips can be electrically tested even before they are packaged and connected to standardized metal leads. This is termed wafer level probing.

process monitoring equipment - Devices that monitor the wafer for defects and contamination picked up during the course of processing.

procuring activity - The government agency or original equipment manufacturer(OEM) that is responsible for placement and tracking of a given order for materials.

product assembly and test - The process of placing components on printed circuit boards using surface mount and through-hole technologies.

PROM - 'Programmable Read-Only Memory'. A memory device whose stored data content is established on an individual device basis through a programming process(usually involving the blowing of fuse links on the surface of the die). Unlike EPROMs and EEPROMs, PROMs cannot be erased and reprogrammed.

protective device - A circuit element fabricated on a semiconductor device(usually adjacent to the device input) for the purpose of protecting portions of the device circuitry from transient overstress. A good example of a protective device would be an input diode on a CMOS device, which absorbs electrostatic discharge to prevent that discharge from rupturing the gate oxide.

prototyping - The processes of building a small quantity to test and verify design before production.

proximity cards - A generic name for contactless integrated circuit devices typically used for security access or payment systems. It can refer to 125 kHz FID devices or 13.56 MHz contactless smart cards. (See ISO/IEC 14443.).

PSID - 'Programmable Switching and Interface Devices'.

PSOP - Acronym for 'Power Small Outline Package'; Basically an SOIC package with a heat slug to enhance its power dissipation capability.

PSRAM - 'Pseudo SRAM'.

PSRR - See 'Power Supply Rejection Ratio'.

PTH(plated-throughole) - A plated hole providing connectivity between different layers or sides of a PCB.

p-type - Semiconductor material in which the majority carriers are holes and are therefore positive.

public key - The public part of an asymmetric key pair that is used to verify signatures created with its corresponding private key. Depending on the algorithm, public keys are also used to encrypt messages, files, or other information that can then be decrypted with the corresponding private key. The user releases this key to the public who can use it to encrypt messages to be sent to the user and to verify the user's digital signature. Compare with private key.

public key certificate - A digital document that is issued and digitally signed by the private key of a certificate authority(CA) and that binds an attribute of a subject to a public key.

public (asymmetric) key cryptography - A type of cryptography that uses a pair of mathematically related cryptographic keys. The public key can be made available to anyone and can encrypt information or verify a digital signature. The private key is kept secret by its holder and can decrypt information or generate a digital signature.

public key infrastructure(PKI) - The architecture, organization, techniques, practices, and procedures that collectively support the implementation and operation of a certificate-based public key cryptographic system. There are four basic components to the PKI: the certificate authority(CA) responsible for issuing and verifying digital certificates, the registration authority(RA) which provides verification to the CA prior to issuance of digital certificates, one or multiple directories to hold certificates(with public keys), and a system for managing the certificates. Also included in a PKI are the certificate policies and agreements among parties that document the operating rules, procedural policies, and liabilities of the parties operating within the PKI.

punch-through - An unintended high current flow between two adjacent diffused areas created when sufficient voltage is applied to totally deplete both areas of majority carriers.

purple plague - See Bimetallic contamination.

PVC - 'Poly Vinyl Chloride'. A durable thermoplastic material with a variety of uses from floor tiles to protective clothing fabric and face shields(visors). Good durability but has limited range of chemical protection. Typically used for protection against acids.

PWA - 'Printed Wiring Assembly'. The substrate, generally epoxy glass, used to provide component attachment lands and interconnections to form a functioning electronic circuit(also called a PCB or printed circuit board).

PWB - 'Printed Wiring Board'. The generic term for a PWB after all electrical components have been attached.

PWM - 'Pulse Width Modulator'.

Q

QFP - 'Quad Flat Pack'. A FP with leads on four sides. Generally refers to a plastic quad flat package that is built to SEDEC standards.

QPL - 'Qualified Products List'. A list of those suppliers and/or devices which have been qualified for a given program, specification or set of specifications. For further explanation of MIL-M-38510 QPL procedures.

QSOP - 'Quarter-Size Small Outline Package'. An SO style IC package that has leads on a 25 mil pitch. The name derives from the fact that the package is approximately the length and the width of a standard SOIC, and thus a package of the same pin count occupies approximately the area on a PWB.

Quad Flat Pack(QFP) - A rectangular package that has leads on all its sides.

quadrature - The relation between two waves of the same frequency, but one-quarter of a cycle(90°) out of phase.

qualification testing - Testing performed one time only on a sample basis to determine the suitability of a product or product family for usage against certain specifications or for certain programs.

qualifying activity - The government agency or original equipment manufacturer (OEM) responsible for determining vendor qualification status with respect to a given specification or series of specifications. In many cases the qualifying activity will be different from the procuring activity.

quality - Conformance to a set of predetermined design and workmanship standards. Quality and reliability are not synonymous.

quality conformance inspection - Ongoing sample testing on a periodic basis to determine conformance with the quality and reliability standards established in Qualification. (See MIL-STD-883, Method 5005.)

quantum dots - A class of nanocrystals that emit varying colors of light depending on their size. They can be used to label different biological structures.

quantization - The process whereby a continuous signal is divided into non-overlapping subranges, each of which is assigned its own discrete(digital) value.

quantization error - The inherent uncertainty in digitizing an analog value that is caused by the finite resolution of the conversion process; Increasing the resolution of an ADC reduces the uncertainty.

R

r2r ladder - A resistor network that provides basic binary-current division used in successive approximation converters.

rad (Si) - The quantity of any type of ionizing radiation that will impart 100 ergs of energy per gram of silicon.

radiation hardening - Modification of the wafer fabrication process in order to improve a device's radiation tolerance characteristics.

radiation hardness - The ability of a device to withstand radiation exposure without degradation or logic upset. Bipolar devices tend to be inherently harder than MOS devices.

radiant heat - The energy given off(for example from a flash fire) in the form of infrared radiation, like that from a heat lamp.

radiation screening - Testing of a device to determine its radiation tolerance (see MIL-STD-883, Method 2019).

radiation susceptibility - The tendency inherent in a device to degrade as a result of exposure to radiation. MOS devices typically are more susceptible to radiation damage than bipolar devices.

radio frequency(RF) - Any frequency within the electromagnetic spectrum associated with radio wave propagation. Many wireless communications technologies are based on RF, including radio, television, mobile phones, wireless networks and contactless payment cards and devices.

radio-frequency interference(RFI) - High-frequency interference with radio reception.

radio frequency identification(RFID) - Technology that is used to transmit information about objects wirelessly, using radio waves. RFID technology is composed of 2 main pieces: the device that contains the data and the reader that captures such data. The device has a silicon chip and an antenna and the reader also has an antenna. The device is activated when put within range of the reader. The term RFID has been most commonly associated with tags used in supply chain applications in the manufacturing and retail industries.

radiography - See 'x-ray'.

RADSL - 'Rate Adaptive Digital Subscriber Line'.

rail-to-rail - The span from the negative power supply to the positive power supply.

RAM - 'Random Access Memory'. may be written to, or read from, any address location in any sequence. Also called a read/write memory, 'RAM' stores digital bits temporarily and can be changed rapidly as required. 'RAM' constitutes the basic read/write storage element in computers.

RAM-DAC - 'Random Access Memory Digital to Analog Converter'.

range - 1. The difference between the minimum and maximum values of a parameter, such as voltage; 2. A statement of the minimum and maximum values of a parameter.

rapid thermal processing(RTP) - A method of rapidly heating up a wafer by exposing it to bright lamps. Wafers can be raised from room temperature to up to 1100 degrees centigrade in seconds, and cooled in a similar length of time.

RDRAMS - 'Rambus DRAM'.

read-and-record - The recording, by individual device serial number, of the actual parametric values measured for that device at a specific electrical test point. Read-and-record can be done for device characterization, drift(delta) measurement, or temperature coefficient computation.

reader - Any device that communicates information or assists in communications from a card, token or other identity document and transmits the information to a host system, such as a control panel/processor or database for further action.

reagent grade - The highest concentration of a chemical commercially available. Typically greater than 95% concentration.

real ID act - The real ID act of 2005. Legislation intended to deter terrorism by establishing national standards for state-issued driver's licenses and non-driver's identification cards in addition to other key executables.

rebonding - The placement of a new bond on the same pad or post as a previously attempted bond. If the original bond has been removed, the new bond is still considered a rebond. A bond-off, that is, an extra bond placed at the edge of the post(never the pad) for the purpose of clearing the bonding machine, is not considered a rebond.

reduction stepper - Steppers that reduce the image contained on the reticle nX times, usually 5X, but sometimes 4X, 2.5X or 2X, before exposing the wafer.

reflow – 1. The process of remelting the solder on the leads of devices by subjecting them to a high enough temperature; 2. The process of soldering surface-mount devices on a board by passing the board through a reflow oven.

reflow soldering - Applying heat to a pcb with the purpose of melting existing solder past and rejoining metal layers.

refractive lens - A lens(composed of glass lens components) that bends or deflects the path of light as it passes between different media, for example, air or gas.

registration - See 'identity registration'.

registration authority - A body given the responsibility of maintaining lists of codes under international standards and issuing new codes to those wishing to register them.

reject number - For a sample test, the number of failed devices which will cause lot rejection. This will normally be one higher than the accept number.

reliability - The anticipated lifetime of a device, how long it can be expected to 'survive' in the user's system. This is normally defined as a failure rate(percent per 1000 hours) or as an MTBF(Mean Time Between Failures, expressed in hours).

repeatability - The ability of an instrument to give the same output or reading when repeatedly operated under identical conditions by the same user.

reproducibility - The ability of an instrument to give the same output or reading when operated under identical conditions by different users.

residual gas analysis(RGA) - A technique for determining the moisture or gas content of the cavity of a hermetic package.

resist - Material used to mask or to protect certain areas of a pattern from etching, solder, or plating.

resistance to solvents - A test which requires immersion of sample devices in such solvents as trichlorotrifluoroethane and methylene chloride, followed by brushing to determine the durability of unit marking. (See MIL-STD-883, Method 2015.)

resist coat - Used as a template for etching pattern features into underlaying layer surface.

resist thickness - The typical thickness of photoresist spun onto a wafer surface ranges from one to two microns. Resist thickness used in thin-film head processing can be much greater, ranging up to 10 microns.

resist track - Sometimes called a track. A common name for a photoresist spin coater. The term 'track' comes from the early designs in which wafers were transported to and from the spin stations on parallel rails called tracks. These days the more advanced spin coaters use robotic arms for movement of the wafers.

resolution - 1. The smallest division to which a measurement can be determined; 2. The number of bits that an ADC or DAC has.

response - A message returned by the integrated circuit chip to the terminal after the processing of a command message received by the chip.

reticle - A uniform pattern of die on the same wafer. Sometimes called a mask or a photomask. This is a glass plate with chrome on one side in which a pattern is etched. The pattern is transferred to the wafer by shining light through the reticle. A typical semiconductor circuit will need between 12 and 25 masking layers.

RETS - 'Rel Electrical Test Specification'. A one page document used by National Semiconductor to detail the actual electrical testing for a given military device type.

RF - 'Radio Frequency'. the rage of electromagnetic frequencies above the audio range and below the visible light. All broadcast transmission, from AM radio to satellites, falls into this range, between 30KHz to 300GHz.

RFIC - 'Radio Frequency Integrated Circuit'.

RFID - 'Radio Frequency Identification Devices'.

RFID tag (labels) - Simple, low-cost and disposable electronic devices that are used to identify animals, track goods logistically and replace printed bar codes at retailers. RFID tags include an integrated circuit that typically stores a static number(an ID) and an antenna that enables the chip to transmit the stored number to a reader. When the tag comes within range of the appropriate RF reader, the tag is powered by the reader's RF field and transmits its ID to the reader. There is little to no security on the RFID tag or during communication with the reader. Typical RFID tags can be easily read from distances of several inches centimeters) to several yards (meters) to allow easy tracking of goods.

RGB - Acronym for 'Red-Green-Blue'; A video display standard in which three separate signals(red, green, and blue) are used to transmit image information.

RIC - 'Remote Intelligent Communications'.

RISC – 'Reduced Instruction Set Computer'.

roadmap - An international reference document of requirements, potential solutions, and their timing for the semiconductor industry. It identifies needs and encourages innovative solutions to meet future technical challenges, and provides an ongoing emphasis on obtaining consensus industry drivers, requirements, and technology timelines.

role - The actions and activities assigned to or required or expected of a person or group.

role-based access control(RBAC) - Access to resources based on a user's assigned role. Access permissions, which determine which resources can be accessed and the privileges in the context of that resource, are administratively associated with roles, and users are administratively assigned appropriate roles. Roles can be granted new permissions as new resources are incorporated, permissions can be revoked from roles as needed, and role assignments for users can be modified or removed as needed. Since users are not assigned permissions directly, but only acquire them through their role(or roles), management of individual user rights becomes a matter of simply assigning the appropriate roles to the user, which simplifies common operations such as adding a user, or changing a user's department.

ROM - 'Read Only Memory'. Permanently stores information used repeatedly, such as tables of data, characters for electronic displays, etc. A popular type known as 'PROM' is programmable in the field with the aid of programmer equipment. programmed data stored in ROM is often called firmware.

route (or Track) - The layout or wiring of an electrical connection.

rsa - Refers to public/private key encryption technology that uses an algorithm developed by ron rivest, Adi shamir and leonard adleman and that is owned and licensed by rsa security.

RS-170 - The encoding standard for 60-Hz black-and white television signals used in most monochrome video equipment.

RS-343 - Similar to RS-170, except that it provides high-resolution color information for computer video applications.

RSSI - Acronym for 'Received Signal Strength Indicator'; A signal or circuit that indicates the strength of the incoming(received) signal in a receiver.

RTC - 'Real-Time Clock'.

runners - Canals in the mold where liquid molding compound travels to reach the parts for molding.

S

SAC - 'Self-Aligned Contact'.

SACMOS - 'Self-Aligned Contact MOS' device.

salt atmosphere - Exposure of sample devices to a salt rich environment to determine long-term durability of the package materials (see MIL-STD-883, Method 1009).

sample - A device or devices randomly chosen from a lot of material. Sampling assumes that randomly selected devices will exhibit characteristics during testing that are typical of the lot as a whole.

sample and hold(S/H) circuit - A circuit that acquires an analog voltage and stores it temporarily in a capacitor; Also referred to as a sample-and-hold amplifier(SHA).

sampling plan - A statistically derived set of sample sizes, accept numbers, and/or reject numbers which will confirm that a given lot of materials meets established AQLs or LTPDs.

SAR - 'Segmentation and Re-assembly'.

sarbanes-oxley - The sarbanes-oxley Act of 2002, which introduced changes to regulations that apply to financial practice and corporate governance for public companies. The Act introduced new rules that were intended 'to protect investors by improving the accuracy and reliability of corporate disclosures made pursuant to the securities laws'.

SBC - 'Single Board Computer'.

scaling - A technique of reducing the size of an existing integrated circuit die by selective shrinking of the X and/or Y dimensions.

scanner - Scanners are lithography tools that were first introduced in the early 1970's to replace contact printers. Today, scanners are being replaced by higher-technology steppers.

scanning acoustic microscopy(SAM) - A technique that employs ultrasonic waves to analyze disjoints or delaminations within a package.

scanning electron microscopy(SEM) - A micro- opy technique that achieves high resolution and excellent depth of field by employing electrons instead of light for its imaging processes.

SCBA - 'Self-Contained Breathing Apparatus' Typically 1-2-air tanks worn on the back and connected to a full-face mask respirator.

SCC - 'Serial Communication Controllers'.

schottky barrier - A potential barrier formed between a metal and a semiconductor, frequently used in the creation of Schottky diodes.

screening - 100% testing of a device, as opposed to sampling.

screen printing - The method of transferring an image from a patterned to a board by forcing paste through a screen printer.

scribe grid - The area separating two adjacent dice on a wafer through which the scribing tool will pass during the separation of the wafer into individual dice.

scribe street - The lines that separate the die from each other on a wafer where dicing occurs.

SCSI - 'Small Computer System Interface'.

SDIP - Acronym for 'Shrink Dual-in-Line Package'.

SDL - 'System Detection Limit'. Describes the sensitivity of the instruments used for detecting gases during permeation testing. This limit is determined prior to each permeation test by exposing the detection device to a minimum known quantity of the challenge chemical which will produce a measurable signal. SDL is expressed in parts per million.

SDRAM - 'Synchronous DRAM'.

sealing - Joining the package case header or substrate to its cover or lid.

seal glass - Glass material that's used to seal certain ceramic packages such as cerdips.

sealing - The process whereby the lid is fastened onto a cavity(or hermetic) type semiconductor device. Sealing methods include solder(whereby a metal lid is soldered to a metal seal ring), weld(where a metal lid is welded to a metal package base), and glass(or ceramic) seal(where a ceramic lid is fastened to a ceramic base with reflowed glass).

SECAM - A video standard used in China, Russia, and France that employs sequential color and memory.

second bond - The bond formed on the package or the second bond formed during a wirebonding cycle.

secret key - A key used with symmetric cryptographic techniques by a set of specified entities. Secure hash algorithm(SHA). One of the most popular hashing algorithms, designed for use with the Digital Signature Standard by the National Institute of Standards and Technology(NIST) and the National Security Agency (NSA). SHA-1 produces a 160-bit hash.

secure identity - The verifiable and exclusive right to use the identity information being presented by an individual to access a set of privileges.

security attributes - Condition of use of objects in the ID card including stored data and data processing functions, expressed as a data element containing one or more access rules.

seed - A random sequence of bits that is used in a cryptographic algorithm as the input to generate other, longer pseudo-random bit sequences.

seed crystals - Crystal starting material introduced into a crucible of molten semiconducting material onto which atoms are attached resulting in the formation of a cylinder-shaped solid having the same crystal structure as the seed.

selected item drawing - Per MIL-STD-100, a drawing prepared for the purpose of procuring material which has been selected for parameters or characteristics differing from those to which the part is normally manufactured or tested.

self-assembly - The ability of objects to assemble themselves into an orderly structure. routinely seen in living cells, this is a property that nanotechnology may extend to inanimate matter.

self-replication - The ability of an entity such as a living cell to make a copy of itself. theoretically, nanotechnologists could invent self- replicating devices.

SEM - 'Scanning Electron Microscope Inspection', which allows magnification several magnitudes higher than could be achieved with an optical microscope. (See MIL-STD-883, Method 2018.) A scanning electron microscope is typically capable of resolution to 250 A or better and magnification of greater than 20000X.

semiconductor - A semiconductor is a substance or material that conducts electricity better than an insulator but not as well as a conductor. Examples of semiconductors include silicon and germanium.

semiconductor assembly - Semiconductor assembly is the process in which a fully processed semiconductor device/circuit chip is mechanically and electrically connected to the package. Packaging; Housing of the chip or discrete device; Electrically interconnects chip with outside circuitry; Also provides physical and chemical protection of the chip; designed to dissipate heat generated by the chip; Packages are available in the very wide variety of designs.

semiconductor assembly & packing - The process of putting the integrated circuit inside a package to make it reliable and convenient to use is known as semiconductor package assembly, or simply 'assembly'. over the years, the direction of assembly technology is to develop smaller, cheaper, more reliable, and more environment-friendly packages. Just like wafer fabrication technology, assembly technology has advanced tremendously that there are now a multitude of packages to choose from.

semiconductor test - Testing is an inspection of electrical characteristics about the semiconducting device(IC) that is checking the processor of the correct realizations the performance in systematic program.

sense - To measure the resulting current or voltage; see also 'force' and 'force/sens'.

sensitivity - A measure of the minimum change in an input signal that an instrument can detect.

serialization - Application of a unique alphanumeric identifier to each unit of a lot of devices to afford traceability to variables data, individual radiographs, etc.

settling time - The time required for a device or circuit's output voltage to settle and remain within a specified tolerance around the final value every time the output changes.

SGRAM - 'Synchronous Graphics RAM'.

shallow Trench Isolation - A method for electrically isolating semiconductor devices that uses a dielectric filled trough.

SIM - 'Subscriber Identity Module'. A SIM is the smart card that is included in GSM(Global System for Mobile Communications) mobile phones. SIMs are configured with information essential to authenticating a GSM mobile phone, thus allowing a phone to receive service whenever the phone is within coverage of a suitable network.

ship-to-stock - A system whereby a component user develops a statistical evaluation of the quality of his vendors' products, enabling him to use the products of those vendors whose quality is acceptable without performing additional product testing upon receipt at his plant.

shmoo plot - 1. A plot of pass/fail test results that involves pairs of test parameters such as frequency vs. voltage, or voltage vs. temperature; 2. A one-axis or two-axis pass/fail plot of a series of measurements.

shrink - The reduction of die size through conversion to a process within the same basic process family, but with smaller feature sizes.

shutdown - The termination of the running of an operating system.

SIMM - 'Single In-line Memory Module'.

side brazed dip - A dual-in-line package with leads brazed to feedthroughs on the side of the package. Leads will normally come straight down rather than at angles as on other dual-in-line packages. No molded versions of this package are available.

side-brazed package - A type of ceramic dual-in-line package wherein the leads are brazed to the sides of the package.

sigma-delta converter - An ADC that uses a single-bit quantizer with a very high sampling rate combined with a single-bit DAC in a feedback loop.

signal processing - Electronic functions that enhance the representations of physical or electrical phenomena. temperature, pressure, vibration, acceleration and flow are examples of physical properties that rely on signal processing enhancements. The detection and conversion of RF, X-ray or ultrasonic energy into images and sound is another form of signal processing.

signal-to-noise ratio(SNR) - The ratio of total signal to total noise expressed in decibels (dB); SNR = 20 log (Signal RMS / Noise RMS).

signal conditioner - Device placed between a signal source and a readout instrument to change the signal.

silicon - The basic element used in most semi-conductor devices; i.e., diodes, transistors and integrated circuits.

silicon dioxide - A non-conducting layer that can be thermally grown or deposited on silicon wafers.

silicon gate - An MOS process fabricated with a polysilicon material as the gate electrode.

silicon ship - Although a variety of semiconductor materials are available, the most commonly used is silicon and integrated circuits are popularly known as silicon chips, or simply chips.

silicon-on-insulator(SOI) - A sandwich-like substrate in which the silicon surface is electrically isolated from the substrate by an insulator.

silicon wafer - A thin slice of silicon with parallel faces cut from a semiconductor crystal.

silk screen (silk legend) - The epoxy-ink legend printed on PCB.

simple hybrid - A hybrid device having an inner seal perimeter (i.e., a cavity perimeter) of less than 2 inches.

SINAD - Acronym for 'Signal to Noise and Distortion'; The ratio of total signal to the sum of noise and harmonics; SINAD = 20 log(Signal RMS / [Noise + Harmonics]RMS).

single-in-line package - A package(either hermetic or molded) with all its leads emanating from one side of the package.

singulation - The assembly process step wherein the packages are finally separated from the lead frame strip; See 'DTFS'.

SIP - Abbreviation for 'Single-In-Line Package'.

sink current - The amount of conventional current flow into a DUT pin with a pull-up load.

sink voltage - The voltage at a DUT pin acting as a current sink.

SIP - 1. Acronym for 'Single-in-Line Package' - a through-hole package whose leads are aligned in just a single row; 2. Acronym for 'System-in-a-Package' - a package that contains several chips and components that comprise a completely functional stand-alone electronic system.

SIR - 'Surface Insulation Resistance'.

SJR - Acronym for 'Solder Joint Reliability'.

skew - 1. An observed difference in time between two events that occur simultaneously; 2. The effect of different propagation delays along an electrical path or channel.

skimming - The practice of obtaining information from a data storage device without the owner's knowledge. Skimming is typically associated with magnetic stripe-based credit cards.

skip bond - A bond placed between two metallization traces on a hybrid substrate.

slash sheet - A MIL-M-38510 detail device specification giving the specific screening and electrical test requirements for a device or family of related devices (see Chapter 5). In a MIL-M-38510 part number, the first three digits after the slash indicate the slash sheet number. For example, M38510/02004 BDB would be device type 04 specified on slash sheet 20. (Note that a zero is prefixed to two digit slash sheet numbers and two zeros to one digit slash sheet numbers to create uniform 15-digit part numbers.)

SLAC - 'Subscriber Line Audio Processing Circuits'.

slew rate - the rate of change of the op amp's voltage output over time when its gain is set to unity(Gain = 1).

SLIC - 'Subscriber Line Interface Circuits'.

slurry - A thick mixture of water and fine wafer particles produced during the wafer sawing process. If wafer is not cleaned properly, slurry can be seen as a very fine particle deposit over the surface of individual die, sometimes forming patterns from the spray of the mixture.

SMA - 'Surface Mount Assembly'. An electronic assembly or module that is manufactured with surface mounted components and suing surface mount technology.

small outline integrated circuit(SOIC) - An integrated circuit with two parallel rows of pins in surface mount package.

smart card - A device that includes an embedded integrated circuit that can be either a secure microcontroller or equivalent intelligence with internal memory or a memory chip alone. The card connects to a reader with direct physical contact or with a remote contactless radio frequency interface. With an embedded microcontroller, smart cards have the unique ability to store large amounts of data, carry out their own on-card functions (e.g., encryption and mutual authentication) and interact intelligently with a smart card reader. Smart card technology conforms to international standards (ISO/IEC 7816 and ISO/IEC

14443) and is available in a variety of form factors, including plastic cards, subscriber identification modules used in GSM mobile phones, and USB-based tokens.

SMD - Acronym for 'Surface-Mount Device'. Surface mount device. Any electrical or mechanical device that can be attached to the surface of a substrate with solder.

SMDS - 'Switched Multi-megabit Data Server'.

SME - 'Society of Manufacturing Engineers'.

SMIME - 'Secure Multipurpose Internet Mail Extensions'. A protocol for exchanging digitally signed and/or encrypted mail.

SMOBC - 'Solder mask over bare copper'. Solder Mask Over Bare Copper. A printed wiring board manufacturing technique whereby solder mask is applied over bare copper, exposed and developed, and then the board is dipped in molten solder to coat the exposed copper.

SMP - See 'surface mounted packaging'.

SMT - Acronym for 'Surface-Mount Technology'. Surface Mount Technology. The technology used to manufacture electronic assemblies using components that are soldered directly to the surface of the substrate or PWB.

SMTA - 'Surface Mount Technology Association'.

sniffing - The act of auditing or watching computer network traffic. Hackers may use sniffing programs to capture data that is being communicated on a network (e.g., usernames and passwords).

snubber - A device that suppresses voltage transients.

SNOS - 'Silicon-Nitride-Oxide Semiconductor'.

SO - 'Small Outline'. A package resembling a flat pack with leads on only two sides.

SOC - Acronym for 'System on a Chip'; A monolithic integrated circuit that contains all the necessary circuits that make up a complete system.

soft error - An error of a nonpermanent nature introduced into a cell or cells of a memory device as a result of either voltage or current transients or radiation exposures. Although soft errors may be corrected, the data previously stored in the cell may not be retrievable.

software - The instructions which program or sequence the functioning of the hardware of a device or system. These instructions may be contained internally(in ROM, for example) or externally(on tape, disc, or any other suitable memory medium).

SOG - 'Sea-of-Gates'.

SOI - 'Silicon-on-Insulator'.

SOIC - Acronym for 'Small Outline Integrated Circuit'; A plastic surface-mount package with leads on its two long sides only.

SOJ - Acronym for 'J-Leaded Small Outline Package'. A plastic IC package with "J" leads on two sides. It resembles a plastic DIP or a SOIC except for lead spacing and forming.

SOL/SOW - 'Small Outline-Large/Small Outline Wide'. SO generally refers to a package that is approximately 150 mils wide, while SOL/SOW refers to packages that are approximately 300 mils wide.

solderability testing - Immersion of the leads of sample devices in solder, followed by visual inspection to determine that the quality of the finish is such that it will accept an even coating of solder. (See MIL-STD-883, Method 2003.)

solder bridging - Using solder to connect two or more adjacent pads to form a conductive path.

solder bumps - Round solder balls used in face-down bonding.

solder dip - Dipping of the leads of devices into molten solder in order to later facilitate soldering of the devices to circuit boards. Sometimes inaccurately referred to as 'tin dip'.

solder mask - Coating to prevent solder to deposit on.

solder seal - Semiconductor device sealing accomplished by soldering a metal lid to a metal seal ring.

solder wick - A band of wire is used to remove solder.

solder - A metal alloy(usually composed of lead and tin) used in bonding metals together.

solderability testing(ST) - A testing process that determines whether the leads of a package exhibits acceptable wetting, i.e., adequate ability to be soldered onto boards.

solder heat resistance test(SHRT) - A reliability test that determines the ability of a package to withstand extreme board-mounting or board-soldering conditions.

solder mask - An insulative pattern applied on a surface that exposes only the areas that need to be soldered.

solid state - Refers to the electronic properties of crystalline material, as opposed to vacuum and gas-filled tubes that transmit electricity. Compared with earlier vacuum-tube devices, solid-state components are smaller, less expensive, more reliable, use less power and generate less heat.

SOP - 'Small Outline Package'. Another designation for the small outline ICP packages, i.e. VSOP/SSOP (Very Small Outline Package, Shrink Small Outline Package).

SOS - 'Silicon-On-Sapphire'.

SOT - Acronym for 'Small Outline Transistor'. A plastic leaded package for diodes and transistors used in surface mounting applications.

source control drawing - Similar to a specification control drawing except that purchase of the specified devices from manufacturing sources other than those listed on the drawing is prohibited.

source current - The amount of conventional current flow out of a DUT pin with the pull-down load

source inspection - Surveillance or inspection by a customer's quality representative or by a government inspector at the vendor's facility of material being assembled or screened by that vendor.

source voltage - The voltage at a DUT pin that is acting as current source.

span - The full-scale analog input range of a device.

SPARC - 'Scalable Processor Architecture', Sun Microsystems Inc. trade name for their microprocessor.

SPC - 'Statistical Process Control'; A program for keeping a process stable by using statistical concepts in the monitoring and adjustment of the process.

specification - A set of documentation that reflects agreements on products, practices, or operations produced by one or more organizations(or groups of cooperating entities), some for internal usage only, others for use by groups of people, groups of companies, or an entire industry.

specification control drawing - Per MIL-STD-100, a drawing prepared for the purpose of defining and controlling screening, electrical performance characteristics, and physical configuration of purchased material. By definition, the intent of a Source Control Drawing is to purchase controlled standard parts.

SPGA - 'System Programmable Gate Array'.

spike - A transient disturbance of an electrical circuit caused by, for example, load variations on the AC power line.

SPLD - 'Simple PLD'.

spooling - The process of queuing tasks or jobs such as background printing.

sputtering - A physical vapor deposition method (PVD) for the deposition of a thin film of material on the wafer's surface. Atoms of the deposition material are dislodged from a solid target of material due to the bombardment with ionized gas. The freed atoms deposit on the water surface.

SQC - See 'statistical quality control'.

SRAM - 'Static Random Access Memory'. Is an integrated circuit similar to a 'DRAM' that requires no constant refreshing or recharging. It retains stored information as long as power is applied to the computer, hastening information-retrieval process time. In contrast to ROM, SRAM is still volatile and will lose its contents when the power is switched off. SRAM is usually faster than DRAM but usually costs more per bit because each bit requires several transistors. It is used for the most speed-critical parts of a computer or other circuit.

SSF - 'Solid-State File'.

SSI - Small Scale Integration. SSI devices are those that contain less than 12 gate equivalents.

SSL - 'Secure Sockets Layer'. SSL is a protocol used to transmit information on the Internet in encrypted form. SSL also ensures that the transmitted information is only accessible by the server that was intended to receive the information.

SSOIC - 'Shrink Small Outline IC'. An SO style IC package that has leads on a 25 mil pitch.

SSOP - Acronym for 'Shrink Small Outline Package'.

SSR - 'Solid-State Relays'.

stability - The ability of an instrument or sensor to maintain a consistent output when a constant input is applied.

stabilization bake - Placement of devices in a chamber at elevated temperature (normally 150°C) without electrical bias in order to test the construction of the devices. Sometimes this is performed prior to seal in order to bake out impurities on the die surface.

(See MIL-STD-883, Method 1008.) Stabilization bake differs from high temperature storage only in that it is typically of shorter duration.

stacked bond - A rebond placed directly over a previous bond.

staggered leads - Leads emanating from the same side of a package but bent in alternating directions such that they will insert into two or more parallel lines of mounting holes.

standard - Specifications produced by accredited associations, such as ANSI, ISO, SIA, ETSI or NIST. In the United States the use of standards is typically optional and multiple standards can be developed on the same subject. In some countries, the use of existing standards may be required by law and the development of multiple standards on the same subject may be restricted.

standard cell - Predefined circuit elements that may be selected and arranged to create a custom or semi-custom integrated circuit more easily than through design. Designers build ASICs using standard cells.

static electricity - Electrical charges generated by friction.

static RAM - See 'RAM'.

statistical quality control - A quality control system utilizing statistical analysis of process defect data to detect quality trends on a real time basis.

STDF - Acronym for 'Standard Test Data Format'; A standard output format for electrical test results which can be subjected to post-processing and statistical analyses using various tools.

steady state - Refers to flow rate in permeation testing. The point at which the challenge chemical has begun to permeate the fabric, and the rate of permeation flow is neither increasing, nor decreasing.

stepper - A photolithography tool used in the production of semiconductor devices, thin film recording heads, micromachined devices and so forth. Also referred to as a step-and-repeat projection aligner, stepper works by transferring the image of a circuit or component from a master photomask image onto a small portion of the wafer surface. The substrate is then moved or stepped, and the image is exposed once again onto another area of the wafer. This process is repeated until the entire wafer surface is exposed.

stimulus - An input signal that initiates action or reaction in a circuit; An input signal used for circuit excitation.

stitch bonding - A bonding technique whereby the tip of the bonding wire is fed under the bonding head, which then applies heat and pressure to 'stitch' the wire to the pad or post. Frequently several stitches will be employed on the same bond. Stitch bonding can be visually differentiated from ultrasonic bonding because the impressions normally run across the bond rather than along its length.

stockers - Automated storage units for wafers when they are not being processed.

storm flap - Splash guards constructed from the primary suit material which help keep liquids off the zipper, valves, boots or other components.

STRAM - 'Self-Timed RAM'.

stripping - Removal of photoresist through dry or wet processing.

strobe - A pulse or signal that clocks one or more digital data into a latch or memory circuit.

strong authentication - The use of two or more factors of authentication to prove an individual's identity. Factors would include some combination of something you know(a password or personal identification number that only you know), something you have(a physical item or token in your possession) and something you are(a unique physical quality or behavior that differentiates you from all other individuals).

subject - A person, system or object with associated attributes.

sub-pixel resolution - an imaging technique that can yield a measurement that has a spatial resolution of less than one pixel.

substrate - 1. The base material of the support structure of an IC; 2. The surface where the die or other components are mounted during packaging; 3. The semiconductor block upon which the integrated circuit is built: 4. The base material upon which the passivation, metallization and circuit elements are added to built a device.

substrate bond - See 'skip bond'.

successive approximation - A technique used in analog-to-digital conversion wherein a reference 'DAC' is fed with a series of progressively finer digital data until its output matches the analog input, at which point the input data to the reference 'DAC' becomes the output of the 'ADC'.

surface-mount - A phrase used to denote that a package is mounted directly on the top surface of the board, as opposed to 'through-hole', which refers to a package whose leads need to go through holes in the board in order to get them soldered on the other side of the board.

surface mounted packaging - Semiconductor packages mounted on the surface of a printed circuit board or other substrate material. (See also Through-hole mounting.)

surface mount technology(SMT) - A flexible technology used to solder electrical components directly to a board.

surface states - Extra donors, acceptors, or traps, usually undesired, which may occur on a semiconductor surface because of crystal imperfections or contamination. These may vary with time.

surge - A sudden change(usually an increase) in the voltage of a power line; A surge is similar to a spike, but it lasts longer.

surveillance - Random witnessing of testing or screening of devices to determine that the material meets all applicable requirements.

susceptibility - A measure of a device or system's ability to prevent undesirable responses when subjected to electromagnetic radiation.

SVGA - 'Super Video Graphics Accelerator'.

swing - The maximum output voltage that an operational amplifier can deliver without saturation or clipping for a given load and operating supply voltage.

symmetric cryptographic technique - A cryptographic technique using the same secret key for both the originator's and the recipient's operation. (Without the secret key, it is computationally infeasible to compute either operation.)

symmetric keys - Keys that are used for symmetric (secret) key cryptography. In a symmetric cryptographic system, the same secret key is used to perform both the cryptographic operation and its inverse (for example to encrypt and decrypt, or to create a message authentication code and to verify the code).

sync - The portion of a video signal that indicates either the end of a line or the end of a field of video information.

synchrotron - A device used to produce high-energy X-rays that can inscribe features on a chip potentially as small as 100 nanometers.

system on a chip - A chip that is a self-contained system, including processing, memory and input -output functions.

T

TAB - 'Tape Automated Bonding'. An IC inter-connection process that uses organic tape to support pre-formed leads during bonding to the chip(inner lead bonding-ILB) and connection to the substrate(outer lead bonding-OLB). The IC chip is usually bare during the interconnecting processes.

tail wire - The free end of wire extending beyond the bond impression.

tape and reel - A process wherein surface-mount devices are packed inside a tape with packets after which the tape is wound around a reel to facilitate transport of the devices.

tape automated bonding - An assembly process involving the application of components onto a circuit board using temperature and pressure.

taped seam - A very strong seam produced when a sewn seam is covered with a strip of compatible material. The strip is attached by heat sealing as with film laminated materials.

TBGA - 'Tape Ball Grid Array'. A ball grid array component package that uses TAB techniques to make the connections between the IC chip and the solder balls. This results in a solder ball grid array that is only around the periphery, and leaves compliant connections between the IC and the solder balls for better TCE reliability.

TCE(CTE) - 'Thermal Coefficient of Expansion' (Coefficient of Thermal Expansion). The rate of expansion (ppm/C) of a material when its temperature is increased.

TCP - 'Tape Carrier Packaging'.

technical review board(TRB) - A team that oversees process or product changes to ensure that such changes will not result in any technical problems.

telcordia formerly - Bellcore, telecommunication (telephone) industry standards.

template - Biometric data after it has been processed from its original representation(using a biometric feature extraction algorithm) into a form that can be used for automated matching purposes(using a biometric matching algorithm). Biometric data stored in a template format cannot be reconstructed into the original output image.

temperature coefficient(TC) - The ratio of a quantity change of an electrical parameter of an electronic component from its original value when temperature changes.

temperature cycle - A test whereby devices are stored for short periods(15 minutes) alternately at high and low temperatures in gas filled chambers, with a maximum transfer time between chambers of one minute. Normally 10 cycles are performed from -65° to + 1 WC. This stresses device assembly because of the different thermal coefficients of expansion of the various materials used. (See MIL-STD883, Method 1010.)

TES - 'Totally Encapsulating Suit'. A full coverage suit where the head, arms, torso, and legs are fully protected. Not necessarily gas tight.

tester - A piece of electronic equipment designed to test chips to check if they work, and if so, how well(usually how fast) they work. Testers are usually specialized as either memory chip testers, digital logic chip testers, or analog chip testers, though some of the more sophisticated testers can deal with more than one of these groups.

test point - A specific point on a circuit board used for functionality or quality testing.

test protocol - A sequence of control operations required to perform a test.

test specifications - A document defining the operational parameters of a device.

test equipment - Finished wafers are tested for their electrical functionality using automated test equipment that makes electrical contact with the wafers by using wafer probes.

tester - The equipment used for electrically testing semiconductor devices to screen out all units that are not shippable to customers.

test site - A position on a test head where a device-under-test(DUT) is tested.

test site number - A number that identifies a test site location on the test head.

TFP - Acronym for 'Triple Flat Pack'.

THB - Acronym for 'Temperature Humidity Bias'; A reliability test used in accelerating corrosion.

thermal heat - Direct heat transfer from a source, non-radiant, as in a burning liquid splashed onto a chemical suit.

thermal oxidation - A process step used in the manufacturing of integrated circuits in which a layer of silicon dioxide is grown on the surface of a silicon wafer in a heated reaction chamber containing oxygen gas or water vapor.

thermal resistance - Normally stated in terms of °C/W, it is the indicator of the package's ability to dissipate the heat generated by the chip during operation. θJC is the indicator of the chip's ability to pass the heat generated by the semiconductor junctions to the package, that is the thermal resistance between the semiconductor junction and the case; θJA is the thermal resistance between the semiconductor junction and the ambient environment, or the indicator of the case's ability to pass chip heat into the ambient air.

thermal secondary breakdown - Burnout of a semiconductor junction area as the result of a reverse-bias voltage or current induced thermal runaway condition.

thermal shock - Similar to Temperature Cycle except that the environments are liquid, and the transfer is immediate. Normally Performed for 15 cycles from 0°C to + 100°C, this is a much more severe stress of the package seal and is normally employed only on a sample basis (see MIL-STD883, Method 1011).

thermocompression bonding - See 'ball bonding'.

thermocouple - A temperature sensor formed by the junction of two dissimilar metals which has a voltage output proportional to the difference in temperature between the hot junction and the lead wire(cold) junction.

thermoplastics - A type of polymer that can be reheated and cooled repeatedly without degradation(as long as the temperatures used are below the decomposition temperature) allowing it to be recycled.

thermosets - A type of polymer that can not be recycled since it can only be heated once into a hard resin, which has a cross-linked molecular structure.

thermostat - A device or circuit that indicates whether a measured temperature is above or below a particular temperature threshold or trip point.

thick film - Any coating thickness greater than 5 (5 X 104 A), typically formed by applying a liquid, solid, or paste coating through a screen or mask in a selective pattern

thin-film - Head Currently, the most advanced type of magnetic recording head used to read and write information on disk drives. The two types of TFHs are inductive and the more advanced magneto-resistive.

third party testing - Testing not performed by any parties who might financially profit by test outcome. Ensures objective, fair test results.

three-dimensional laser paste - An inspection method using microscopes with lasers.

threshold voltage - The voltage level at which a device will recognize a falling or rising voltage as a change in logic state.

through-hole - A phrase used to refer to a package whose leads need to go through holes in the board in order to get them soldered on the other side of the board, as opposed to 'surface mount', which refers to a package that is mounted directly on the top surface of the board.

through-hole-mounting - A mounting technique for semiconductor packages in which the device leads are passed through holes in the mounting surface. Attachment of leads may be accomplished with solder or with other mechanical means.

through hole process - A method of soldering where components are first placed in holes in the PCBs at points where they are to be soldered. The hole is then filled with solder to complete the process.

throughput rate - The maximum repetitive rate at which a data converter can operate within a specified accuracy.

throwing power - The ability of an electroplating bath to produce a uniform deposit.

time-out error - An error that occurs after the maximum time interval for an expected event to take place has lapsed.

tin dip - A term commonly misapplied to the solder dipping of device leads (see Solder dip).

TO - Acronym for 'Transistor Outline'.

token - A physical device that carries an individual's credentials. The device is typically small(for easy transport) and usually employs a variety of physical and/or logical mechanisms to protect against modifying legitimate credentials or producing fraudulent credentials. Examples of tokens include picture ID cards (e.g., state driver's licenses), smart cards, and USB devices.

tongue tear - A physical test that determines the force(non-shear) required tearing a fabric.

total dose radiation - Accumulated radiation due to prolonged exposure to a radiation field(as encountered, for example, by satellites in the earth's Van Allen belt).

tolerance - The amount of deviation that a device's output parameter is allowed to exhibit from its nominal or target value.

total harmonic distortion(THD) - 1. A measure of a signal's distortion content, represented by the harmonics of that signal expressed as a percentage of the signal amplitude; 2. The ratio of the rms sum of the first few(2nd to 6th) harmonic components of a device's output to its fundamental value, usually expressed in dB.

toxicity - Level of poisonous effects from a chemical.

TQFP - Acronym for 'Thin Quad Flat Pack'.

trace - To monitor the execution of a program and report the sequence of actions carried out.

track - Sometimes called resist track. A common name for a spin coater.

transceiver - A device that contains both a transmitter and receiver.

transconductance amplifier - An amplifier that converts a voltage to a current.

transfer - Movement of product into, across, and then out from the machine conveyor.

transfer conveyor - Incorporates intelligent control like a PLC(Programmable Logic Controller) or computer to control the movement of boards or product.

transfer workstation - An edge carry or flat belt conveyor that incorporates a work surface, light and shelf for easy human interface with product as it passes on the line.

transimpedance amplifier - An amplifier that converts a current to a voltage.

transistor - An electronic device capable of amplifying electronic signals similar to the vacuum tube but made from a semiconductor material such as silicon or germanium.

transitional products - As defined in NIST SP 800-73, products that meet the 'Transitional' interface specification. Transitional products can be used as part of a migration strategy by Federal agencies that have already initiated a large-scale deployment of smart cards as identity badges.

transponder - A wireless communications device that detects and responds to an RF signal.

transportability - Those characteristics of hardware or software which allow its transferal from one system to another system and to interface compatibly with the hardware and software of the new system.

triboelectric effects - The creation of electrostatic charge that occurs when two surfaces contact and then separate, leaving one positively charged and the other negatively charged.

trim - The process of isolating the leads of a leadframe from each other; See 'DTFS'.

trim and form - The step in the assembly process for devices assembled on a lead frame (such as flatpacks and dual-in-line packages) where the lead frame is trimmed off and the leads bent or formed into their specified positions.

triple DES - A block cipher formed from the Data Encryption Standard(DES) cipher by using it three times.

tristate - A high-impedance state for a device output that is not in use.

truth table - For a logic device, a table showing the output logic states that would result from each of the possible input logic combinations the device is designed to accept.

TSOP - Acronym for 'Thin Small Outline Package'.

TSSOP - Acronym for 'Thin Shrink Small Outline Package'.

TTL - 'Transistor-Transistor Logic'.

turn-key - An outsourcing model which turns all aspects of electronics manufacturing over to an 'EMS' provider, who buys the raw materials and components and bills the 'OEM' for a complete assembly.

U

UART - 'Universal Asynchronous Receiver Transmitter'.

UBGA - 'micro BGA' .8mm ball spacing of less

UBM - Acronym for 'Under Bump Metallurgy'; The layer of metal or alloy deposited over each bond pad(so as to be under each bump or ball) of a bumped die.

ultra-high frequency(UHF) - Radio frequencies(RF) between 300 MHz and 3 GHz. When used in an RF-based identification system, the UHF frequency range is typically from 860 to 960 MHz.

UL - 'Underwriters Laboratories' an American approval carried by many bare PCB manufacturers.

ULC - 'Universal Logic Circuits'.

ULSI - 'Ultra Large Scale Integration'. A term applied to devices with complexity levels in excess of 10,000 gates.

ultrasonic bonding - A bonding technique which utilizes a bonding head to apply ultrasonic vibration to the bonding wire and to convert the vibration to heat through pressure and through the friction between the wire and the pad created by the scrubbing action of the head. Since this technique requires no external heating, it results in minimal oxidation of aluminum bond wire and bonding pads. Used normally with aluminum wire, this is the most commonly employed bonding technique.

UMA - 'Unified Memory Architecture'.

undercutting - Inward sloping of die metallization or silicon such that its upper surface is wider than its base.

underfill - An encapsulating material deposited in the gap between a die or package and its substrate to minimize the 'CTE' between them and improve their solder joint reliability.

underwriter laboratories(UL) - A popular safety standard for electrical devices supported by many underwriters.

uniform resource locator(URL) - A string of characters that uniquely identifies each web site.

unipolar - Devices or processes in which current carrying areas and substrates are of similar polarities, usually 'MOS' devices.

unipolar mode - The mode of operation of a converter wherein the zero to full-scale analog value is of single polarity only.

unipolar offset - The deviation of the ADC's actual first transition from its ideal level, i.e., 1/2 LSB above the analog common.

unique identifier - Any element or value which is guaranteed to be unique among a given group.

up-bonding - A wire bonding operation carried out from the die up to the package post.

USB - 'Universal Serial Bus'. A serial bus standard to interface devices.

V

validation - A 'post-silicon' process that uses special purpose test hardware to prove that a product meets the design intent.

vapor pressure - The pressure created by a gas at any given temperature in equilibrium with its liquid state. The pressure build up(particularly in warm weather) in a car fuel tank is an example of vapor pressure.

variables data - Recorded parametric or delta values, traceable to individual devices, as opposed to lot data(or attributes data).

VCR - 'Video Cassette Recorder'.

verification - A 'pre-silicon' test process done during development to gain confidence that a new design will produce the expected results.

vertical sync - The portion of a video signal that indicates the end of a field of video information.

vetting - The process of inspection, evaluation and adjudication of claims ensuring that people are who they claim to be before giving them authorization or rights to do something.

VFP - 'Very Fine Pitch'. The center-to-center lead distance of surface mount packages that are between 0.012 inch and 0.020 inch.

VGA - 'Video Graphics Accelerator'.

VHSIC - 'Very High Speed Integrated Circuits'. The acronym applied to the Department of Defense sponsored research and development program to advance the state of the art in semiconductor device speeds, densities, power consumption, and system effectiveness.

via - A small hole formed through the wafer or printed circuit board and metallized, causing electrical connection to be made from the front(the side on which the circuitry is formed) to the backside of the wafer, substrate, or printed circuit board.

vibration (variable frequency) - A test which applies vibration to devices on a sample basis(since it is considered destructive) in order to subject them to the maximum possible construction stress. The device is vibrated with simple harmonic motion through a range of frequencies (see MILSTD-883, Method 2007).

vicinity card - See 'ISO/IEC 15693'.

video encoder - A device that converts RGB video into composite video.

visible line of separation - Is understood to be separation between two elements that is clearly visible at 100x magnification.

vitreous glass - Glass that is non-crystallizing, making it reworkable without degradation.

viton - Trademark name for a series of flouroelastomers based on the copolymer of vinylidene fluoride and hexaflouropropylene. A common elastomeric with fair to good chemical holdout.

VLSI - 'Very Large-Scale Integration'. The art of putting hundreds of thousands of transistors onto a single quarter-inch integrated circuit.

void – 1. An absence of material, often used to refer to such imperfections located inside the die attach material or the molding compound: 2. Any region where bare semiconductor material or passivation is visible within the design areas of the metallization.

voltage-controlled oscillator(VCO) - An oscillator whose output frequency is proportional to its input voltage.

voltage doubler - A capacitor charge pump circuit which produces an output voltage that is twice the input voltage.

voltage-to-frequency converter(VFC) - A device that converts an analog input voltage into a sequence of digital pulses with a frequency that is proportional to the input voltage.

VRAM - 'Video RAM'.

VSOIC - 'Very Small Outline IC'. A SO style IC package

that has leads with a pitch of 30 mils or less.

VSOP - Acronym for 'Very Small Outline Package'.

VSP - 'Vector Signal Processors'.

W

wafer – 1. A thin, polished slice of monolithic semiconductor on which an array of die circuits are fabricated: 2. A disk of semiconductor material that forms the base on which a number of integrated circuits are built. Typical 4, 6, 8, or 12 inches in diameter and between .010" and .030" thick.

wafer fab - A slang term for wafer fabrication facilities, ultra clean factories wherein silicon wafers are produced.

wafer fabrication - The process whereby semi-conductor elements are manufactured on the surface of silicon wafers.

wafer grinding - See 'backgrinding'.

wafer level burn-In(WLBI) - A temperature/bias reliability stress test conducted on devices that are still on a wafer, in contrast with conventional burn-in which is performed on finished IC's.

wafer lot - A single lot of wafers processed through all processing steps including metallization together. A wafer run may consist of more than one device type, where the various device types differ only in the metallization pattern employed.

wafer lot acceptance testing - Testing of an integrated circuit wafer lot to determine its acceptability for the assembly of Class S devices (see MIL-STD-883, Method 5007).

wafer map - A plot of the viable dice on a wafer showing pass/fail information, parameter variations, or some other characteristics.

wafer probe - See 'sort'.

wedge bonding - See 'ultrasonic bonding' (although Stitch bonding is occasionally called wedge bonding as well).

wafer saw - The assembly process or step wherein the wafer is sawn into individual die.

WAN - 'Wide Area Network'.

waveform - The succession of signal levels applied to the 'DUT' pin after combining pattern and timing information.

wave soldering - A manufacturing operation in which solder joints are soldered simultaneously using a wave of molten solder.

W-CSP - Acronym for 'Wafer-level Chip-Scale Package'; A true-chip-size packaging technology wherein the packaging steps are performed at wafer level.

web access management(WAM) - Systems that replace the sign-on process on various web applications, typically using a plug-in on a front-end web server. The systems authenticate users once, and maintain that user's authentication state even as the user navigates between applications. These systems normally also define user groups and attach users to privileges on the managed systems. These systems provide effective access management and single sign-on to web applications. They do not, in general, support effective(or any) management of 'legacy' systems such as network operating systems, mainframes, client/server applications, and e-mail systems.

wedge - A tool employed by the wirebonding machine to form wedge bonds.

wedge bond - A flat-looking bond formed by a wedge bonding tool.

weld seal - Semiconductor device sealing accomplished by welding a metal lid to a metal package(typically employed for metal can devices).

Wet Cleaning - Cleaning of wafers by immersing them in chemicals such as acids. This can be done in sinks, spray tools(machines that work like dishwashers) or spin tools(machines that work like laundry machines).

Wet etching - Etching away of layers on a wafer by immersion in a chemical bath.

wiegand strip - Technology widely used for physical access applications. The technology includes an interface, a signal, a 26bit format, an electromagnetic effect, and a card technology. A Wiegand strip is the implementation of Wiegand technology on an ID credential.

window comparator - A device, usually consisting of a pair of voltage comparators, whose output indicates whether the input signal is within the voltage range bounded by a lower and upper threshold.

WIP - 'Work In Progress'.

wire bonding - An assembly process or step that connects wires between the die and the bonding sites of the package. (e.g., the lead fingers of the leadframe or the bonding posts of the package).

wired logic - A contactless card that has an electronic circuit that is designed for a specific function (e.g., security, authentication).

wire pull test - A process for testing the strength of a bond's adhesion to its bonding site involving a hook that exerts an upward pull on the wire of the bond being tested.

wire sweeping - A phenomenon wherein the flow of the molding compound during molding sways the bond wires in its direction.

wiskers - Tin or silver growths of metal in thin strands.

WLAN - 'Wireless Local Area Networks'.

WPABX - 'Wireless Private Automatic Branch Exchange'.

X

XDSL - 'Digital Subscriber Line' (access to Internet)

x-ray - Radiographic analysis of the construction of a device. This is a less useful technique for devices with aluminum bond wires since only die attach and seal defects can be evaluated. For devices with gold wire it is a more valuable screen as it can detect damage done to wires during centrifuge and other such tests, as well as most assembly defects. (See MIL-STD-883, Method 2012).

x-ray laminography - An inspection method that uses x-rays to view thin layers of a circuit board.

x-ray lithography - The lithographic process for transferring patterns to a silicon wafer. The electromagnetic radiation used is x-ray, rather than visible radiation.

Y

yield - The proportion of good devices in a lot or run. Yield refers to the percentage or absolute number of defect-free die on a silicon wafer or of packaged units that pass all device specifications. Because it costs the same to process a wafer with 10% good die and 90% good die, eliminating defects and improving yield become the critical variable in determining the cost per chip

Z

zero voltage crossing(ZVC) - The point in a plot of a voltage quantity against another parameter at which the voltage value equals zero.

ZIF - Acronym for 'Zero Insertion Force'; A class of IC sockets that does not require device insertion, instead achieving contact with the IC pins through a clamping system that's controlled by a small lever on the side of the socket.

저자와의
협의에 의해
인지 생략

반도체 후공정 실습

1판 1쇄 2025년 9월 5일

저 자 김주현
발행인 송광헌
발행처 **북두(더)**
주 소 서울특별시 영등포구 경인로82길 3-4
센터플러스 807호
(우) 07371
전 화 02-2164-2580
FAX 02-2164-2584
등 록 1993. 11. 22. 제 10-902 호

정가 : 20,000원
ISBN : 979-11-6675-651-1 93560

한국과학기술출판협회 회원사